de Gruyter Lehrbuch

Ferstl / Sinz · Software-Konzepte

Otto K. Ferstl · Elmar J. Sinz

Software-Konzepte der Wirtschaftsinformatik

W DE G

Walter de Gruyter
Berlin · New York 1984

Dr. rer. pol. Otto K. Ferstl
ESG Elektronik-System-Gesellschaft mbH München
Lehrbeauftragter an der Universität Regensburg
und an der Fachhochschule Regensburg

Dr. rer. pol. Elmar J. Sinz
Universität Regensburg,
Lehrbeauftragter an der Fachhochschule Regensburg

CIP-Kurztitelaufnahme der Deutschen Bibliothek

Ferstl Otto K.:
Software-Konzepte der Wirtschaftsinformatik /
Otto K. Ferstl ; Elmar J. Sinz. - Berlin ; New York : de Gruyter, 1984.
(De-Gruyter-Lehrbuch)
ISBN 3-11-009901-2

NE: Sinz, Elmar:

Druck: Gerike GmbH, Berlin. - Bindearbeiten: Dieter Mikolai, Berlin. Printed in Germany

Vorwort

Das vorliegende Buch gibt eine systematische Einführung in wesentliche Software-Konzepte der Wirtschaftsinformatik, die als Grundlage für die Programmentwicklung und damit für die Automatisierung von Aufgaben betrieblicher Informationssysteme benötigt werden. Zu den vorrangigen Zielen des Buches gehört darüber hinaus die Entwicklung eines konsistenten Begriffssystems, das die aus verschiedenen Teilgebieten der Informatik stammenden Konzepte und Methoden für die Aufgabenstellungen der Wirtschaftsinformatik integriert. Das Begriffssystem beruht auf

- Modellen des Informationssystems einer Unternehmung,
- Modellen unterschiedlicher Rechnertypen,
- Modellen von Programmstrukturen,
- Modellen der Datenverwaltung und
- Modellen der Kommunikation zwischen Rechner und Benutzer, sowie zwischen Rechner und Rechner.

Die Modelle orientieren sich an der Dreiteilung von Programmen in einen Kommunikations-, Datenverwaltungs- und Problemteil. Geeignete Darstellungsmittel für die genannten Konzepte und Methoden sind die Programmiersprachen Pascal und Modula-2, die in diesem Anwendungsbereich gegenwärtig den Standard für Programmiersprachen repräsentieren.

Das vorliegende Buch ist als methodische Grundlage für Studierende der Wirtschaftsinformatik an Universitäten, Fachhochschulen und Fachschulen konzipiert. Es entstand aus einer Vorlesung für das Grundstudium der Wirtschaftsinformatik an der Universität Regensburg mit dem Titel "Grundlagen der Programmierung". Das Buch wendet sich gleichzeitig an Praktiker, die sich mit den Denkweisen der Wirtschaftsinformatik vertraut machen wollen.

Regensburg, im Juli 1984

Otto K. Ferstl
Elmar J. Sinz

Inhalt

0. Einführung

Mit Einführung der Mikrocomputer ist der Produktivitätsfortschritt im Bereich der Informationsverarbeitung schnell in das Bewußtsein der Öffentlichkeit gedrungen. Umstrukturierungen ähnlich denen zur Zeit der zweiten industriellen Revolution verlangen vom einzelnen die Bereitschaft zur raschen Anpassung an neue Arbeits- und Lebensformen; Anpassungen, die in ruhigeren Zeiten relativ problemlos im Rahmen des Generationenwechsels geleistet wurden.

Augenfälliger Aspekt in beiden Umstrukturierungen ist der Trend zur Vernetzung und damit zur Bildung komplexer Organisationsstrukturen, wobei Zentralisierungs- und Dezentralisierungstendenzen gleichzeitig die Entwicklung bestimmen. In einem Netz mit Produktions- und Verbrauchsstellen für ein bestimmtes Produkt werden bei einer gegebenen Technologie

- Zentralisierungstendenzen der Produktionsstellen durch abnehmende Stückkosten bei steigender Produktionsmenge (Economies of Large Scale) und

- Dezentralisierungstendenzen der Produktionsstellen durch steigende Verteilungs- und Transportkosten zu den Verbrauchsstellen

hervorgerufen. Die jeweilige Organisationsstruktur des Netzes ergibt sich aus einem Gleichgewicht der Kostenentwicklung (Grenzkosten) bei der Produktion und der Verteilung.

Ein Beispiel für Veränderungen einer Netzstruktur ist die in der Vergangenheit abgelaufene Entwicklung bei der Energieerzeugung und beim Energieverbrauch. Den Ausgangspunkt bildete der Transport von Primärenergie (Kohle) zu dezentralen Energieerzeugungsstellen (Dampfmaschinen) für mechanische Energie, sowie deren Weitertransport über Transmissionssysteme mit geringer Reichweite und geringem Wirkungsgrad. Hier erfolgte der Übergang zur zentralen Energieerzeugung (Elektrizität), sowie deren Weitertransport über Stromnetze direkt zu den Energieverbrauchsstellen, wo die benötigte mechanische Energie durch Elektromotoren vor Ort erzeugt wird.

Heute vollziehen sich entsprechende Entwicklungen im Bereich des Informationswesens. Durch die mit Einführung der Mikrocomputer verbundene Technologieänderung konnten die Stückkosten der Informationsverarbeitung aus der Sicht des Verbrauchers erheblich gesenkt werden. Damit wurde eine Dezentralisierungswelle ausgelöst, die zur Bildung neuer Netzstrukturen in Form globaler (geographischer) und lokaler Netze führte. Ein weiterer Effekt ist die Ausdehnung der Netze durch Einbeziehung neuer Teilnehmer. Z.B. bezieht das Kommunikationsnetz Btx (Bildschirmtext) zum ersten Mal private Haushalte in Rechnernetze ein. Viele Büroarbeitsplätze sind bereits heute mit Arbeitsplatzrechnern ausgerüstet und stehen mit innerbetrieblichen oder betriebsexternen Informationsstellen in Verbindung.

Wie jede neue technische Entwicklung ist auch dieser Prozeß ambivalent. Für eine Meinungsbildung hierzu ist es günstig, die Entwicklung der Verkehrssysteme in den vergangenen 150 Jahren zu betrachten, deren Ausbau zu einer ernormen Steigerung der Reisetätigkeit führte. Entsprechend ist erkennbar, daß der Ausbau von Informationssystemen zu einer erheblichen Steigerung der Informationsnutzung führen wird. Das gegenwärtige Informationsangebot der Medien (Fernsehen, Radio, Zeitungen, Reise- und Versandhauskataloge usw.) ist nur passiv nutzbar, d.h. es kann nur über Aufnahme oder Nichtaufnahme der angebotenen Informationen entschieden werden. Erforderlich sind dagegen Informationssysteme, die eine aktive Nutzung ermöglichen, also eine aktive Suche nach Informationen gestatten. Z.B. können mit dem System Btx aktuelle Produktdaten individuell erfragt und Bestellungen durchgeführt werden.

EINFLUSSFAKTOREN FÜR DEN EINSATZ VON RECHNERN

Voraussetzung für die nun kommende Periode des Aufbaus derartiger Informationssysteme war die in den vergangenen 5 bis 10 Jahren beobachtbare und weiterhin anhaltende Preissenkungswelle für Rechner, die vor allem durch neue Technologien bei der Rechnerarchitektur und der Rechnerherstellung hervorgerufen wurde. Differenziert nach Hard- und Softwarekomponenten eines Rechners ergibt sich folgendes Bild der Preisentwicklung:

- Hardwarepreise weisen generell eine fallende Tendenz auf. Insbesondere im Mikrocomputermarkt sind infolge von Technologiesprüngen und hohen Seriengrößen geringe Stückkosten erreichbar.

- Bei Softwareprodukten ist eine uneinheitliche Preisentwicklung zu beobachten. Ihre Anwendbarkeit ist im Gegensatz zu Hardwareprodukten häufig auf bestimmte Branchen, Sprachgebiete oder ein konkretes Unternehmen begrenzt. Daraus können stark unterschiedliche Stückkosten für ähnliche Softwareprodukte resultieren.

- Der Anteil der Softwarekosten an den Gesamtkosten eines Rechnersystems weist eine steigende Tendenz auf. Diese Tendenz ist durch die beiden vorher genannten Entwicklungen bedingt und wird durch einen ständig steigenden Anteil der Softwarekomponenten am Gesamtprodukt verstärkt. Dieser steigende Anteil ist darauf zurückzuführen, daß Umfang und Komplexität der durch Rechnereinsatz zu lösenden Aufgaben ständig zunehmen.

- Durch geeignete Standardisierung von Baugruppen wurden die Konstruktionskosten von Hardwareprodukten im Verhältnis zu den Konstruktionskosten von Softwareprodukten gesenkt. Im Bereich der Hardwarekonstruktion sind vor allem durch den Einsatz von Mikroprozessoren Bausteindenkweisen und Standardisierungsformen üblich geworden, die eine erhebliche Reduzierung der Konstruktionskosten bewirkten. Bedingt durch den Funktionsumfang dieser Bausteine sind für eine konkrete Anwendung nur noch relativ wenige Baugruppen zusammenzufügen. Im Bereich der Softwarekonstruktion gibt es ähnliche Entwicklungen, die jedoch gegenüber dem Entwicklungsstand im Hardwarebereich zurückliegen. Bedingt durch die Vielfalt der Anwendungen sind hier Standardisierungen besonders schwierig. Eine mögliche Lösung liegt im verstärkten Einsatz von Fachprogrammiersprachen, die Sprachelemente mit entsprechend mächtigem Funktionsumfang zur Verfügung stellen.

Die genannten Gründe erfordern flexible Softwarebaugruppen zur Anpassung an unterschiedliche Problemstellungen und unterschiedliche Einsatzbereiche, sowie eine Reduzierung der Strukturkomplexität von Programmsystemen.

Das vorliegende Buch beschreibt anhand von typischen Aufgabenstellungen der Wirtschaftsinformatik und anhand dafür bekannter Problemlösungen geeignete Methoden der Softwareentwicklung. Dabei wird berücksichtigt, daß Softwareerstellung aus der Sicht der Wirtschaftsinformatik keine "experimentelle Tätigkeit" ist, sondern ein Produktionsproblem darstellt. Es sind die Anforderungen, Ziele und

Randbedingungen des Softwareproduktes bekannt. Gesucht sind Methoden, die es ermöglichen, dieses Produkt in wirtschaftlicher Weise zu fertigen.

PROGRAMMIERSPRACHEN

Eine praxisnahe Beschreibung der Konzepte erfordert die Verwendung vorhandener Programmiersprachen. Der überwiegende Anteil der in der Wirtschaftsinformatik entwickelten Programmsysteme wurde in einer der Programmiersprachen BASIC, COBOL oder PL/1 formuliert. Es läge daher nahe, diese Sprachen auch zur Darstellung der Konzepte zu verwenden. Leider stellen alle drei Sprachen Sackgassen verschiedener Entwicklungen dar und sind für eine Reihe von Methoden ungeeignet. Aufgrund des Investitionsvolumens, das die in diesen Sprachen entwickelten Programme darstellen, werden sicherlich weiterhin diese Sprachlinien verfolgt werden. Für eine Übersicht über Methoden ist es indes für den Erfahrenen und insbesondere für den Neuankömmling vorteilhafter, eine Darstellung unter Verwendung von Sprachen zu lesen, die manchen Ballast älterer Entwicklungen abgeworfen haben.

Im vorliegenden Buch werden vorwiegend die Programmiersprachen UCSD-Pascal und Modula-2 verwendet. UCSD-Pascal, entwickelt an der UNIVERSITY OF CALIFORNIA AT SAN DIEGO, ist eine Erweiterung der ursprünglichen Sprache Pascal, die von N. WIRTH definiert wurde, und einer Reihe von weiteren Pascal-Implementierungen wie z.B. Pascal MT-Plus (CP/M) oder MS-Pascal (MSDOS) zugrunde liegt. Modula-2, ebenfalls definiert durch N. WIRTH, wird in der Implementierung von VOLITION SYSTEMS verwendet. Beide Sprachen repräsentieren neuere Trends der Programmiersprachenentwicklung und eignen sich zur Darstellung grundsätzlicher Denkweisen, die der Softwareerstellung in der Wirtschaftsinformatik zugrunde liegen.

PROGRAMMIEREN

Was ist eigentlich Programmieren? Auf diese Frage können unterschiedliche Antworten abhängig vom jeweiligen Standort gegeben werden. Ein an der Programmiermethodik orientierter Beantworter wird sagen: "Programmieren bedeutet Entwickeln von Algorithmen", ein anwendungsbezogener Beantworter wird z.B. sagen: "Programmieren bedeutet Automatisieren bisher manuell durchgeführter Tätigkeiten".

Im folgenden wird die Tätigkeit "Programmieren" unter dem Gesichtspunkt der Durchführung eines Problemlösungsprozesses aufgefaßt und unter methodischen und anwendungsbezogenen Aspekten betrachtet, die sich aus nachstehenden Fragen ergeben:

- Was soll getan werden?
- Wozu soll es getan werden?
- Womit soll es getan werden?
- Wie soll es getan werden?

Die Fragen "was" und "wozu" beziehen sich auf **Sachziele**, die Fragen "womit" und "wie" auf **Formalziele** des Problemlösungsprozesses. Die Antworten, die hier gegeben werden, orientieren sich an Aufgabenstellungen der Wirtschaftsinformatik und lassen sich kurz wie folgt darstellen:

- Was? Es sollen bestimmte, in betrieblichen Systemen auftretende Informations- und Entscheidungsaufgaben automatisiert werden.

- Wozu? Die Automatisierung dieser Aufgaben soll die Funktionsfähigkeit eines betrieblichen Informationssystems verbessern.

- Womit? Es werden Rechner als Aufgabenträger eingesetzt.

- Wie? Die eingesetzten Rechner führen Tätigkeiten gemäß Programmen aus, die die genannten Aufgabenstellungen beschreiben. Die mit der Entwicklung von Programmen zusammenhängenden Fragen bilden den Hauptbestandteil dieses Buches.

1. Automatisierung betrieblicher Systeme

1.1 Betriebliches Basis- und Informationssystem

Zur Beantwortung der Frage: "Was soll automatisiert werden?" wird zunächst ein für die Fragestellung geeignetes Modell der Unternehmung beschrieben. In diesem Modell wird eine Unternehmung als ein betriebliches System betrachtet, das aus den beiden folgenden Teilsystemen besteht:

- Betriebliches Basissystem und
- Betriebliches Informationssystem.

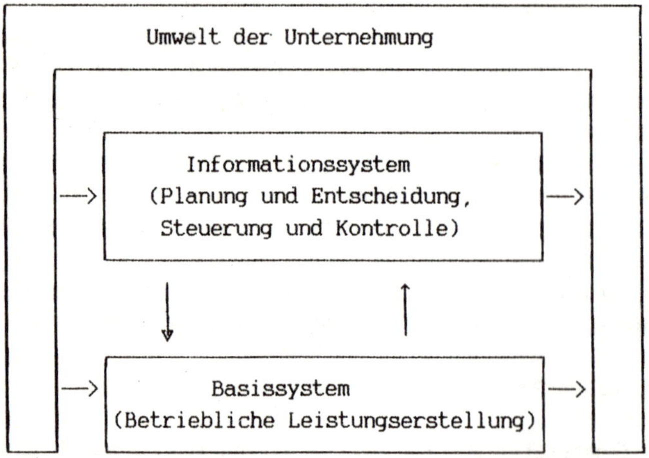

Abb. 1.1-1: Grundstruktur einer Unternehmung
(vgl. Grochla 1975, 13)

BETRIEBLICHES BASISSYSTEM

Das **Basissystem** bezieht von Beschaffungsmärkten aus der Umwelt der Unternehmung Einsatzgüter und transformiert diese in einem Leistungserstellungsprozeß in Produkte, die über Absatzmärkte an die Umwelt abgegeben werden. Beispiele für Leistungserstellungsprozesse sind bei materiellen Gütern die Prozesse Beschaffung, Produktion, Lagerung und Absatz, bei immateriellen Gütern die Erbringung von

Dienstleistungen. Die vom Basissystem erzeugten Produkte stellen aus der Sicht der Umwelt die eigentliche Unternehmungsleistung dar, d.h. das Basissystem realisiert Sachziele der Unternehmung.

BETRIEBLICHES INFORMATIONSSYSTEM

Das **Informationssystem** umfaßt die Funktionen **Planung**, **Steuerung** und **Kontrolle** des Basissystems. Die Planung und Steuerung des Basissystems wird in Form von Entscheidungsprozessen innerhalb des Informationssystems durchgeführt. Die Ergebnisse der Entscheidungsprozesse werden dem Basissystem zur Durchführung übertragen. Der Erfolg der Durchführung wird dem Informationssystem zur Kontrolle zurückgemeldet.

Zur Durchführung seiner Funktionen benötigt das Informationssystem Informationen über Zustände des Basissystems und über Zustände der Umwelt der Unternehmung. Es steht daher in einem ständigen Informationsaustausch mit dem Basissystem und der Umwelt der Unternehmung.

INFORMATIONS- UND ENTSCHEIDUNGSAUFGABEN

Jede der Funktionen Planung, Steuerung und Kontrolle setzt sich aus Teilfunktionen zusammen, die als **Entscheidungsaufgaben** oder als **Informationsaufgaben** klassifizierbar sind. Bei der Durchführung von Informationsaufgaben werden durch **Informationsstellen** Informationen vom Basissystem, von der Umwelt oder von Stellen innerhalb des Informationssystems beschafft, ggf. verdichtet und an andere Stellen des Informationssystems weitergeleitet. Empfänger dieser Informationen sind entweder wiederum Informationsstellen, die die genannte Funktion erfüllen, oder **Entscheidungsstellen.** Deren Entscheidungen werden als Planungs- oder Steuerungsdaten an andere Stellen des Informationssystems, an das Basissystem oder als Informationen an die Umwelt weitergeleitet. Das Gesamtinformationssystem einer Unternehmung stellt somit ein komplexes Netz von Informations- und Entscheidungsaufgaben dar. Die Strukturen von Informations- und Entscheidungsaufgaben können mit Hilfe folgender Input-Output-Modelle beschrieben werden.

STRUKTUREN VON AUFGABEN

a) **Informationsaufgabe ohne Speicher**
Die von der Aufgabe erzeugten Informationen werden ausschließlich von den gleichzeitig in die Aufgabe eingehenden Informationen funktional abgeleitet (Abb. 1.1-2). Auftretende Verzögerungen zwischen Input und Output sind von der Durchführungszeit der Aufgabe abhängig. Beispiele für Aufgaben dieser Art sind Umsetzungen der Informationsdarstellung, d.h. Umsetzung auf ein anderes Medium oder Änderungen des Darstellungsformates, oder Vergleichs-, Verdichtungs- und Selektionsfunktionen. Zu diesen Aufgaben gehören das Tippen von Briefen, telefonische Bestellungsannahme, die Durchführung einer Werbebriefaktion mit Selektion einer Kundenteilmenge aufgrund vorgegebener Auswahlkriterien.

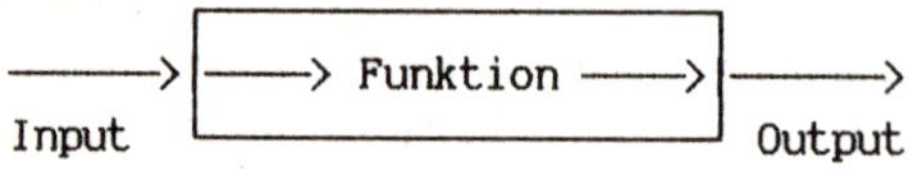

Abb. 1.1-2: Informationsaufgabe ohne Speicher

b) **Informationsaufgabe mit Speicher**
Die von der Aufgabe erzeugten Informationen werden sowohl von den gleichzeitig in diese Aufgabe eingehenden Informationen als auch von Informationen abgeleitet, die zu früheren Zeitpunkten dort eingingen und gespeichert wurden (Abb. 1.1-3). Beispiele für Aufgaben dieser Art sind Bestandsfortschreibungen, bei denen eingehende Bestandsänderungsdaten und der gespeicherte Bestand berücksichtigt werden. Zu diesen Aufgaben gehören Lager- und Finanzbuchhaltungen oder das Führen eines Terminkalenders.

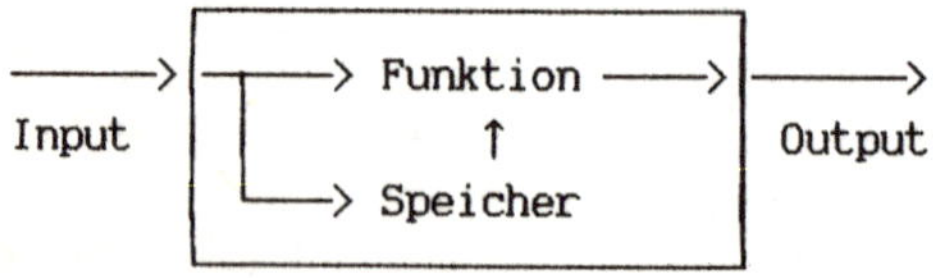

Abb. 1.1-3: Informationsaufgabe mit Speicher

c) **Entscheidungsaufgabe**
Die Strukturen von Entscheidungsaufgaben entsprechen denen von Informationsaufgaben mit oder ohne Speicher, jedoch kommt ergänzend eine weitere Gruppe von Input-Informationen hinzu, die als **Führungs- oder Zielgrößen** bezeichnet werden (Abb. 1.1-4). Output einer Entscheidungsaufgabe sind Entscheidungswerte, die optimal oder suboptimal bezüglich dieser Größen sind.

Beispiel:
Gegeben sei eine Produktionsterminplanungsaufgabe mit folgenden Inputkomponenten:

- Auftragsinformationen, z.B. Auftragsmengen, Liefertermine und Maschinenfolgen, die bei der Auftragsdurchführung zu durchlaufen sind,
- Kapazitätsinformationen über die zur Verfügung stehenden Maschinen.

Zielgrößen sind z.B. Maximierung der Maschinenauslastung und Minimierung der Lieferterminüberschreitungen.

Output der Aufgabe sind Terminpläne, die die Bearbeitungstermine der Aufträge an den einzelnen Maschinen unter Berücksichtigung der Zielgrößen festlegen.

Im Speicher der Terminplanungsaufgabe kann die bisherige Maschinenbelegung gemäß den bereits verplanten Aufträgen erfaßt sein.
(Ende d. Beisp.)

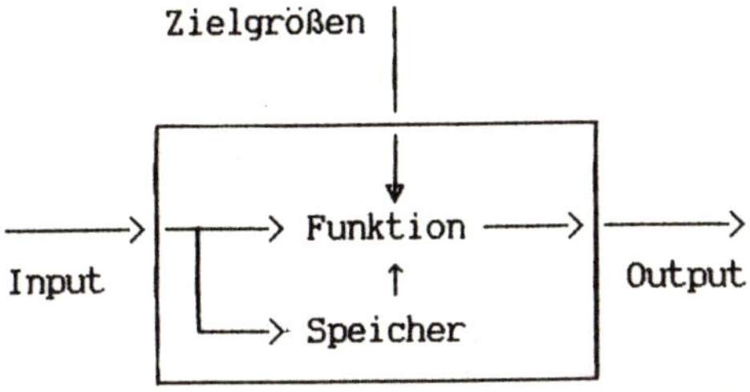

Abb. 1.1-4: Entscheidungsaufgabe

AUFGABENNETZ ALS VERMASCHTES REGELKREISSYSTEM

Unter Berücksichtigung der Strukturen von Informations- und Entscheidungsaufgaben stellt das Netz der Aufgaben eines Informationssystems ein System dar, das zur Klasse der **vermaschten Regelkreissysteme** gehört. Dieser Systemtyp ist von allgemeiner Bedeutung und schließt Systeme aus unterschiedlichen Bereichen wie z.B. Technik, Biologie und Wirtschaft mit ein.

Der Grundtyp eines **Regelkreises** besteht aus zwei Komponenten:

- einer **Regelstrecke**, deren Verhalten zu kontrollieren ist,
- und einem **Regler**, der diese Kontrollaufgabe übernimmt.

Die Struktur eines Regelkreises ist in Abb. 1.1-5 dargestellt. Beide Komponenten des Grundtyps besitzen zwei Input-Kanäle und leiten aus diesen einen Output-Kanal ab.

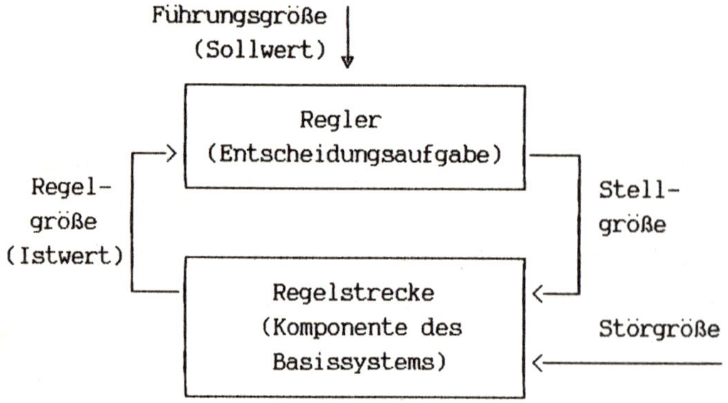

Abb. 1.1-5: Regelkreis

Input der Regelstrecke sind der Steuerungsparameter **Stellgröße**, über den der zugehörige Regler die Strecke kontrolliert, sowie eine **Störgröße** aus der Umwelt des Regelkreises, deren Einfluß auf die Regelstrecke durch die Stellgröße kompensiert werden soll. Ständig auftretende Störgrößen erfordern daher in der Regel eine ständige Veränderung der Stellgröße. Der Output **Regelgröße** der Strecke, auch Istwert genannt, wird von diesen Größen und internen Zuständen der Strecke abgeleitet.

Der zugehörige Regler erzeugt die Stellgröße in Abhängigkeit von der Regelgröße, die den Zustand der Strecke meldet, und der **Führungsgröße**, die eine extern vorgegebene Zielgröße oder einen Sollwert für das Verhalten der Regelstrecke darstellt. Die Struktur des Reglers ist als die Struktur einer Entscheidungsaufgabe erkennbar. Aufgrund der Struktur von Regelkreisen erhält der Regler Informationen über Einwirkungen der Störgröße ausschließlich über die Regelgröße.

Entscheidend für das Verhalten des Regelkreises sind Zeitverzögerungen zwischen Input und Output der Komponenten des Regelkreises. Zeitverzögerungen werden durch Entscheidungsprozesse des Reglers, durch die Reaktionszeit der Regelstrecke, sowie durch die Übertragungszeiten der Melde- und Steuerwege verursacht. Die Kombination der Zeitverzögerungen in den Komponenten führt möglicherweise zu einem unerwünschten, ggf. destabilisierenden **Schwingungsverhalten** der Regelgröße. Eine wesentliche Maßnahme zur Dämpfung des Schwingungsverhaltens ist die Reduzierung der Zeitverzögerungen in den Komponenten. Eine Lösung dafür ist die weitgehende Automatisierung der Komponenten des betrieblichen Regelkreises.

<u>Beispiel:</u>

Ein einfaches Beispiel eines Regelkreises ist ein Lagersystem, bestehend aus dem Lager als Regelstrecke und einem Disponenten als Regler. Input der Strecke sind Lagerabgänge (Störgröße) und Lagerzugänge (Stellgröße). Der Regler, dem als Regelgröße der Ist-Lagerbestand gemeldet wird, führt abhängig von diesem Wert und der vorgegebenen Führungsgröße Bestellpolitiken durch. Die Führungsgröße kann z.B. in Form eines Sollbestandes gegeben sein. Zeitverzögerungen werden verursacht durch Meldeverzögerungen des Lagerbestandes, verspätete Bestellungen durch den Disponenten und durch Lieferzeiten. Dadurch kann die Lieferbereitschaft beeinträchtigt oder eine nichtbeabsichtigte Überfüllung des Lagerraums hervorgerufen werden.

(Ende d. Beisp.)

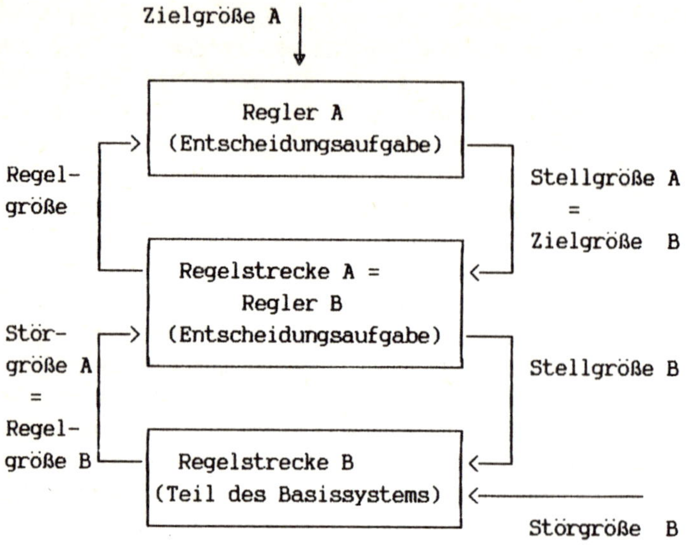

Abb. 1.1-6: Vermaschter Regelkreis

In betrieblichen Informationssystemen treten Entscheidungsaufgaben sowohl als Regler als auch als Regelstrecken auf. Weitere Regelstrecken sind die Komponenten des Basissystems. Die Übertragung der Informationen zwischen Regler und Regelstrecke wird in Informationsaufgaben durchgeführt.

Die Doppelrolle einer Entscheidungsaufgabe als Regler und Regelstrecke folgt aus dem Zusammenschluß zweier Regelkreise gemäß Abb. 1.1-6. Hier sind zwei Regelkreise A und B in der Weise gekoppelt, daß die Regelstrecke von A Regler von B ist. Dadurch erhalten die Input-Output-Beziehungen Doppelbedeutungen. Die Stellgröße von A ist zugleich Zielgröße für B, und die Störgröße von A ist zugleich Regelgröße von B. Beispiele dieser Art sind hierarchisch angeordnete Managementfunktionen, bei denen die übergeordnete Managementebene der untergeordneten Ebene Ziele vorgibt (**management by objectives**).

Andere Kopplungsformen sehen die gleichzeitige Kontrolle mehrerer Regelstrecken durch einen Regler (gekennzeichnet als **span of control**), oder die gleichzeitige Kontrolle einer Regelstrecke durch mehrere Regler vor. In letzterem Fall wird eine Regelstrecke von mehreren Stellgrößen kontrolliert. Die gleichzeitig einwirkenden Regler kontrollieren unterschiedliche Situationen der Strecke (**management by exception**). In realen Informationssystemen sind eine Vielzahl unterschiedlicher Kopplungen zu einem komplexen System vermascht (vgl. Grochla/Fuchs/Lehmann 1974).

DREI-SCHICHTEN-MODELL

In einem zweiten Schritt der Modellbildung wird das betriebliche Informationssystem unter Berücksichtigung des Regelkreiskonzeptes hierarchisch in drei Ebenen unterteilt. Auf allen drei Ebenen sind Planungs-, Steuerungs- und Kontrollfunktionen in unterschiedlichem Ausmaß durchzuführen. Jede Ebene wird daher durch den Schwerpunkt ihrer Aufgaben gekennzeichnet. Es werden folgende Schichten unterschieden (Abb. 1.1-7):

a) **Transaktionensystem**
Aufgabe des Transaktionensystems ist die unmittelbare Steuerung und Kontrolle des Basissystems. Hier werden die täglichen Geschäftsvorfälle (Transaktionen) bearbeitet, die mit Hilfe von Belegen (z.B. Lieferscheine) die Vorgänge im Basissystem begleiten. Aufgaben dieser Ebene sind z.B. Auftragsbearbeitung, Rechnungsstellung, Abwicklung des täglichen Zahlungsausgangs und Zahlungseingangs, das Mahnwesen und Buchführungen für Beschaffung, Lagerhaltung, Produktion, Absatz, Finanz- und Personalwesen. Transaktionen im Basissystem führen zu entsprechenden Transaktionen im Transaktionensystem. Mahnwesen und Buchführungen sind Beispiele für Kontrollfunktionen dieser Ebene. Terminplanungen für Aufträge im Rahmen der Auftragsbearbeitung oder Lagerbestandsdispositionen sind Beispiele für Steuerungsfunktionen, die auf dieser Ebene durchzuführen sind.

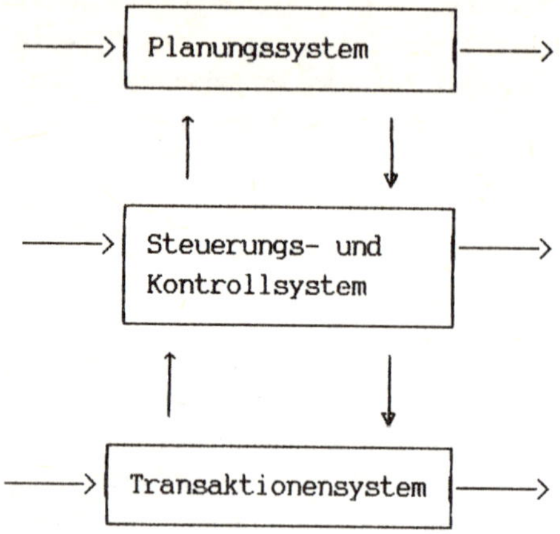

Abb. 1.1-7: Drei-Schichten-Modell eines betrieblichen Informationssystems (vgl. Kirsch/Klein 1977, 68)

b) **Steuerungs- und Kontrollsystem**

Diese Ebene ist Transferstation zwischen dem Planungssystem und dem Transaktionensystem und hat daher in beiden Richtungen eine Umsetzfunktion. In Richtung Transaktionensystem setzt es globale, langfristige Planungsvorgaben des Planungssystems in detaillierte, kurzfristige Steuerungsdaten für das Transaktionensystem um, das diese entsprechend aufbereitet an das Basissystem weiterleitet. In Richtung Planungssystem erfüllt es Kontrollfunktionen. Dazu gehört eine systematische Berichterstattung, in der aus Informationen des Transaktionensystems und aus Informationen der Umwelt Berichte für das Planungssystem erstellt werden.

Diese Berichte werden vom Kontrollsystem entweder regelmäßig erstellt, wie z.B. Nachschlageberichte (Lagerliste, Personalverzeichnis) und Überwachungsberichte (Jahresabschluß, Betriebsabrechnung, Umsatzstatistiken), oder sie werden fallweise erstellt, wie z.B. Ausnahmeberichte bei Auftreten von Ausnahmesituationen (außergewöhnliche Produktionsausfälle, Absatzschwierigkeiten wegen neuer Produkte von Mitwettbewerbern) und Sonderberichte für spezielle Entscheidungsprobleme (Investitionsvorhaben).

Wesentlich für die Kontrollfunktionen dieser Ebene ist die Verdichtung der erhaltenen Informationen und die Untersuchung dieser Informationen mit systemanalytischen Mitteln im Hinblick auf bestimmte Untersuchungsziele.

Innerhalb der Steuerungsfunktionen dieser Ebene werden Führungsgrößen, die vom Planungssystem geliefert werden, gemeinsam mit auf dieser Ebene verfügbaren Informationen in Steuerungsdaten für das Transaktionensystem umgesetzt. Ein Beispiel sind Monatsproduktionssollwerte für größere Produktionseinheiten, die in Monats- und Tagessollwerte für einzelne Produktionsgruppen aufgelöst werden.

c) **Planungssystem**
Auf dieser Ebene werden auf der Grundlage formaler Unternehmungsziele (Gewinnmaximierung, Kostendeckung), sowie unter Berücksichtigung von Informationen der unteren Ebenen und Informationen aus der Umwelt mittel- und langfristige Planungsdaten erzeugt, die Führungsgrößen für die unteren Ebenen darstellen. Entscheidungen auf dieser Ebene sind am schwierigsten durchzuführen, da Umfang und Präzision der vorhandenen Informationen in umgekehrtem Verhältnis zur Reichweite der zu fällenden Entscheidungen stehen.

MODELL DER GÜTER-,ZAHLUNGS- UND INFORMATIONSSTRÖME

Um die Beziehungen zwischen Basissystem und Informationssystem zu verdeutlichen, wird die oben genannte Hierarchiedarstellung ergänzt um ein Beispiel für eine "Draufsicht" auf ein einfaches betriebliches System (Abb. 1.1-8). In dieser Darstellung werden die im Basissystem ablaufenden **Güter-**, **Leistungs-** und **Zahlungsströme** überlagert mit **Informationsströmen** des Informationssystems, die zur Steuerung der Ströme im Basissystem dienen. Jede Funktionsstelle umfaßt einen Teil des Basissystems und des darüberliegenden Informationssystems. Aus Gründen der Übersicht werden nur wesentliche Ströme dargestellt. Informationströme sind mit Bezeichnungen versehen. Der Inhalt der Ströme im Basissystem ist aus dem Kontext zu ersehen. Zu jedem Güter-, Leistungs- und Zahlungsstrom im Basissystem gehört ein dazu gegenläufiger Informationsstrom im Informationssystem. Jede Material- oder Zahlungsbewegung wird von einem

Element des zugehörigen Informationsstroms gesteuert und kontrolliert.

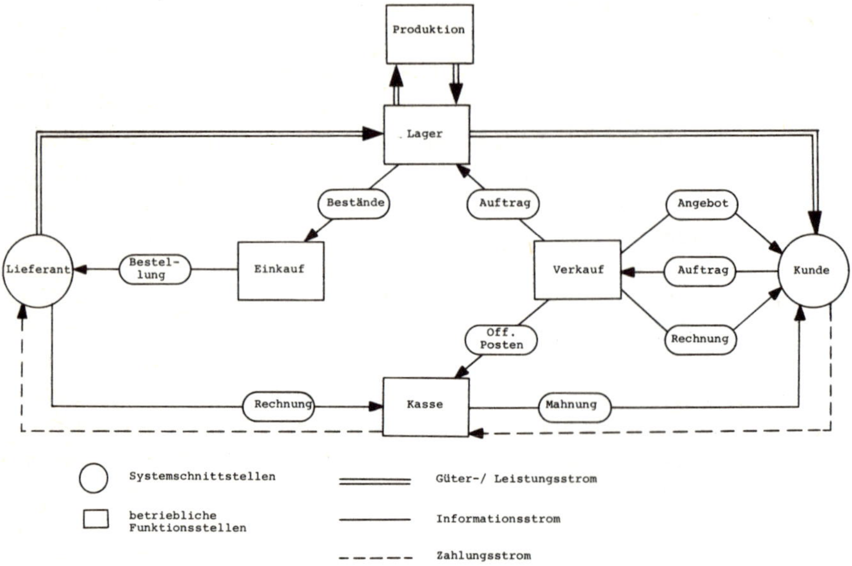

Abb. 1.1-8: Güter-/Leistungs-, Zahlungs- und Informationsströme in einer Unternehmung

FORMALZIELE VON AUFGABEN

Bei der Klassifizierung der Teilaufgaben eines betrieblichen Informationssystems in Informations- und Entscheidungsaufgaben werden Sachziele dieser Aufgaben zur Differenzierung verwendet. Sie zielen auf die Fragen "was, wozu" des eingangs genannten Fragenkataloges. Eine weitere Klassifizierung ergibt sich aus der Betrachtung der Formalziele der Teilaufgaben eines betrieblichen Informationssystems. Sie zielen auf die Frage "wie" und führen zu folgenden Aufgabentypen:

- **Speicherung von Informationen**, d.h. Lagern von Informationen für den späteren Bedarf,

- **Verarbeitung von Informationen**, d.h. Erzeugung neuer Informationen durch Verknüpfung und Umformung bestehender Informationen,

- **Übertragung von Informationen** zwischen den Verarbeitungs- und Speicherungsstationen eines betrieblichen Informationssystems.

Informations- und Entscheidungsaufgaben bestehen ausschließlich aus Teilaufgaben, die einem dieser Typen entsprechen. Bei Entscheidungsaufgaben liegt das Schwergewicht in der Informationsverarbeitung, bei Informationsaufgaben in der Speicherung und Übertragung von Informationen.

INFORMATION UND DATEN

Ebenfalls verknüpft unter Sach- und Formalzielaspekten sind die Begriffe **Information** und **Daten.** Der Begriff Information bezieht sich auf Sachzielaspekte, der Begriff Daten auf Formalzielaspekte desselben Objektes. Dies kommt beispielhaft in folgenden Fragen zum Ausdruck:

- Wozu werden diese Informationen verwendet oder was bedeutet diese Information?

- Wie oder womit werden diese Daten dargestellt?

Träger der Information, bzw. Träger der Daten sind z.B. Zeichenfolgen in Form von Sätzen einer Sprache. So stellen die Sätze "Dies ist ein Buch." und "This is a book." die gleiche Information dar, bilden jedoch unterschiedliche Daten. Umgekehrt kann der Satz "Die Talsohle ist erreicht." aus geographischer oder wirtschaftswissenschaftlicher Sicht zu unterschiedlichen Informationen führen, obwohl es sich um dieselben Daten handelt. Das bedeutet, daß über einer vorgegebenen Menge von Sätzen unter Informations- und Datengesichtspunkten unterschiedliche Äquivalenzrelationen definiert werden können. Sprachübersetzungen versuchen z.B. informationsinvariante Datentransformationen. Die Grammatik einer Sprache stellt den Datenaspekt in den Vordergrund.

Aus historischen und praktischen Gründen steht bei der Verwendung von Rechnern ebenfalls der Datenaspekt im Vordergrund, also die

Frage: "Wie werden Informationen verarbeitet?". Entsprechend dieser Beziehung wird daher im folgenden auch von **Datenverarbeitung**, **Datenspeicherung** und **Datenübertragung** gesprochen.

1.2 Betriebliches Mensch-Maschine-System

Für die Durchführung der Aufgaben betrieblicher Basis- und Informationssysteme stehen der Mensch als **personeller Aufgabenträger** und Maschinen als **maschinelle Aufgabenträger** zur Verfügung. Im Bereich der Basissysteme ist der Beginn des intensiven Einsatzes maschineller Aufgabenträger vor allem mit dem Begriff "zweite technische Revolution" verknüpft. Typische Beispiele dieses Bereiches sind Maschinen zur Energietransformation (Kraftmaschinen), zur Bearbeitung von Gütern und Maschinen für Transportaufgaben. Seit Beginn dieser Entwicklung werden in zunehmendem Maße Aufgaben des Basissystems durch eine Kombination personeller und maschineller Aufgabenträger oder aussschließlich durch maschinelle Aufgabenträger durchgeführt. Am Beginn dieses Trends stand die Verwendung von Werkzeugen, bei der personelle und maschinelle Träger kombiniert auftraten. Zu den neueren Erscheinungen des Trends gehört die vollständige Durchführung komplexer Produktionen durch maschinelle Aufgabenträger.

AUFGABENTRÄGER IN INFORMATIONSSYSTEMEN

Für die Aufgabenerfüllung in betrieblichen Informationssystemen sind ähnliche Tendenzen beobachtbar. Als maschinelle Aufgabenträger wurden in der Vergangenheit mechanische Systeme (z.B. Schreibmaschinen, Registrierkassen, Buchungsautomaten) eingesetzt. Inzwischen werden stattdessen elektronische Systeme (z.B. elektronische Schreibmaschinen, Kassen, Computer) verwendet.

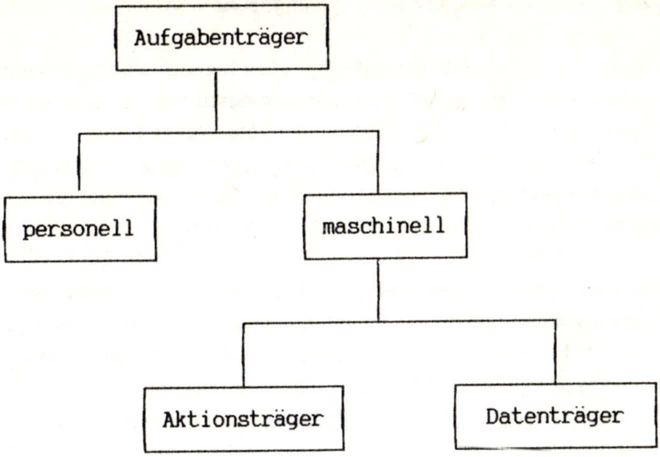

Abb. 1.2-1: Aufgabenträger in betrieblichen Systemen

Entsprechend der Zerlegung von Informations- und Entscheidungsaufgaben in Verarbeitungs-, Speicherungs- und Übertragungsaufgaben wird bei Aufgabenträgern zwischen **Aktionsträger** und **Datenträger** unterschieden.

Datenträger sind Aufgabenträger für die Speicherung und Übertragung von Daten, Aktionsträger werden für die Verarbeitung und gemeinsam mit einem Datenträger für die Übertragung von Daten verwendet. Diese Differenzierung gilt nur für maschinelle Aufgabenträger, da die von personellen Aufgabenträgern durchzuführenden Aufgaben in der Regel Teilaufgaben zur Verarbeitung, Speicherung und Übertragung von Daten enthalten.

AUTOMATISIERUNG

Die Zuordnung von Aufgaben zu Aufgabenträgern wird mit Hilfe des Begriffes "Automatisierung" beschrieben. Eine Aufgabe ist **automatisiert** oder **vollautomatisiert**, wenn sie vollständig von maschinellen Aufgabenträgern durchgeführt wird. Sie ist **teilautomatisiert**, wenn sie gemeinsam von personellen und maschinellen Aufgabenträgern durchgeführt wird. Sie ist **nicht automatisiert**, wenn sie vollständig von personellen Aufgabenträgern durchgeführt wird.

Die Beschreibung des Automatisierungsgrades eines Informationssystems hängt somit von der gewählten Zerlegungsstruktur seiner Aufgaben ab. Die Gesamtaufgabe eines Informationssystems und die Mehrzahl seiner Teilaufgaben sind teilautomatisiert. Die Gesamtaufgabe kann nicht vollautomatisiert sein, da zumindest einige Entscheidungsaufgaben personeller Aufgabenträger bedürfen.

Die Aufgabenträger teilautomatisierter Aufgaben werden **betriebliche Mensch-Maschine-Systeme** oder **sozio-technische Systeme** genannt. In Systemen dieser Art werden Informationen zwischen Trägern gleichen und ungleichen Typs ausgetauscht. Eine Kommunikation zwischen personellen und maschinellen Aufgabenträgern wird **Mensch-Maschine-Kommunikation** genannt.

Mensch-Maschine-Systeme sind in der Regel leistungsfähiger als rein personelle oder rein maschinelle Aufgabenträger, da sie menschliche Kreativität und Assoziationsfähigkeit mit maschineller Verarbeitungskapazität und Verarbeitungsgeschwindigkeit vereinigen. Dieser durch Arbeitsteilung entstehende Leistungssteigerungseffekt wird aufgrund ähnlicher Erscheinungen bei Gruppen-Problemlösungsprozessen als **Synergieeffekt** bezeichnet (vgl. Kirsch/Klein 1977, 138f).

MENSCH-MASCHINE-KOMMUNIKATION

Die Kommunikation zwischen Mensch und Maschine stellt besondere Anforderungen an die Konstruktion maschineller Aufgabenträger. Da der Mensch als personeller Aufgabenträger über seine Sinnesorgane mit seiner Umwelt kommuniziert, benötigen maschinelle Aufgabenträger dazu korrespondierende Datenempfangs- und Datensendeeinrichtungen. Ein Beispiel ist ein Datensichtgerät mit Tastatur, das auf die Sinnesorgane Auge und Tastsinn ausgerichtet ist.

Beipiel eines bewährten Mensch-Maschine-Systems für Datenübertragungsaufgaben ist das Telefon. Es ist auf die Sinnesorgane Sprech- und Hörorgan abgestimmt und wird in Zukunft das Auge als Sehorgan miteinbeziehen.

1.3 Automatisierung von Aufgaben

Aufgaben werden als automatisiert oder teilautomatisiert bezeichnet, wenn ihnen Maschinen oder Mensch-Maschine-Systeme als Aufgabenträger zugeordnet sind. Die Untersuchung der Kriterien, wann eine derartige Zuordnung möglich und nützlich ist, wird im folgenden in formale und sachliche Aspekte gegliedert. Ausgangspunkt sei ein einfaches Strukturmodell einer Informations- oder Entscheidungsaufgabe mit Speicher in einem betrieblichen Informationssystem, im folgenden ISA oder IS-Aufgabe genannt (Abb. 1.3-1). Das Basissystem wird mit BS, die Umwelt der Unternehmung mit UMW bezeichnet.

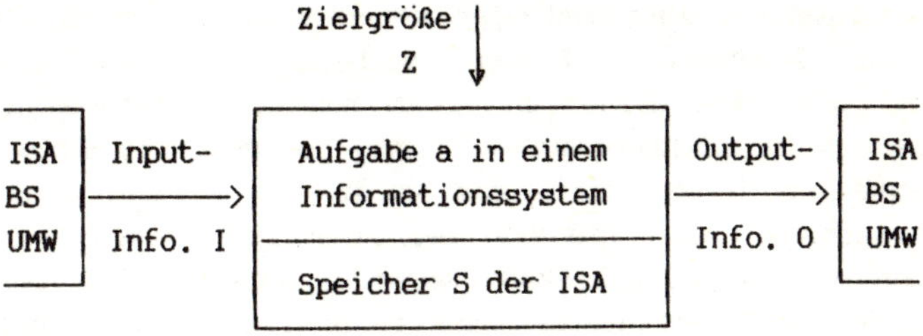

Abb. 1.3-1: Strukturmodell einer IS-Aufgabe

Bei Durchführung einer Aufgabe dieses Typs werden Input-Informationen und ggf. Zielgrößen von anderen IS-Aufgaben, vom Basissystem oder aus der Umwelt der Unternehmung entnommen und entsprechend der Aufgabenstellung mit den Informationen im Speicher verknüpft. In einem zweiten Schritt wird das Ergebnis der Verknüpfung an andere Aufgaben oder an die Umwelt weitergeleitet und in den Speicher der ISA zur späteren Verwendung aufgenommen. Bei Verwendung eines maschinellen Aufgabenträgers werden Aktionsträger für Verarbeitungs- und Übertragungsaufgaben sowie Datenträger für Speicherungsaufgaben benötigt.

1.3.1 Formale Kriterien für die Automatisierbarkeit

Unter strukturellen Gesichtspunkten sind die Output-Informationen O einer Aufgabe a abhängig von den Input-Informationen I, den Zielgrößen Z und den Informationen S im Speicher der Aufgabe (vgl. dazu als Beispiel die Terminplanungsaufgabe S. 9). a ist eine Relation, d.h. eine Teilmenge über dem kartesischen Produkt $I \times Z \times S \times O$. Nach Art der Abhängigkeit zwischen den Informationen $E = (I \times Z \times S)$, die in die Aufgabe eingehen, und den von ihr erzeugten Output-Informationen O können unterschiedliche Aufgabentypen definiert werden ($a \subseteq E \times O$). Diese Klassifizierung nach Abhängigkeitsarten ist zugleich ein formales Kriterium für die Automatisierbarkeit einer Aufgabe.

Als allgemeine formale Voraussetzung für die Automatisierbarkeit einer Aufgabe gilt, daß die Beziehung zwischen E und O funktional ist, d.h. jedem Element aus E genau ein Element aus O zugeordnet werden kann. Dieser Voraussetzung liegt die Annahme zugrunde, daß sich ein maschineller Aufgabenträger deterministisch verhält und damit gleichen Elementen aus E den gleichen Funktionswert aus O zuordnet. Aufgabenformen dieser Art liegen häufig bei Informationsaufgaben wie z.B. Buchführungsaufgaben vor, bei denen Elemente aus E in Elemente aus O umgeformt oder verdichtet werden. Ist die Beziehung zwischen E und O wie z.B. bei einer Reihe von Entscheidungsaufgaben nichtfunktional, kann versucht werden, diese Beziehung mit Hilfe von Zusatzinformationen in eine funktionale Beziehung überzuführen. Ist dies nicht möglich, ist die Aufgabe höchstens teilautomatisierbar (vgl. Ferstl 1979, 12f). Dementsprechend werden die nachfolgend dargestellten Typen von Input-Output-Beziehungen unterschieden.

FUNKTIONALE INPUT-OUTPUT-BEZIEHUNGEN

$$a : E \longrightarrow O$$

Aufgaben, die in dieser Weise beschrieben werden können, sind die klassischen Anwendungen für maschinelle Aufgabenträger. Zu ihnen gehören eine Reihe von Informationsaufgaben wie z.B. Buchführungen, Fakturierungsaufgaben, sowie einige Entscheidungsaufgaben wie z.B. Terminplanungen. Fakturierungsaufgaben leiten z.B. aus einem vorgegebenen Auftrag (Input) und einer gespeicherten Preisliste (Speicher) eine Rechnung (Output) funktional ab. Aufgaben dieser Art sind vor allem im Transaktionensystem zu finden. Sie sind üblicherweise die ersten Aufgaben eines Informationssystems, die automatisiert werden.

PARAMETRISIERTE INPUT-OUTPUT-BEZIEHUNGEN

$$a_p : E \times P \dashrightarrow O$$

Ist a nichtfunktional, d.h. existiert mindestens ein Element e ∈ E, dem gemäß a mehrere Elemente aus O zugeordnet werden können, wird versucht, mit Hilfe einer Parametermenge P die Aufgabe a in eine Aufgabe a_p zu transformieren, die bezüglich der erweiterten Inputmenge E × P funktional ist und der Aufgabe a bezüglich der Zuordnung E × O entspricht. Gründe hierfür sind z.B.:

- unvollständige oder mehrdimensionale Zielgrößen, die zu Entscheidungsaufgaben mit mehrwertigen Lösungsmengen führen. Bei Aufgaben dieser Art können einem vorgegebenen Inputwert und einem Vektor von Zielgrößen mehrere Outputwerte zugeordnet werden, die alle optimal bez. der Zielgrößen sind oder die bez. der Zielgrößen nicht weiter in eine Rangfolge geordnet werden können.

- Verknüpfungen zwischen E und O, die nur für bestimmte Zeitabschnitte oder erst zum Zeitpunkt der Realisierung von a konkret spezifiziert und damit funktional beschrieben werden können. Beispiele hierfür sind vor allem gesetzliche Regelungen, wie Mehrwertsteuerberechnung oder Lohnsteuerberechnung gemäß einer allgemein spezifizierten Berechnungsformel (Lohnsteuer-Polynom), dessen Koeffizienten für bestimmte Zeitabschnitte per Gesetz bestimmt sind.

Um Aufgaben dieser Art automatisieren zu können, werden durch P weitere Ziele oder Zusatzinformationen eingeführt, die die Transformation in eine funktionale Beziehung a_p und damit eine Automatisierung der Aufgabe ermöglichen.

STOCHASTISCHE INPUT-OUTPUT-BEZIEHUNGEN

In vielen Fällen sind geeignete Parametrisierungen nichtfunktionaler Aufgaben schwer auffindbar. Beispiele hierfür sind in Lagerhaltungsaufgaben zu finden, bei denen das Bestellwesen automatisiert werden soll. Elemente aus E sind der gegenwärtige Lagerbestand und die bisherigen Lagerumsätze. Aufgabe der Disposition ist die Bestimmung eines Elementes aus O, d.h. die Bestimmung einer optimalen Bestellmenge und eines optimalen Bestellpunktes. Wegen des unbekannten zukünftigen Lagerumsatzes ist diese Aufgabe nichtfunktional bezüglich der bekannten Größen Bestand und bisherige Umsätze.

Um Aufgaben dieser Art automatisieren, d.h. in eine funktionale Form überführen zu können, werden in die Aufgabe zusätzliche Informationen eingeführt. Im Beispiel der Lagerhaltungsaufgabe werden den Lagerumsatzzahlen der vorhergehenden Perioden Wahrscheinlichkeitsmaße w unter Verwendung von Prognosemodellen zugeordnet, mit deren Hilfe zukünftige Umsätze geschätzt werden können (vgl. Abb. 1.3-2). Ausgehend von diesen Schätzwerten werden dann Bestellmenge und Bestellpunkt funktional ermittelt.

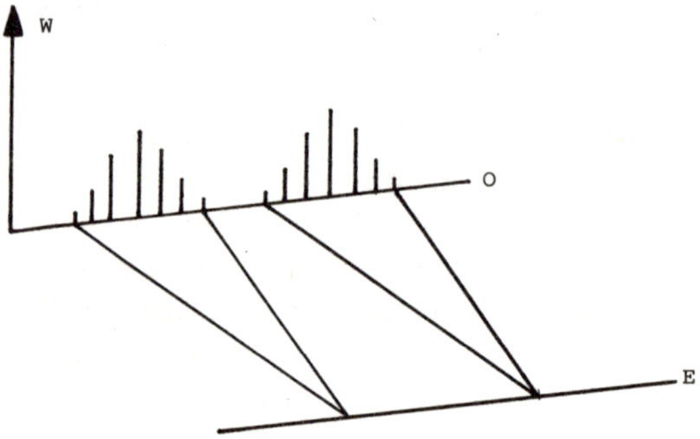

Abb. 1.3-2: Stochastisches Input-Output-System

NICHTFUNKTIONALE INPUT-OUTPUT-BEZIEHUNGEN

Kann eine Aufgabe in keine der oben genannten Formen transformiert werden, ist sie nicht automatisierbar oder höchstens teilautomatisierbar. Das bedeutet, daß sie vollständig von einem personellen Aufgabenträger durchzuführen ist oder erneut in Teilaufgaben zerlegt wird, die jeweils als funktionale oder nichtfunktionale Aufgaben klassifiziert werden können.

1.3.2 Sachliche Kriterien für die Automatisierbarkeit

Eine Untersuchung sachlicher Aspekte der Automatisierung von Aufgaben in einem Informationssystem besteht zumindest aus folgenden Teilen.

WIRTSCHAFTLICHKEITSANALYSE DER DURCHFÜHRUNG EINER AUFGABE DURCH ALTERNATIVE AUFGABENTRÄGER

Ist eine Aufgabe formal als automatisierbar erkannt, sind für die alternativen Aufgabenträger Mensch und Maschine die fixen Rüst- und die variablen Durchführungskosten der Aufgabe zu bestimmen. Rüstkosten bestehen bei personellen Aufgabenträgern aus Kosten der Aufgabenbeschreibung und aus Schulungskosten, bei maschinellen Aufgabenträgern aus Kosten der Programmierung, die eine spezielle Form der Aufgabenbeschreibung darstellt. Durchführungskosten bestehen aus den Zeitkosten des verwendeten Aufgabenträgers, aus Kosten der Datenübertragung von und zu anderen Aufgaben, ggf. einschließlich Kosten der Datentransformation, und aus Kosten für die Kontrolle der korrekten Aufgabendurchführung. Abhängig von der Häufigkeit der Aufgabendurchführung treten bei personellen Aufgabenträgern ggf. wiederholt Schulungskosten auf. Weitere Kosten entstehen bei Änderungen der Aufgabenstellung, bei Austausch des Aufgabenträgers sowie für die Bereitstellung von Ersatz-Aufgabenträgern.

Nutzenunterschiede bei der Durchführung von Aufgaben mit personellen oder maschinellen Aufgabenträgern ergeben sich vor allem aus unterschiedlichen Durchführungszeiten und damit unterschiedlichen Zeitpunkten der Verfügbarkeit von Aufgaben-Output sowie aus der unterschiedlichen Zuverlässigkeit der Aufgabenträger bez. der korrekten Aufgabendurchführung.

Im Rahmen der Wirtschaftkeitsanalyse sind auch die möglichen Kapazitäten der Aufgabenträger zu untersuchen. Während die Kapazität personeller Aufgabenträger als konstant betrachtet werden kann, ist die Kapazität maschineller Aufgabenträger innerhalb eines breiten Intervalls beliebig variierbar. Überschreitet bei der Zuordnung von Aufgaben zu Aufgabenträgern eine Aufgabe die Kapazität eines Aufgabenträgers, besteht im Falle personeller Aufgabenträger nur die Möglichkeit der Aufteilung der Aufgabe in Teilaufgaben und die Zuordnung der Teilaufgaben. Dabei entstehen zusätzliche Kosten der

Datenübertragung zwischen den Teilaufgaben. Schwierigkeiten bereitet ggf. auch eine Aufteilung der **Aufgabenstellung**. Die Kapazität maschineller Aufgabenträger kann innerhalb eines weiten Spielraums flexibel an den Umfang einer Aufgabe angepaßt werden und ermöglicht so eine einfache 1:1 Zuordnung.

ANALYSE DER VOLLSTÄNDIGKEIT EINER AUFGABENBESCHREIBUNG

Die Analyse der Vollständigkeit einer Aufgabenbeschreibung ist Voraussetzung für eine Untersuchung der Automatisierbarkeit einer Aufgabe unter formalen Aspekten. Sie umfaßt eine Vollständigkeitsanalyse der Mengen $E = (I \times Z \times S)$ und 0, sowie eine Vollständigkeitsanalyse der Zuordnungen $a \subseteq E \times 0$ von Elementen aus E zu Elementen aus 0. In der Praxis sind Vollständigkeitsanalysen schwierig durchführbar und erfassen selten alle zulässigen Elemente dieser Mengen. Die aufzählbaren Elemente der Mengen E, 0 und a einer Aufgabe werden häufig als **generelle Regelungen** bezeichnet und umfassen z.B. im Transaktionensystem üblicherweise zwischen 90 bis 100 % aller Elemente der Aufgabe. Die restlichen Elemente sind Teil der **fallweisen Regelungen** einer Aufgabendurchführung. Sie werden erst bei einer Aufgabendurchführung spezifiziert.

Dieser Prozentsatz sinkt bei steigender Hierarchieebene der Aufgaben eines Informationssystems. Von Ebene zu Ebene sind zunehmend mehr Aufgabenelemente vor der erstmaligen Durchführung einer Aufgabe nicht bestimmbar oder es ist eine vorherige Analyse mit zu hohen Kosten verbunden. Zudem ändern sich Aufgabenstellungen mit steigender Hierarchieebene häufiger und erfordern dann eine erneute Analyse. Vorteilhaft sind hier Zerlegungen von Aufgaben mit dem Ziel, automatisierbare Teilaufgaben zu bestimmen.

ANALYSE DER INFORMATIONSBEZIEHUNGEN ZU ANDEREN AUFGABEN

Neben der Prüfung der Vollständigkeit einer Aufgabenbeschreibung sind die für eine Aufgabenerfüllung notwendigen Informationsbeziehungen zwischen den Aufgaben sicherzustellen. Für alle Inputs einer Aufgabe sind entsprechende Outputs anderer Aufgaben oder Informationsquellen aus der Umwelt der Unternehmung zu bestimmen. Liegen diese Quellen nicht maschinell erfaßbar vor, so ist diese Aufgabe nicht automatisierbar. Ein personeller Aufgabenträger einer derartigen Aufgabe wird versuchen, über geeignete, nicht vorbestimmte Kanäle Informationen zu beschaffen. Dazu werden üblicherweise Informationskanäle verwendet, die erst zum Zeitpunkt der Aufgabendurchführung bekannt sind, oder es werden informelle Beziehungen benutzt. Z.B. werden bei der Erstellung eines Sonderberichtes für ein Investitionsvorhaben statistische Daten von Wirtschaftsforschungsinstituten oder Daten aus Geschäftsberichten anderer Unternehmen beschafft. Diese Aufgaben sind höchstens teilautomatisierbar. Entscheidungsaufgaben mit Speicher für einen Aufgabenträger "Manager" sind meist so strukturiert, daß sie als Speicher den jeweiligen Erfahrungszustand des zugehörigen Aufgabenträgers verwenden, da andere Informationsbeziehungen und andere Informationsräume nicht bekannt sind.

Ein zweiter Aspekt der Informationsbeziehungen zwischen Aufgaben betrifft notwendige Datentransformationen zwischen Aufgabenträgern ungleichen Typs. Personelle Aufgabenträger benötigen Inputs auf für sie lesbaren Datenträgern wie z.B. Papier oder Bildschirm. Maschinelle Aufgabenträger verwenden möglichst andere, für sie wesentlich schneller lesbare Datenträger. Liegen für einen Aufgabenträger Input-Daten nicht in geeigneter Form vor, sind sie entsprechend zu transformieren. Bei der Zuordnung von Aufgaben zu Aufgabenträgern versucht man daher, Aufgabenketten bzw. Aufgabenkomplexe zusammenzustellen, die insgesamt von einem Trägertyp durchgeführt werden können.

1.4 Integration von Aufgaben

Die Zerlegung der Gesamtaufgabe eines Informationssystems in Teilaufgaben erfolgt aufgrund unterschiedlicher Zerlegungskriterien. Ein betriebliches Informationssystem kann zerlegt werden:

- in Informations- und Entscheidungsaufgaben,
- in Datenverarbeitungs-, Datenspeicherungs- und Datenübertragungsaufgaben.

Ein Zerlegungskriterium anderer Art sind die Kapazitäten der verfügbaren Aufgabenträger. Herkömmliche Abteilungsstrukturen eines Betriebes spiegeln eine Zerlegung gemäß dem letztgenannten Kriterium wider. Aufgaben werden solange zerlegt, bis die erzeugten Teilaufgaben genau einem personellen Aufgabenträger zugeordnet werden können. Maschinelle Aufgabenträger ermöglichen es dagegen, aufgrund ihrer variablen Kapazität die übrigen Kriterien stärker zu berücksichtigen und Aufgaben sehr unterschiedlichen Umfangs zu definieren. Liegt ein Aufgabenkomplex vor, der entweder durch mehrere personelle Aufgabenträger oder durch einen maschinellen Aufgabenträger durchgeführt werden kann, spricht man von der **Integration der Aufgaben** durch diesen maschinellen Aufgabenträger. **Integrierte Datenverarbeitung** bedeutet die Ausführung eines Aufgabenkomplexes, der durch interne Informationsbeziehungen verknüpft ist, durch einen oder mehrere maschinelle Aufgabenträger. Dies schließt mit ein, daß ein Aufgabenträger selbständig eine Teilaufgabe des Komplexes durchführt, sobald alle Input-Daten der Teilaufgabe verfügbar sind.

AUFGABENSEITIGE INTEGRATION

Aufgrund der variablen Kapazität der maschinellen Aufgabenträger können bei Aufgabenzerlegungen unter dem Gesichtspunkt der Integration andere Zerlegungskriterien berücksichtigt werden. Ein wesentliches Kriterium ist die Minimierung der Anzahl der Informationsbeziehungen zwischen den Aufgaben, d.h. die Aufgaben werden so zerlegt, daß der Umfang der Informationsbeziehungen zwischen den erzeugten Teilaufgaben kleiner oder gleich dem Umfang jeder anderen Zerlegung gleichen Detaillierungsgrades ist. Diese Vorgehensweise bedeutet

- eine Minimierung von Datenübertragungen zwischen den Teilaufgaben und damit eine Minimierung der Kosten der Datenübertragung,

- eine Beschleunigung der Aufgabendurchführung und eine erhöhte Wahrscheinlichkeit für eine korrekte Aufgabendurchführung, da nicht zwei Aufgabenträger aufeinander abgestimmt werden müssen,

- eine Vereinfachung der Beschreibung der Aufgabenstellung, da ein Aufgabenkomplex zusammenhängend beschrieben werden kann und damit zusätzliche, durch Kapazitätsrestriktionen der Aufgabenträger bedingte Aufgaben entfallen. So entfallen z.B. überflüssige Datenübertragungen.

Die genannte Integrationsform unterstellt einen vorgegebenen Informationsfluß und zielt auf die Definition von Aufgaben, die jeweils einem Aufgabenträger zugeordnet werden können. Sie wird daher als **aufgabenseitige Integration** bezeichnet (vgl. Sinz 1983, 42).

DATENSEITIGE INTEGRATION

Eine weitere Integrationsform beschreibt die Verteilung von Informationsbeständen in einem Informationssystem und die sich aus den Aufgaben ergebenden Informationsflüsse zwischen den einzelnen Informationsbeständen. Diese wird **datenseitige Integration** genannt. Wie bereits dargestellt, sind die Aufgaben eines Informationssystems Informations- oder Entscheidungsaufgaben mit oder ohne Speicher. Werden in einem derartigen System z.B. zwei Aufgaben mit Speicher definiert, die den Lagerbestand eines bestimmten Artikels speichern, liegt ein Unsicherheitsproblem vor, sobald die Bestandsinformationen voneinander abweichen. Um Problemen dieser Art zu entgehen, wird gefordert, daß aus der Sicht der Aufgaben jede Information nur <u>einmal</u>, d.h. im Speicher <u>einer</u> Aufgabe gespeichert ist und eine andere Aufgabe, die diese Information benötigt, diese von dort übernimmt. Zur Erfüllung dieser Forderung sind ggf. weitere Informationsflüsse zwischen der eine Information speichernden Aufgabe und der sie verwendenden Aufgabe einzuführen. Diese zusätzlichen Beziehungen beeinflussen wiederum die aufgabenseitige Integration.

ZERLEGUNGSMETHODIK FÜR INFORMATIONSSYSTEME

Die aufgabenseitige Integration kann nicht losgelöst von der datenseitigen Integration durchgeführt werden und umgekehrt. Die beiden Integrationsformen beeinflussen einander und erfordern daher einen simultanen Lösungsansatz. Bedingt durch die große Anzahl der in realen Informationssystemen auftretenden Aufgaben und Informationsflüsse ist der zugehörige Lösungsprozeß außerordentlich komplex, nicht automatisierbar und daher nur mit menschlicher Kreativität zu lösen.

Zur Unterstützung des Lösungsprozesses werden Methoden verwendet, die den Lösungsprozeß strukturieren und in eine Folge von überseh-baren Einzelschritten zerlegen (vgl. Österle 1981, 60f und Sinz 1983, 85f). Die allgemeine Vorgehensweise besteht darin, in jedem Schritt eine aufgabenseitige und eine datenseitige Integration mit höherem Detaillierungsgrad gegenüber dem vorhergehenden Schritt zu konstruieren. Innerhalb eines Konstruktionsschrittes werden die aufgabenseitige und die datenseitige Integration nacheinander festgelegt. Abhängig davon, welche Integrationsform als erste durchgeführt wird, spricht man von **aufgabenorientierter** oder **datenorientierter Vorgehensweise.**

Die Beziehungen zwischen zwei benachbarten Detaillierungsebenen beschreiben eine disjunkte Zerlegung der Aufgaben und eine disjunkte Zerlegung der Informationsbestände. Die Zerlegungsfolge der Aufgaben und die Zerlegungsfolge der Informationsbestände generieren je eine Baumstruktur, bestehend aus Teilaufgaben bzw. Teil-Informationsbeständen.

Innerhalb jeder Detaillierungsebene werden die Teilaufgaben und Teil-Informationsbestände durch Informationsflüsse miteinander verbunden (vgl. Entity-Relationship-Modell in Kap. 6.3.5). Die Informationsflüsse einer Detaillierungsebene stellen keine Zerlegung der Informationsflüsse der vorhergehenden Detaillierungsebene dar. Die Folge der Informationsflußmengen generiert daher keine Baumstruktur.

2. Funktionsweise und Nutzungsformen eines Rechners

2.1 Struktur und Funktionsweise von Rechnermodellen

Für das Verständnis der Struktur und der Funktionsweise eines Rechners wird zunächst eine Folge von Rechnermodellen dargestellt. Die ersten beiden Glieder der Folge sind z.B. in Form von Taschenrechnern realisiert. Das Endglied der Folge besitzt wichtige Eigenschaften allgemein verwendeter Rechner.

2.1.1 Maschine für die Berechnung von N Funktionen (MNF)

Diese Maschine (Abb. 2.1.1-1) dient dazu, für eine vorgegebene Menge $\{F_1, F_2, \ldots, F_N\}$ von Funktionen und für ein ebenfalls vorgegebenes Argument x jeweils den Funktionswert $y = F_i(x)$ zu berechnen. x,y seien ganze Zahlen.

Die Maschine MNF besteht aus:

- einem Eingabeteil ET für die Bedienung der Maschine,

- einem Operationsteil OT für die Durchführung der Funktionsberechnung,

- einem Ausgabeteil AT für die Darstellung des Funktionswertes.

Der Eingabeteil ET besteht aus:

- einem Tastenfeld für die Eingabe eines Argumentwertes (Ziffernfeld 0,1,...,9),

- einem Tastenfeld für die Auswahl einer der Funktionen $F_1, F_2, \ldots, F_N$.

Der Operationsteil OT besteht aus:

- einer Speicherzelle AS (Argumentspeicher) für die Aufnahme eines über ET eingegebenen Argumentwertes,

- einer Speicherzelle FS (Funktionswertspeicher) für die Aufnahme des Funktionswertes,

- N unterschiedlichen Rechenwerken für die Berechnung je einer der Funktionen $F_1, F_2, \ldots, F_N$.

Der Ausgabeteil AT besteht aus einem Sichtfenster für die Darstellung des in FS eingetragenen Funktionswertes.

AUFBAU VON MNF

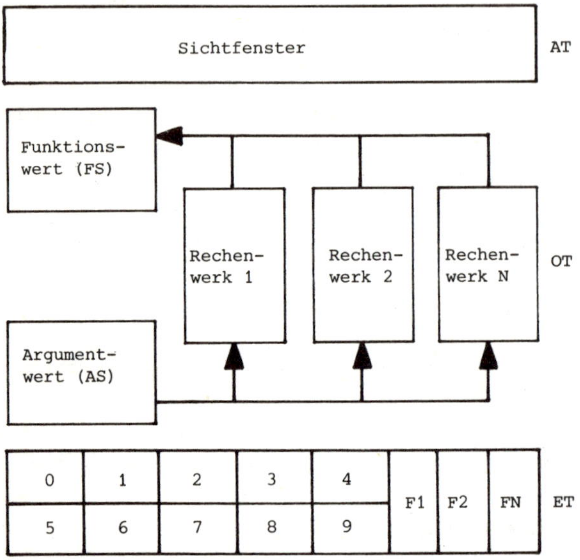

Abb. 2.1.1-1: Maschine MNF

FUNKTIONSWEISE UND BEDIENUNG VON MNF

a) MNF ist ständig funktionsbereit.

b) Über ET wird ein Argumentwert (Ziffernfolge) in den Argumentspeicher AS eingetragen.

c) Durch Drücken einer der Funktionstasten F1,F2,...,FN wird das Ende der Ziffernfolge des Argumentwertes angezeigt und zugleich eine der N Funktionen ausgewählt.

d) Das zur ausgewählten Funktion zugehörige Rechenwerk bestimmt daraufhin den Funktionswert und trägt diesen in den Funktionswertspeicher FS ein.

e) Der Inhalt von FS wird im Sichtfenster dargestellt.

f) Die Schrittfolge b,c,d,e ist beliebig oft wiederholbar.

Beispiel:

Die folgenden Beispiele für Rechner des Typs MNF enthalten auch Funktionen mit zwei Argumenten und sehen daher zwei Argumentspeicher vor.

- Taschenrechner. Das Tastenfeld eines Taschenrechners besteht aus einem Ziffernfeld und einem Feld von Funktionstasten. Die damit berechenbaren Funktionen sind Funktionen mit ein oder zwei Argumenten.

  y = abs(x) (Absolutbetrag, 1 Argument)
  y = x + z (Addition, 2 Argumente)

- Fahrscheinautomaten. Nach Eingabe des Zielortes (Argument) durch eine Buchstabenfolge oder eine Ziffernfolge und des Fahrscheintyps (Funktionswahl) wird der Fahrpreis errechnet.

- Rechner für die Berechnung einer Parkgebühr. Der Eingabeteil besteht hier nicht aus einem Tastenfeld, sondern einem Lesegerät für die Zeitangabe auf dem Parkschein. Der Rechner bestimmt die Differenz zwischen dem Stand der rechnerinternen Uhr und der Parkbeginnzeit. Die durchzuführende Funktion hat also zwei Argumente.

(Ende d. Beisp.)

2.1.2 Programmgesteuerte Maschine für die Berechnung von N Funktionen (PMNF)

Die Maschine PMNF unterscheidet sich von MNF weder in der Bedienung noch im Verhalten, sondern in der Konstruktion des Operationsteiles OT. Die Verwendung von N Rechenwerken zur Durchführung von N Funktionen ist unwirtschaftlich, wenn es Rechenwerke gibt, die Komponenten gleichen Typs enthalten. So kann z.B. eine Komponente für die Addition in mehreren Rechenwerken vorhanden sein. In diesem Fall ist es wünschenswert, daß eine derartige Komponente von mehreren Rechenwerken gemeinsam benutzt werden kann. Für PMNF wird daher folgender Ansatz gewählt.

Die N Funktionen werden in Teilfunktionen zerlegt. Bei der Zerlegung ist darauf zu achten, daß Teilfunktionstypen gewählt werden, die in möglichst vielen der N Funktionen enthalten sind. Auf diese Weise wird die Gesamtanzahl M der verschiedenen Teilfunktionen, aus denen alle N Funktionen zusammengesetzt werden können, minimiert.

Die Durchführung je einer der N Funktionen besteht nun aus der Durchführung der zugehörigen Folge von Teilfunktionen. Für jede Teilfunktion wird ein Rechenwerk eingesetzt. Somit werden insgesamt M Rechenwerke benötigt, die insgesamt kostengünstiger als die vorher verwendeten N Rechenwerke in MNF gebaut werden können.

Um mit Hilfe der M Teilfunktionsrechenwerke RW die Funktionen $F_1, F_2, \ldots, F_N$ berechnen zu können, benötigt PMNF zusätzlich folgende Einrichtungen:

- einen Speicher, der Beschreibungen der Teilfunktionsfolgen enthält, aus denen die Funktionen $F_1, F_2, \ldots, F_N$ zusammengesetzt sind. Jede Teilfunktion erhält hierzu eine Bezeichnung, die allgemein **Befehl** genannt wird. Z.B. bezeichnet der Befehl ADDIERE ein Teilfunktionsrechenwerk zum Addieren von Zahlen. Die Beschreibung einer Teilfunktionsfolge ist eine Befehlsfolge und wird **Programm**, der Speicher zur Aufnahme der Programme **Programmspeicher** PS genannt.

- ein **Steuerwerk** SW, das nacheinander die zur Ausführung eines Programms benötigten Rechenwerke in der gemäß einem Programm festgelegten Reihenfolge aufruft.

FUNKTIONSWEISE UND BEDIENUNG VON PMNF

a) PMNF ist ständig funktionsbereit.

b) Über ET wird ein Argument (Ziffernfolge) in AS eingetragen.

c) Durch Drücken einer der Funktionstasten F1,F2,...,FN wird das Ende der Ziffernfolge des Argumentwertes angezeigt und zugleich eine der N Funktionen ausgewählt.

d) Das Steuerwerk liest das zur ausgewählten Funktion zugehörige Programm im Programmspeicher und aktiviert die Teilfunktionsrechenwerke gemäß der Befehlsfolge des Programms.

e) Der Inhalt von FS wird im Sichtfenster dargestellt.

f) Die Schrittfolge b,c,d,e ist beliebig oft wiederholbar.

AUFBAU VON PMNF

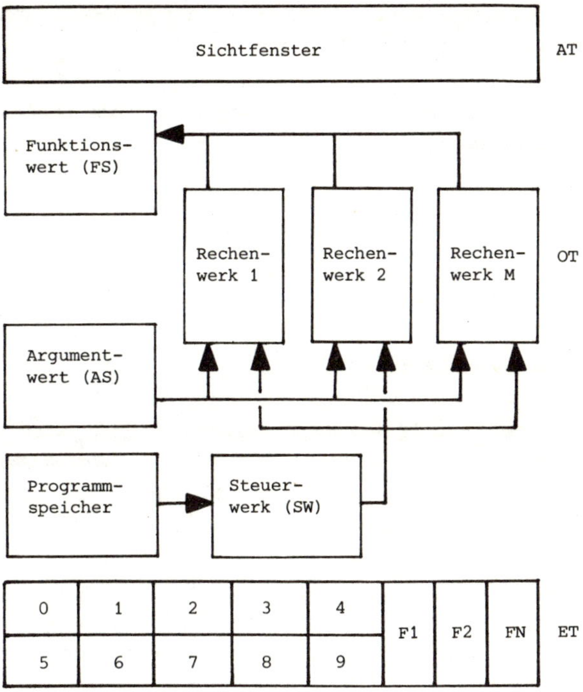

Abb. 2.1.2-1: Maschine PMNF

Beispiel eines Programms für PMNF:

Für die Berechnung der Funktionen:

$F_1 : y = x^2$ und $F_2 : y = x^3$,

wobei x,y ganze Zahlen seien, stehen Rechenwerke für folgende Teilfunktionen zur Verfügung:

a) Übertrage den Inhalt des Argumentspeichers in den Funktionswertspeicher und belasse den Inhalt des Argumentspeichers unverändert. Befehl Ü: AS --> FS

b) Multipliziere den Inhalt des Argumentspeichers mit dem Inhalt des Funktionswertspeichers und speichere das Ergebnis im Funktionswertspeicher, wobei dessen vorhergehender Inhalt überschrieben wird. Befehl M: AS * FS --> FS

Die Funktionen F_1, F_2 können durch folgende Programme (Befehlsfolgen) realisiert werden:

F_1: Ü,M,
F_2: Ü,M,M.
(Ende d. Beisp.)

2.1.3 Universalrechenmaschine (URM)

In Verallgemeinerung des Konstruktionsprinzips von PMNF wird nun eine Universalrechenmaschine URM dargestellt, die als **Von-Neumann-Maschine** bezeichnet wird (vgl. Giloi 1981, 33ff). URM unterscheidet sich von PMNF in folgenden Eigenschaften:

a) URM ist **frei programmierbar**, d.h. der Eingabeteil wird um eine Einrichtung erweitert, mit der Programme im Programmspeicher gelöscht oder hinzugefügt werden können. URM kann somit alle Funktionen berechnen, die ausschließlich aus Teilfunktionen bestehen, für die URM Rechenwerke besitzt und für die entsprechende Programme gespeichert sind.

b) Argumentspeicher und Funktionswertspeicher werden zu einem allgemeinen Datenspeicher DS erweitert, der beliebig vergrößert und für alle Speicherungsaufgaben in URM verwendet werden kann.

c) Der Datenspeicher DS und der Programmspeicher PS von URM werden zu einem allgemeinen **Hauptspeicher** HS zusammengefaßt. Die Größen von PS und DS sind innerhalb von HS variabel. Dies ermöglicht eine flexible Nutzung des Hauptspeichers.

d) Die Funktionsweise von ET und AT wird so verallgemeinert, daß in jede Stelle des Hauptspeichers Daten oder Befehle eingetragen, bzw. von jeder Stelle Daten über AT ausgegeben werden können.

e) ET und AT werden um Einrichtungen erweitert, die eine Kommunikation von URM mit ihrer Umwelt über mehrere Verbindungskanäle mit unterschiedlicher Übertragungsgeschwindigkeit ermöglichen.

Für den Eingabeteil gilt:

- Die vorhandene Zifferntastatur wird erweitert um eine Tastatur für Buchstaben und Sonderzeichen. Die Tastaturen sind Instrumente für die Mensch-Maschine-Kommunikation.

- Es werden Lesegeräte eingesetzt, die hand- oder maschinell beschriebene Belege lesen können (z.B. Parkschein, Warenetikette, Briefkuvert, Schecks, Überweisungen).

- Es werden Empfangseinrichtungen für eine direkte Maschine-Maschine-Kommunikation über Kabel- oder drahtlose Verbindungen bereitgestellt. Dazu können vorhandene Infrastruktureinrichtungen wie z.B. Telefon benutzt werden.

Für den Ausgabeteil gilt:

- Für die Mensch-Maschine-Kommunikation wird das vorhandene Sichtfenster erweitert zu einem Bildschirm, der ca. 2000 bis 3000 Zeichen oder Graphiken mit einer Bildauflösung von ca. 1000 * 1000 Bildpunkten darstellen kann. Andere Instrumente für diese Kommunikationsform sind Sprachgeneratoren. Die Einheit (Tastatur, Bildschirm) wird **Datensichtgerät** oder **Terminal** genannt. Terminals sind die wichtigsten Hilfsmittel für den zweiseitigen (bidirektionalen) Informationsaustausch zwischen Mensch und Rechner.

- Es werden Drucker verwendet, die Darstellungsformen (Buchstaben, Ziffern, Graphiken, Strichcode auf Warenetiketten) erzeugen, die für Menschen oder für Maschinen lesbar sind.

- Korrespondierend zu den Empfangsgeräten werden Sendeeinrichtungen für die direkte Maschine-Maschine-Kommunikation eingesetzt (vgl. Kap. 2.3.2).

AUFBAU VON URM

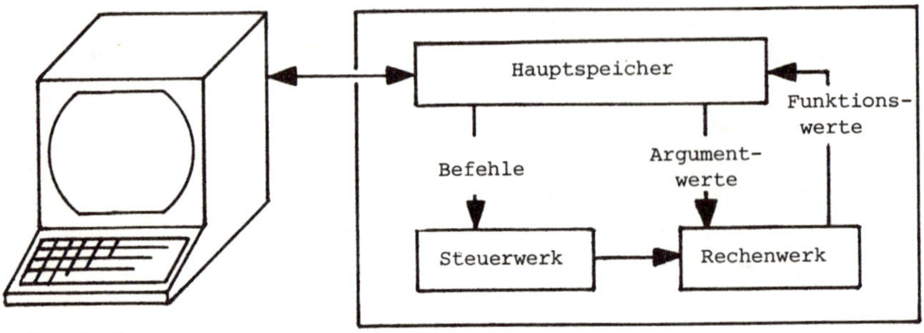

Abb. 2.1.3-1: Maschine URM

URM-RECHENWERK

Im URM-Rechenwerk sind alle Teilfunktionsrechenwerke von URM zusammengefaßt. Wichtige Leistungskriterien für den Vergleich von URM-Rechenwerken sind Art und Umfang des **Befehlsvorrates** und die Durchführungszeiten des Rechenwerks für dessen Befehle (**Operationszeit**). Die Befehlsvorräte marktüblicher Rechner enthalten ca. 50 bis ca. 500 Befehle. Verfügt ein Rechenwerk nur über wenige Befehle, so können weitere Befehle durch Befehlsfolgen (Programme) nachgebildet werden.

Die Leistungsuntergrenze wird von einfachen Mikroprozessoren (z.B. der Prozessor 6502 im Apple II) gebildet, die Obergrenze erreichen die in Großrechenanlagen verwendeten Prozessoren (z.B. IBM 3081). Die Durchführungszeit wird in der Dimension **MIPS** (million instructions per second = Millionen Befehle pro Sekunde) oder **FLOPS** (floating point operations per second) gemessen. Während MIPS auf den allgemeinen Befehlsvorrat eines Rechners Bezug nimmt, gibt FLOPS speziell Auskunft über die Durchführungszeiten von arithmetischen Operationen mit Gleitpunktzahlen (vgl. Kap. 2.2.2). Die Werte der marktüblichen Systeme liegen zwischen 0.2 MIPS (z.B. 6502) und einigen 10 MIPS (z.B. IBM 3081).

Zum Leistungsumfang eines Rechenwerks gehören Befehle für

- den Datentransport innerhalb des Hauptspeichers,
- den Datentransport zwischen Hauptspeicher und Ein-/Ausgabegerät,
- arithmetische Operationen (z.B. +, -, *, /),
- logische Operationen (UND, ODER, NICHT)
- Vergleichsoperationen (z.B. <, >, =, <>).

URM-STEUERWERK

Das Steuerwerk von URM hat gleiche Funktionen wie das Steuerwerk von PMNF. Während jedoch in PMNF angenommen wurde, daß ein Programm eine **statische Befehlsfolge** bildet, die bei jeder Ausführung in der gleichen Weise durchgeführt wird, stellt ein Programm für URM eine **dynamische Befehlsfolge** dar. Hier kann in Abhängigkeit vom Funktionswert des zuletzt durchgeführten Befehles dessen Nachfolger bestimmt werden. Es wird also erst während der Ausführung des Programms (genannt **Laufzeit des Programms**) endgültig entschieden, welche Befehlsfolge gewählt wird.

Hilfsmittel zur Beschreibung alternativer Befehlsfolgen sind spezielle Steuerbefehle, die nicht das URM-Rechenwerk, sondern das URM-Steuerwerk durchführt. Diese Befehle werden in ein Programm eingefügt und bewirken bei ihrer Ausführung, daß das Programm an einer durch sie bestimmten Stelle fortgesetzt wird.

Der wichtigste Befehl dieses Typs lautet: "Setze das Programm bei Befehl mit der Nummer n fort (Springe zu Befehl Nummer n)". Dieser Befehl kann um den Zusatz ergänzt werden: ",falls der Funktionswert des zuletzt ausgeführten Befehles den Wert x hat".

<u>Beispiel:</u>

Für die Funktion z = MAXIMUM aus (x,y), wobei x,y,z ganze Zahlen sind, sei eine entsprechend PMNF aufgebaute Maschine mit den Speicherelementen AS, FS und einem Vergleichsspeicher VS, sowie mit folgendem Befehlsvorrat verfügbar:

a) Befehl L: Lies ein Argument vom Eingabeteil und trage dieses in AS ein.

b) Befehl Ü: Übertrage den Inhalt von AS nach FS.

c) Befehl V: Vergleiche die Inhalte von AS und FS und trage in VS eine der Aussagen "AS <= FS" oder "AS > FS" ein.

d) Befehl S: Setze das Programm bei Befehl n fort, falls in VS die Aussage "AS <= FS" steht.

e) Befehl A: Zeige den Inhalt von FS im Sichtfenster.

Mit diesem Befehlsvorrat kann die Funktion MAXIMUM durch folgendes Programm realisiert werden:

1) L: Lies das erste Argument.
2) Ü: Übertrage das erste Argument nach FS.
3) L: Lies das zweite Argument.
4) V: Vergleiche beide Argumente.
5) S: Setze Programm bei Befehl 7 fort, falls in VS die Aussage AS <= FS steht.
6) Ü: Das zweite Argument ist größer als das erste Argument und wird daher nach FS übertragen.
7) A: FS enthält das Maximum aus beiden Argumenten und wird im Sichtfenster dargestellt.

Die Befehle L, Ü, A und V werden vom Rechenwerk ausgeführt. Nur der Steuerbefehl S ist eine Entscheidungsaufgabe, die vom Steuerwerk durchzuführen ist. Da alle Befehle zunächst vom Steuerwerk gelesen werden, kann dieses in einfacher Weise Steuerbefehle erkennen und filtern.

(Ende d. Beisp.)

URM-HAUPTSPEICHER

Der URM-Hauptspeicher faßt alle Teilspeicher von PMNF in einem einheitlichen Speichertyp zusammen. Er besteht aus einer Folge von Speicherzellen gleicher Größe, die je nach Bedarf Daten oder Befehle enthalten. Zur Speicherung eines Datums oder eines Befehles können unterschiedlich viele Zellen benötigt werden. Die Größe eines URM-Hauptspeichers wird durch die Anzahl seiner Speicherzellen SZ angegeben. Die Position einer Speicherzelle innerhalb des Speichers wird **Adresse** genannt. Die Adressen werden fortlaufend numeriert, beginnend bei Adresse 0.

Die Speicherzellen werden unter Verwendung von Bauelementen realisiert, die zwei Zustände annehmen können bzw. deren Zustandsräume in zwei disjunkte Bereiche aufgeteilt werden (z.B. unterschiedliche Spannungsbereiche oder Magnetflußrichtungen). Diesen Zustandsbereichen werden die Zeichen 0 und 1 zugeordnet (vgl. Kap 2.2.1). Die Zeichenmenge 0,1 wird als **binärer Zeichenvorrat**, ein Element davon als **Binärzeichen** oder **Bit** (binary digit) bezeichnet. Der Begriff Bit ist in gleicher Weise wie z.B. die Begriffe Buchstabe oder Ziffer zu verwenden, die ein Element aus den Zeichenvorräten A,B,...,Z, bzw. 0,1,...,9 bezeichnen. Man spricht analog vom Bit 0 bzw. vom Bit 1 oder von n Bits als einer Binärzeichenfolge der Länge n.

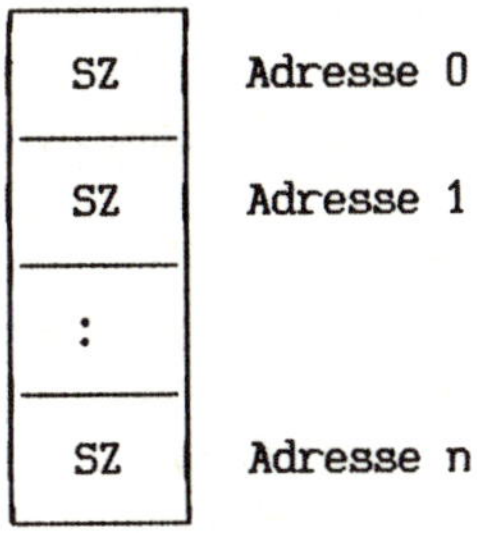

Abb. 2.1.3-2: URM-Hauptspeicher

Entsprechend der Anzahl der Bauelemente, die eine Speicherzelle bilden, werden mehrere Standardspeicherzellengrößen unterschieden. Sie werden durch die Anzahl der darin zu speichernden Bits (1 Bit pro Bauelement) angegeben. Diese Größen sind allerdings herstellerabhängig. Die folgenden Angaben beziehen sich auf Rechnertypen der Hersteller IBM und SIEMENS.

<u>Standardspeicherzellen:</u>

Byte	8 Bits	Wort	32 Bits
Halbwort	16 Bits	Doppelwort	64 Bits

Neben der genannten Bedeutung als Maßeinheiten für Speicherzellengrößen werden diese Bezeichnungen in gleicher Weise wie der Begriff Bit als Oberbegriffe, bzw. kennzeichnende Begriffe für Bitfolgen verwendet. Man spricht z.B. vom Byte 1010 1100.

Speicherzellen eignen sich zur Speicherung von Zahlen (numerische Daten) und beliebigen Zeichenfolgen (nichtnumerische Daten). Dazu bedarf es einer Zuordnung zwischen derartigen Daten und zugehörigen speicherbaren Bitfolgen. Diese Zuordnung wird mit Hilfe von speziellen Abbildungen vorgenommen, mit deren Hilfe ein Zeichenvorrat in einen anderen Zeichenvorrat übersetzt werden kann. Abbildungen dieser Art heißen **Code** und sind in der Regel international vereinbart, bzw. genormt (vgl. Kap. 2.2.1).

ADRESSIERUNG

Der Hauptspeicher von URM ist in Speicherzellen der Länge 1 Byte aufgeteilt. Die zugehörige Adresse heißt **Byteadresse.** Größere Speicherzellen werden aus aufeinanderfolgenden Byte-Speicherzellen zusammengesetzt. Als Adresse dieser Speicherzellen gilt die Adresse des ersten Byte.

Die Benennung von Speicherzellen in Befehlen wird als **Adressierung** bezeichnet. Adressen sind Bestandteile von Befehlen und beschreiben, mit welchen der im Speicher befindlichen Daten der Befehl durchzuführen ist. Z.B. gibt der im Programmbeispiel verwendete Befehl "L Adresse" an, daß ein Datum über den Eingabeteil zu lesen und an der Stelle "Adresse" zu speichern ist. Befehle bestehen daher aus folgenden Teilen:

- einem Operationscode,
- ein oder mehreren Operanden.

Der **Operationscode** bezeichnet das aufzurufende Teilfunktionsrechenwerk. Die **Operanden** verweisen auf die Daten, mit denen diese Operation durchzuführen ist. Dazu werden diese Daten entweder unmittelbar als Operand angegeben (unmittelbarer Operand) oder es werden die Adressen angegeben, an denen diese Daten im Hauptspeicher stehen. Für die Angabe der Adressen sind vorwiegend zwei Formen üblich:

- **Absolute Adressierung:** Die Adresse wird in Form eines Wertes angegeben, die eine Speicherzelle bezeichnet (z.B. L 1000).

- **Relative Adressierung:** Die Adresse wird in Form eines 2-Tupels oder allgemein n-Tupels von Adressen, bzw. Adreßdistanzen angegeben (statt Adreßdistanz ist der Begriff Distanzadresse gebräuchlich):

  Adresse = (Basisadresse, Distanzadresse).

  Die gewünschte Adresse ergibt sich aus der Summe von Basisadresse und Distanzadresse (z.B. L (800,200)). Diese Form bietet Vorteile bei der Konstruktion dynamischer Befehlsfolgen, bei der Adressen ggf. erst während des Programmlaufes bestimmt werden.

  Beispiel:
  Ein Befehl nimmt auf ein Vektorelement Bezug. Basisadresse bezeichnet den Beginn des Vektors, Distanzadresse das gewünschte Vektorelement.
  (Ende d. Beisp.)

  Ein weiterer Vorteil dieser Adressierungsart gegenüber der absoluten Adressierung sind kürzere Befehlslängen und damit kleinere Speicherräume für Programme. Dazu wird die Basisadresse nicht im Befehl gespeichert, sondern in einer speziellen Speicherzelle, die **Adreßregister** genannt wird und eine Kurzbezeichnung trägt. Haben mehrere Befehle eines Programms Adressen, deren Basisadresse übereinstimmt, dann wird dort jeweils nur die Adreßregisterbezeichnung eingetragen.

  Beispiel:
  Adreßregister A enthält den Wert 800. Der oben genannte Befehl erhält die Form L (A,200). Bei der Ausführung des

Befehls wird die Summe aus dem Inhalt von A und dem Wert 200 als Adresse verwendet.

(Ende d. Beisp.)

HAUPTSPEICHERGRÖSSE

Die Größe des Hauptspeichers wird in Byte (abgekürzt B) angegeben. So wie im metrischen System z.B. der Faktor kilo zur Abkürzung verwendet wird, sind hier folgende Faktoren üblich:

- $K = 1024 = 2^{10}$ (Sprechweise K, nicht kilo),
- $M = 1024\ K = 2^{20}$ (Sprechweise Mega),
- $G = 1024\ M = 2^{30}$ (Sprechweise Giga).

Untere Hauptspeichergrößen marktüblicher Systeme liegen bei 64 KB (65536 Byte). Die Obergrenzen liegen zur Zeit bei ca. 16 bis 32 MB.

2.1.4 Busrechnersystem (BRS)

Die Strukturierung des Operationsteils von URM in Hauptspeicher, Steuerwerk und Rechenwerk beschränkt sich auf eine rein funktionelle Betrachtung dieses Rechners. Bei der Realisierung von URM sind darüber hinaus die Betriebsmittel zu berücksichtigen, die für die Durchführung der Funktionen zur Verfügung stehen. Betriebsmittel sind Aufgabenträger der Funktionen.

In realen Rechnersystemen sind einige Betriebsmittel exklusiv einer Funktion zugeordnet, andere Betriebsmittel werden in getrennten Zeitabschnitten unterschiedlichen Funktionen zugeordnet (Betriebsmittel-Sharing), d.h. die Funktionen teilen sich dieses Betriebsmittel.

Ein wichtiges Beispiel hierfür ist die gemeinsame Benutzung von Leitungsverbindungen für die Übertragung von Befehlen und Daten. Diese Verbindungen werden wegen der gemeinsamen Benutzung **Bus** genannt und kennzeichnen die Klasse der Busrechnersysteme. Der Aufbau eines Rechners (Rechnerarchitektur) dieser Klasse ist flexibel und wirtschaftlich. Eine sehr große Zahl heutiger Rechnersysteme ist nach diesem Prinzip konstruiert.

PROZESSOR

Ein derartiger Busrechner hat z.B. den in Abb. 2.1.4-1 dargestellten Aufbau. Den Funktionen Steuerwerk, Rechenwerk und Hauptspeicher sind spezielle Betriebsmittel zugeordnet. Die Vereinigung von Steuerwerk und Rechenwerk heißt **Prozessor**. Für die Kommunikation zwischen allen beteiligten Komponenten sind drei spezielle Leitungstypen vorgesehen, die zeitabschnittsweise jeweils von zwei Partnern benutzt werden. Sie haben folgende Aufgaben:

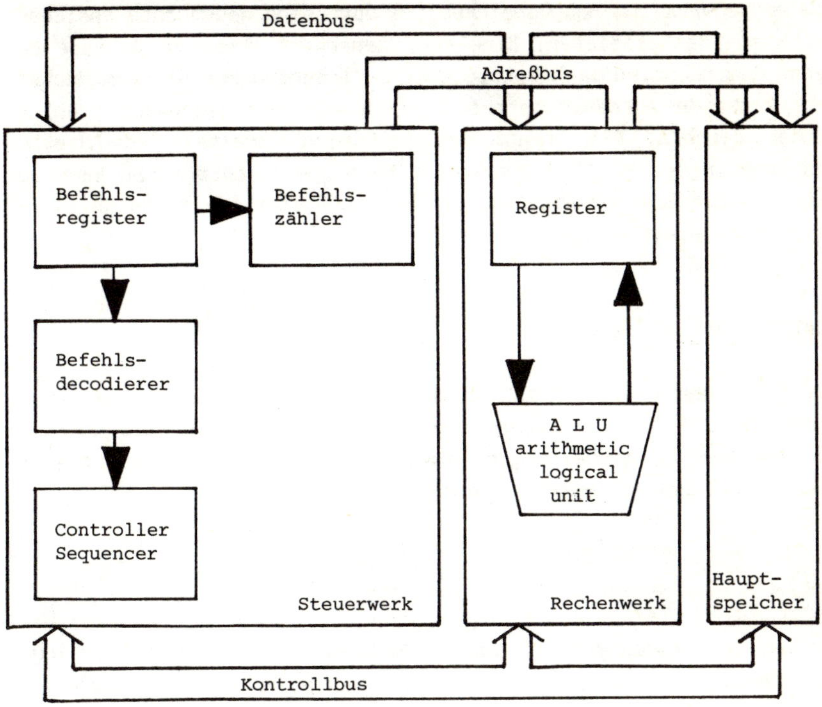

Abb. 2.1.4-1: Busrechnersystem

DATENBUS

Auf dem **Datenbus** werden Befehle aus den Speicherzellen zum Steuerwerk, sowie Daten zwischen Rechenwerk und Hauptspeicher in beiden Richtungen transportiert. Die Anzahl der Leitungen des Datenbus heißt **Breite des Datenbus.** Sie ist eines der kennzeichnenden Attribute für Prozessoren. So hat ein 8-Bit-Prozessor einen 8 Bit breiten Datenbus. Diese Breite stimmt in der Regel mit der Größe der Hauptspeicherzellen überein, d.h es kann der Inhalt einer Hauptspeicherzelle parallel übertragen werden.

ADRESSBUS

Der **Adreßbus** überträgt ausschließlich Adressen vom Steuerwerk oder vom Rechenwerk zum Hauptspeicher, um dort eine gewünschte Speicherzelle zu identifizieren. Eine vom Steuerwerk kommende Adresse benennt den nächsten im Hauptspeicher zu lesenden Befehl, vom Rechenwerk kommende Adressen betreffen Operanden des gegenwärtig ablaufenden Befehls. Die Anzahl der Leitungen (**Breite**) des Adreßbus bestimmt in der Regel die maximale Hauptspeichergröße. So kann auf einem 16 Bit breiten Adreßbus ein Hauptspeicher bis zu 64 KB (= 2^{16} Byte) adressiert werden.

KONTROLLBUS

Die Leitungen des Kontrollbus werden nur zur Zeitsteuerung (Synchronisation) der beteiligten Komponenten verwendet. Sie übertragen Anforderungsmitteilungen, sowie Bereitschafts- und Fertigmeldungen zwischen den Komponenten.

ALU

Das BRS-Rechenwerk besteht aus der Komponente **ALU** (**arithmetic logical unit**), die alle Teilfunktionsrechenwerke umfaßt, sowie aus einer Menge von speziellen Speicherzellen, die **Register** genannt werden. Register haben in der Regel die gleiche Größe wie Hauptspeicherzellen und unterscheiden sich von diesen in 3 Punkten:

- Sie liegen innerhalb des Prozessors.
- Sie werden durch Kurzbezeichnungen benannt (z.B. A,B).
- Zugriffszeiten von ALU auf Register sind kürzer als die Zugriffszeiten auf Hauptspeicherzellen.

Es gibt ALU-Befehle, um Daten zwischen Hauptspeicher und Register zu transportieren. Argumente und Funktionswerte von Befehlen können in Registern oder Hauptspeicherzellen liegen.

BRS-STEUERWERK

Das BRS-Steuerwerk ist in die Komponenten Befehlsregister, Befehlszähler, Befehlsdecodierer und Controller/Sequencer unterteilt. Befehlsregister und Befehlszähler sind wiederum spezielle Speicherzellen. Zu Beginn einer Befehlsbearbeitung wird an der Position des Hauptspeichers, auf die der Befehlszähler verweist, ein Befehl gelesen und in das Befehlsregister übertragen. Dieser Befehl wird im Anschluß vom Befehlsdecodierer entschlüsselt. Im Falle eines Steuerbefehls wird nun der Befehlszähler gemäß diesem Befehl gesetzt. Andernfalls wird der Befehlszähler für den Verweis auf den nächstgelegenen Befehl um die Befehlslänge erhöht und die Kontrolle an den Controller/Sequencer abgegeben, der die Durchführung dieses Befehls durch ALU kontrolliert.

2.1.5 Rechnerverbundsystem (RVS)

Wie in Kapitel 1.1 dargestellt, kann die Aufgabenebene eines betrieblichen Informationssystems als ein Netz von Informations- und Entscheidungsaufgaben aufgefaßt werden, die durch Informationsströme verbunden sind. Bei Verwendung personeller und maschineller Aufgabenträger erfordert die Netzstruktur einen Informationsaustausch zwischen Personen, zwischen Mensch und Maschine, sowie zwischen Maschinen. Für den Informationsaustausch zwischen zwei Aufgaben A und B, die von Maschinen durchgeführt werden, sind folgende Konfigurationen und Verfahren im Einsatz (vgl. Giloi 1981, 347ff).

RECHNER MIT DATENPUFFERUNG

Die Aufgaben A und B werden **nacheinander** von <u>einer</u> bestimmten Maschine durchgeführt. Die zu übertragenden Informationen werden von A nach B übergeben, indem sie während der Zeit des Übergangs im Speicher der Maschine verbleiben. Dieser Lagerungsvorgang wird als Datenpufferung bezeichnet. Der als **Datenpuffer** bezeichnete Speicherbereich kann nacheinander beiden Aufgaben zur Verfügung gestellt werden.

MEHRERE RECHNER MIT COMMON AREA

Es wird beiden Aufgaben A und B je ein Rechner als Aufgabenträger zugeordnet. Die beiden Rechner verfügen über einen gemeinsamen Speicherbereich (Common Area), der zum Informationsaustausch benutzt wird. Die Übertragungsgeschwindigkeit liegt je nach Typ des verwendeten gemeinsamen Speicherbereiches zwischen ca. 400 KByte/sec (Halbleiterspeicher) und ca. 10 KByte/sec (Magnetplatte). Die beiden Rechner sind räumlich eng benachbart, z.B. in einem gemeinsamen Gehäuse untergebracht. Zwischen beiden Rechnern ist ein konfliktfreies Speicherzugriffsverfahren bezüglich des gemeinsamen Speicherbereiches zu vereinbaren.

MEHRERE RECHNER MIT LEITUNGSVERBUND

Es wird wiederum beiden Aufgaben A und B je ein Rechner zugeordnet. Informationen zwischen den Rechnern werden jedoch im Gegensatz zum gemeinsamen Speicher über ein Übertragungsmedium ausgetauscht, das selbst nicht speichernd ist. Derartige Medien sind Kabelverbindungen oder drahtlose Funkverbindungen. Aufgrund der zahlreichen Realisierungsmöglichkeiten dieser Übertragungsform ist auch die Bandbreite der Übertragungsgeschwindigkeiten entsprechend hoch. Sie liegt zwischen ca. 800 KByte/sec (Parallelverbindungen) und 15 Byte/sec (Telex). Die räumliche Entfernung der beteiligten Rechner ist vom Übertragungsmedium abhängig. Beispiele für große Entfernungen sind Rechner an beliebigen Punkten der Erde, die über Telefon kommunizieren. Die Telefonverbindung selbst kann per Kabel oder per Satellit (drahtlose Verbindung) durchgeführt werden. Noch größere Verbindungen werden mit Rechnern hergestellt, die sich an Bord von Forschungssatelliten befinden und z.B. Meßwerte übertragen.

Eine Vereinigung von Rechnern, die über gemeinsame Speicher oder über einen Leitungsverbund Informationen austauschen, wird **Rechnerverbundsystem** genannt. Reale Rechnersysteme verwenden in der Regel alle drei Arten des Informationsaustausches, jedoch wird hier aus

Klassifikationsgründen zwischen Verbundsystemen mit jeweils nur einer Kommunikationsart unterschieden.

RECHNER-NETZWERKE

Ein weiteres Unterscheidungskriterium für Rechnerverbundsysteme mit Leitungsverbund ist die räumliche Entfernung der Rechner und die daraus folgenden möglichen alternativen Kommunikationsformen. Es wird zwischen zwei Klassen unterschieden:

GEOGRAPHISCHE NETZWERKE

Rechnerverbundsysteme mit dieser Struktur sind auf Länder oder Kontinente verteilt. Als Übertragungsmedium werden vorhandene Infrastruktureinrichtungen wie z.B. Telefon oder Datex, ggf. auch spezielle Netzeinrichtungen z.B. für militärische Zwecke verwendet. Die Übertragungsgeschwindigkeiten sind entsprechend gering und liegen zwischen ca. 110 Bit/sec und ca. 60 KBit/sec.

LOKALE NETZWERKE

Damit werden Rechnerverbundsysteme bezeichnet, deren Komponenten bis zu einigen Kilometern voneinander entfernt sind. Sie verwenden durchwegs keine öffentlichen Infrastruktureinrichtungen, sondern speziell dafür verlegte Netzeinrichtungen. Zur Zeit wird auf dem Markt für lokale Netzwerke eine außerordentliche Vielfalt von Produkten angeboten. Diese Vielfalt betrifft die Übertragungsgeschwindigkeit, die Übertragungs- und Kommunikationstechniken, die Netzstruktur und den Preis der Systeme. Bei der Konstruktion der Netzstruktur ist dafür zu sorgen, daß alle Rechner eines Verbundsystems miteinander kommunizieren können. Paarweise Leitungsverbindungen zwischen allen beteiligten Rechnern scheiden jedoch zumindest aus wirtschaftlichen Gründen aus. Es werden stattdessen folgende Varianten von Netzstrukturen verwendet:

a) **Direktkopplung**
   Es werden zwei Rechner über eine Leitung verbunden.

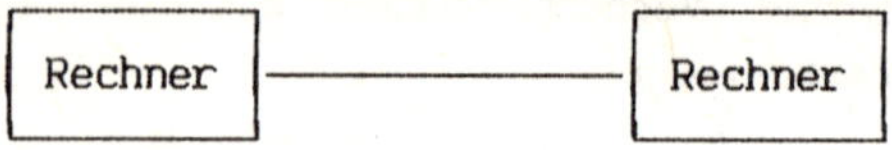

Abb. 2.1.5-1: Direktkopplung

b) **Sternnetzwerk**
Mehrere Rechner kommunizieren über eine gemeinsame Kommunikationszentrale. Diese Form ist flexibel bez. Erweiterungen, da jeweils nur eine Leitung zwischen jedem neu einzufügenden Rechner und der Zentrale verlegt werden muß. Die Kommunikationskapazität und die Ausfallsicherheit des Gesamtsystems hängen jedoch von den Eigenschaften der Zentrale ab.

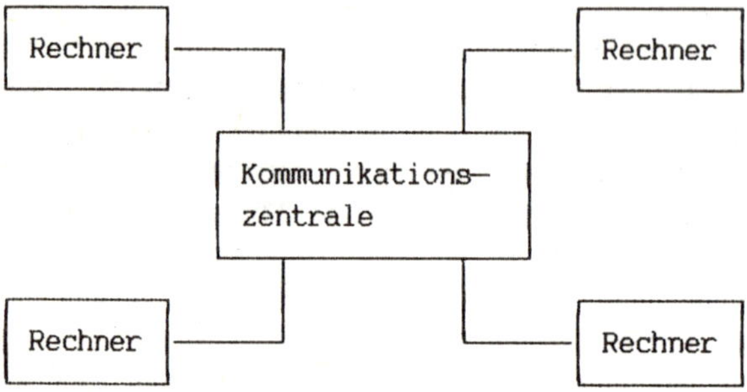

Abb. 2.1.5-2: Sternnetzwerk

c) **Busnetzwerk**
Alle am Verbundsystem beteiligten Rechner werden durch eine gemeinsame Leitung (Bus) verbunden. Diese kann zeitabschnittsweise von den jeweils kommunizierenden Rechnern benutzt werden (**Time-Multiplexing**) und ist während dieser Zeit für alle anderen Rechner des Verbundes blockiert (vgl. dazu Busrechnersysteme). Diese Lösung wird, vor allem wegen ihrer Flexibilität bezüglich neuer Teilnehmer, wegen ihrer Wirtschaftlichkeit und ihrer Stabilität bevorzugt. Der Ausfall eines Teilnehmers beschränkt nicht die Funktionsfähigkeit des Gesamtnetzwerks.

Um die Übertragungskapazität zu erhöhen, oder um die Kommunikation unterschiedlicher Benutzerklassen zu trennen, kann der Frequenzbereich der im Bus zu übertragenden Signale in disjunkte

Frequenzbänder unterteilt werden, die unabhängig voneinander für die Kommunikation zur Verfügung stehen (**Frequency-Division**).

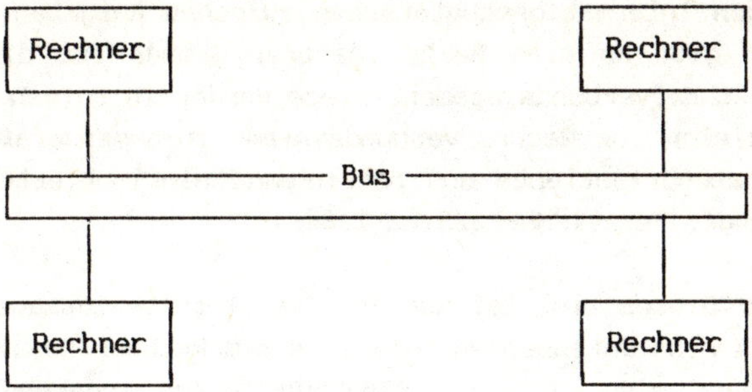

Abb. 2.1.5-3: Busnetzwerk

d) **Ringnetzwerk**
Ein wesentlicher Nachteil eines Busnetzwerkes ist, daß beim Verfahren Time-Multiplexing während der Übertragung eines Datenpaketes von einem Rechner zu einem anderen Rechner der gesamte Bus gesperrt ist, d.h. es müssen alle Übertragungen innerhalb des Verbundes sequentiell ausgeführt werden. Beim Ringnetzwerk übernimmt jeder Rechner des Verbundes zusätzlich die Funktion einer Kommunikationszentrale zwischen 2 Rechnern. Dadurch können sich gleichzeitig mehrere Datenpakete im Netz auf verschiedenen Teilstücken befinden. Ein Datenpaket, das zwischen nicht unmittelbar benachbarten Rechnern ausgetauscht werden soll, wird von den dazwischenliegenden Rechnern bis zum Empfänger weitergereicht.

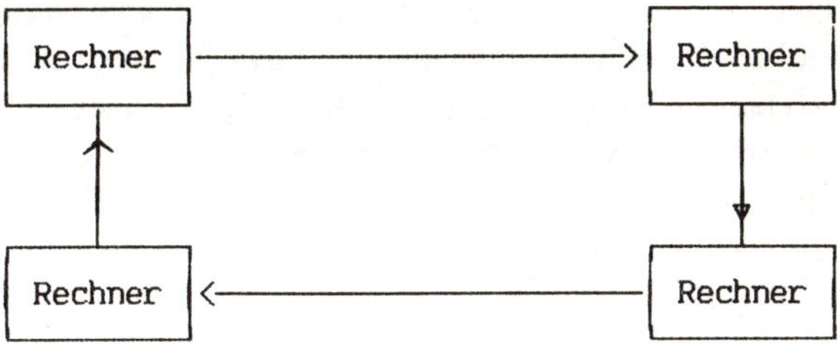

Abb. 2.1.5-4: Ringnetzwerk

SACHZIELE FÜR RECHNERVERBUNDSYSTEME

Die beschriebenen Typen von Rechnerverbundsystemen wurden unter dem Gesichtspunkt des Informationsaustausches zwischen Aufgaben dargestellt. Daneben gibt es eine Reihe weiterer Gründe für die Konstruktion von Rechnerverbundsystemen. Diese werden in folgendem Katalog von Sachzielen für Rechnerverbundsysteme zusammengefaßt. Dabei werden aufgabenorientierte und betriebsmittelorientierte Ziele unterschieden (vgl. Ferstl/Marke/Sinz 1983a).

- **Datenverbund:** Dieses Ziel ist aus dem Ziel Informationsaustausch ableitbar. Es sind Datenmengen, die in einem Rechner des Verbundes gespeichert sind, für die Benutzung durch andere Rechner verfügbar zu machen.

- **Kommunikationsverbund:** Dieses Ziel ist ebenfalls vom Ziel Informationsaustausch ableitbar, jedoch stehen hier nicht die gespeicherten Datenmengen im Vordergrund, sondern der Nachrichtenaustausch zwischen den Rechnern. Die Rechner des Verbundes werden primär als Kommunikationsrechner verwendet, z.B. für die Übertragung von Brief- und Telefonkorrespondenz. Diese Informationsaufgabe wird allgemein als **Electronic Mail** bezeichnet.

- **Kapazitätsverbund:** Ausgehend vom Problem der Betriebsmittelauslastung ist eine im Zeitablauf variable Zuordnung von Rechnern zu Aufgaben wünschenswert. In einem Kapazitätsverbund wird die Betriebsmittelverwaltung mit dem Ziel durchgeführt, eine den Aufgaben angepaßte, variable Kapazitätszuordnung zu erreichen.

- **Funktionsverbund:** Werden die von einem Verbundsystem durchzuführenden Aufgaben in der Weise zerlegt, daß einzelne Aufgabenteile ausschließlich von bestimmten Rechnern durchgeführt werden, so wird dieses Verbundsystem **Funktionsverbund** bezeichnet. Ein Beispiel hierfür ist ein Datenbankrechner, der zentral für mehrere Aufgaben die Datenverwaltung durchführt.

2.2 Datendarstellung

2.2.1 Zeichen, Codes

Voraussetzung für die Darstellung eines Zeichens ist das Vorhandensein eines realen Objektes als Zustandsträger. Bestimmte unterscheidbare Zustände des Zustandsträgers (Zeichenträger) werden als unterschiedliche Zeichen interpretiert.

Beispiel:

1. Der Zustand einer Ampel "rote Lampe an, gelbe und grüne Lampe aus" wird als das Zeichen "Halt" interpretiert. Das gleiche Zeichen wird durch die Körperrichtung eines den Verkehr regelnden Polizeibeamten dargestellt.

2. Der Zustand "Verteilung der Druckerschwärze auf dieser Seite" legt die Zeichenfolge auf dieser Seite fest. Zustandsträger ist das Blatt Papier einschließlich der Druckerschwärze. Unterschiedliche Schrifttypen werden durch unterschiedliche Verteilungen der Druckerschwärze dargestellt, gelten jedoch als gleiche Zeichen.

3. Zwei ausgewählte Zustände eines Speicherbauelementes werden als die Zeichen 0 und 1 interpretiert. Zustandsträger ist z.B. ein Ladungsträger, dessen Spannung bis zu 5 Volt als 0 und oberhalb 5 Volt als 1 interpretiert wird. Ein anderer Zustandsträger ist z.B. ein bestimmtes Flächenstück in einer Magnetschicht. Zwei ausgewählte Richtungen des Magnetflusses in dieser Fläche werden als die Zeichen 0 und 1 interpretiert.

(Ende d. Beisp.)

An diesen Beispielen ist ersichtlich, daß ein Zeichen abhängig vom verwendeten Zustandsträger in verschiedener Weise dargestellt werden kann. So gelten die Zustände der genannten Bauelemente und Verteilungen von Druckerschwärze in der Form "0" bzw. "1" als gleiche Zeichen.

ZEICHEN, ZEICHENFOLGEN, ZEICHENVORRAT

Ein Zeichen ist somit definiert durch eine ausgewählte Menge von Zuständen eines oder mehrerer Zustandsträger, d.h. durch eine Äquivalenzrelation über einer Menge von Zuständen. Jedes Element der Menge ist ein Repräsentant der Menge und damit eine Darstellung des Zeichens.

Diese Gleichheit ist definitorischer Natur. Sie wird von Menschen eines Sprachkreises vereinbart und bedeutet, daß gleichen Zeichen dieselbe Bedeutung zugeordnet ist. Erst derartige Vereinbarungen ermöglichen eine Kommunikation. Diese findet in den meisten Sprachen durch Übermittlung von **Zeichenfolgen** statt, wobei die verwendeten Zeichen aus einem **endlichen Zeichenvorrat** entnommen werden.

Bekannte Zeichenvorräte sind {A,B,...,Z} und {0,1,...,9}. Die Darstellung von Zeichen aus diesen Zeichenvorräten setzt voraus, daß der verwendete Zustandsträger mindestens soviele unterscheidbare Zustände annehmen kann, wie Elemente im Zeichenvorrat vorhanden sind.

CODE

Damit scheidet z.B. ein zweiwertiges Speicherbauelement zur Darstellung der Buchstaben A bis Z aus. Um diesen Zustandsträger trotzdem verwenden zu können, werden mehrere Bauelemente zusammengefaßt und die damit darstellbaren binären Zeichenfolgen den Buchstaben eineindeutig zugeordnet. Die so konstruierten Abbildungen werden **Code** genannt. Einige Codes sind international standardisiert. Im folgenden wird als Beispiel ASCII dargestellt (American Standard Code for Information Interchange).

An diesem Code sind folgende Mengen beteiligt:

$$\text{ASCII} : Z \dashrightarrow B^7$$

Die Menge Z besteht aus den großen und kleinen Buchstaben, Ziffern und Sonderzeichen.

Die Menge $B^7 = B \times B \times \ldots \times B$, $B = \{0,1\}$ enthält Wörter, die aus 7 Bit bestehen. Der durch Wörter der Länge 7 maximal darstellbare Zeichenvorrat umfaßt $2^7 = 128$ Zeichen. Um die Eineindeutigkeit des Codes zu sichern, kann Z ebenfalls maximal 128 Elemente enthalten. Die in ASCII gewählte Zuordnung ist aus der folgenden Tabelle zu ersehen. Dem Buchstaben A ist z.B. die Bitfolge 100 0001 zugeordnet. Die ASCII-Werte in den ersten beiden Spalten sind Kontrollzeichen für die Datenübertragung und werden hier nicht weiter erläutert.

Bit 3-0 \ Bit 7-4		0 000	1 001	2 010	3 011	4 100	5 101	6 110	7 111
0	0000	NUL	DLE	SP	0	@	P	`	p
1	0001	SOH	DC1	!	1	A	Q	a	q
2	0010	STX	DC2	"	2	B	R	b	r
3	0011	ETX	DC3	#	3	C	S	c	s
4	0100	EOT	DC4	$	4	D	T	d	t
5	0101	ENG	NAK	%	5	E	U	e	u
6	0110	ACK	SYN	&	6	F	V	f	v
7	0111	BEL	ETB	'	7	G	W	g	w
8	1000	BS	CAN	(	8	H	X	h	x
9	1001	HT	EM	)	9	I	Y	i	y
A	1010	LF	SUB	*	:	J	Z	j	z
B	1011	VT	ESC	+	;	K	[	k	{
C	1100	FF	FS	,	<	L	\	l	|
D	1101	CR	GS	-	=	M	]	m	}
E	1110	SO	RS	.	>	N	↑	n	~
F	1111	SI	VS	/	?	O	←	o	DEL

Abb. 2.2.1-1: ASCII-Tabelle

Auf den 128 möglichen Bitfolgen ist eine Ordnungsrelation definiert, die die Elemente in folgender Reihenfolge ordnet:

000 0001, 000 0010, ..., 111 1111

ASCII ist so gewählt, daß beim Vergleich von zwei ASCII-Werten die lexikographische Reihenfolge des Grundzeichenvorrates erhalten bleibt, d.h. die Abbildung ist ordnungserhaltend.

Für eine kürzere Schreibweise von Bitfolgen wird eine weitere Abbildung

$s : B^4 \dashrightarrow S$ mit $S = 0,1,...,9,A,B,C,D,E,F$

eingeführt. Die Elemente von S heißen Hexadezimalziffern. Es gilt die Zuordung:

0000	0	0100	4	1000	8	1100	C
0001	1	0101	5	1001	9	1101	D
0010	2	0110	6	1010	A	1110	E
0011	3	0111	7	1011	B	1111	F

Unter Verwendung dieser Darstellung ist der ASCII-Wert von A die Folge $41_H = 0100\ 0001_B$. Die tiefgestellten Buchstaben H und B identifizieren diese Werte als Folgen von Hexadezimalziffern, bzw. Binärziffern. Dabei wird eine erweiterte Bildmenge B^8 verwendet. Die so erzeugte Abbildung stimmt mit ASCII in den letzten 7 Stellen überein. An erster Stelle der Bildelemente steht das Zeichen 0.

Eine allgemeine Begriffsdefinition für Codes ist nicht an binäre Zeichenfolgen als Bildelemente gebunden, sie ist wie folgt verallgemeinert:

Es seien Z1, Z2 zwei endliche Zeichenvorräte. $Z2^*$ sei die Menge aller Wörter über Z2, d.h. die Menge aller endlich langen Zeichenfolgen mit Zeichen aus Z2. Eine eineindeutige Abbildung von Z1 nach $Z2^*$ heißt **Code**.

2.2.2 Zahlensysteme

ENTPACKTER DEZIMALCODE

Eine einfache Form der Darstellung von Zahlen des Zehnersystems mit Hilfe von binären Bauelementen ist die ziffernweise Umsetzung unter Verwendung des ASCII. Diese Darstellungsform wird als **entpackter Dezimalcode** bezeichnet. Dieser Code verwendet für die Darstellung einer Ziffer, d.h. eines Elements aus einem Zeichenvorrat mit 10 Zeichen 7 Bits. Da 7 Bits 128 verschiedene Zustände darstellen können, ist diese Zuordnung unwirtschaftlich. Der entpackte Dezimalcode wird in Geräten für die Mensch-Maschine-Kommunikation eingesetzt, um dort beliebige Zeichenfolgen und Zahlen mit Hilfe eines einzigen Codes darzustellen.

GEPACKTER DEZIMALCODE

Eine Komprimierung des entpackten Dezimalcodes wird erreicht durch die Verwendung von Sedezimalziffern statt ASCII-Werten. Sedezimalziffern belegen 4 Bits und umfassen 16 Zeichen. Von diesen werden die ersten 10 Zeichen den Ziffern des Zehnersystems zugeordnet. Weitere 6 Zeichen finden somit keine Verwendung. Diese Darstellungsform wird als **gepackter Dezimalcode** bezeichnet und häufig verwendet. Ein Vorteil dieser Codes ist z.B. die einfache Umsetzbarkeit zwischen gepackten und entpackten Dezimalcode.

Störend an diesem Code ist die Verschwendung von 6 Zuständen des Zustandsträgers und die Notwendigkeit komplizierter Rechenwerke für arithmetische Operationen mit Zahlen in dieser Darstellung. Um diese Nachteile zu vermeiden, werden zwei weitere Codes eingeführt, die **binärer Festpunktcode** und **binärer Gleitpunktcode** genannt werden.

BINÄRER FESTPUNKTCODE

Der binäre Festpunktcode dient zur Darstellung von Zahlen mit unveränderlicher Position des Dezimalpunktes (Festpunktzahlen). Diese Darstellungsform ist auf die Darstellung ganzer Zahlen und der Multiplikation dieser Zahlen mit konstanten Faktoren zurückführbar. Der binäre Festpunktcode beruht auf der Basistransformation einer im Dezimalsystem dargestellten ganzen Zahl in eine Zahl zur Basis 2. Die folgende Beschreibung beschränkt sich aus Vereinfachungsgründen auf die Codierung positiver ganzer Zahlen.

Es sei z eine positive ganze Zahl. z wird im Dezimalsystem in der Form

$$z_m \, z_{m-1} \cdots z_0 \quad \text{mit}$$

$$z = z_m * 10^m + z_{m-1} * 10^{m-1} + \ldots + z_0 * 10^0$$

dargestellt. Die Koeffizienten z_i sind Dezimalziffern. Der binäre Festpunktcode transformiert z in die Form

$$c_{n-1} \, c_{n-2} \cdots c_0 \quad \text{mit}$$

$$z = c_{n-1} * 2^{n-1} + c_{n-2} * 2^{n-2} + \ldots + c_0 * 2^0.$$

Die Koeffizienten c_i sind Bits. Die Länge n hat bei Verwendung von Standardspeicherzellen die Werte 16, 32 oder 64.

Beispiele:

Dezimaldarstellung	Binärer Festpunktcode
1	0000 0000 0000 0001
11	0000 0000 0000 1011
24	0000 0000 0001 1000

(Ende d. Beisp.)

BINÄRER GLEITPUNKTCODE

Für die Speicherung reeller Zahlen ist eine halblogarithmische Darstellung folgender Form üblich. Sei z eine positive reelle Zahl. z wird dargestellt in der Form

$$z = m\ B^e\ .$$

m heißt Mantisse, e Exponent zur Basis B. B hat beim binären Gleitpunktcode den Wert 2. Es gilt $m < 1$.

Beispiel:

z = 3.14159 wird mit B = 10 in der Form
$0.314159 * 10^1$, bzw. (0.314159,1) dargestellt.

(Ende d. Beisp.)

Wegen der begrenzten Größe der Speicherzellen sind auch die Längen von m und e begrenzt, d.h. in Speicherzellen dieses Typs sind nur reelle Zahlen mit begrenzter Mantissen- und Exponentenlänge darstellbar. Die halblogarithmische Darstellung zerlegt eine reelle Zahl in zwei Festpunktzahlen. Diese beiden Komponenten, Mantisse und Exponent, werden im binären Festpunktcode dargestellt.

2.2.3 Redundanz und Fehlererkennung

Zur Darstellung von Zeichen werden unterscheidbare Zustände von Zustandsträgern verwendet. Infolge technischer Störungen kann ein vorgegebenes Zeichen, d.h. der Zustand eines Zustandsträgers, so verändert werden, daß der resultierende Zustand einem anderen Zeichen entspricht. Sind in diesem Fall keine Informationen über eingetretene Störungen vorhanden, ist nicht entscheidbar, ob der Ist-Zustand des Trägers dem beabsichtigten Soll-Zustand oder einem gestörten Zustand entspricht.

Um einen Soll-Istvergleich der Zeichendarstellungen durchführen zu können, ist somit einem Zeichen eine zusätzliche Information hinzuzufügen. Diese Information wird als **Redundanz** bezeichnet, da sie von der korrekten Soll-Darstellung abgeleitet werden kann.

Eine einfache Vorgehensweise wäre, ein Zeichen zweifach darzustellen, d.h. den Zustandsträger zu verdoppeln und beide Träger jeweils in den gleichen Zustand zu versetzen. Auftretende Störungen können dann durch einfachen Vergleich erkannt werden. Diese Vorgehensweise hat jedoch mehrere Mängel:

- Das Verfahren ist unwirtschaftlich. Störungen können auch mit geringerem Aufwand, d.h. mit weniger Zusatzinformation erkannt werden.

- Sind beide Darstellungen ungleich, ist nicht bekannt, welche der beiden korrekt ist. Insbesondere kann aus den beiden Ist-Versionen die Soll-Version nicht abgeleitet werden.

- Sind beide Darstellungen gleich, ist nicht bekannt, ob eine aufgetretene Störung beide in gleicher Weise verändert hat und somit beide vom Sollzustand abweichen.

Bei der Wahl der redundanten Zusatzinformation ist zu entscheiden, ob nur eine Störung, ein Fehler erkannt (**error detection**) oder ob anhand der Zusatzinformation die Soll-Darstellung wiederhergestellt werden soll (**error correction**). Im zweiten Fall wird die notwendige Zusatzinformation aufwendiger. Bei Beschränkung auf Fehlererkennung werden in der Praxis vor allem folgende Verfahren verwendet:

PARITY-CHECK MIT PARITYBIT

Dieses Verfahren wird z.B. bei ASCII-Werten, d.h. bei Bitfolgen der Länge 7 verwendet. Es wird in Form einer Funktion

EvenParity: B^7 (ASCII-Werte) --> B (Paritybit)

realisiert. Paritybit ist 0, wenn die Anzahl der Bits mit Wert 1 eines ASCII-Wertes geradzahlig ist, andernfalls 1. Bei einem alternativen Verfahren, genannt OddParity, sind die Funktionswerte gegenüber EvenParity vertauscht.

Mit diesem Verfahren kann eine ungerade Anzahl von 0-1-Vertauschungen erkannt werden. Ziel ist vor allem die Erkennung der 1-Bit-Fehler, d.h. Vertauschungen an einer Stelle.

CYCLIC REDUNDANCY CHECK (CRC)

Dieses Verfahren prüft die Korrektheit einer ganzen Zeichenfolge, in diesem Zusammenhang **Block** genannt. Es heißt daher auch **Blockprüfungsverfahren.** Es ist eine Funktion der Form:

CRC: Block --> CRC-Bytes.

Der Funktionswert CRC-Bytes ist üblicherweise eine Festpunktzahl der Länge 16 Bit. Block wird ebenfalls als Festpunktzahl interpretiert. Die Funktion CRC ist eine Modulodivision durch einen Divisor G der Form:

Block / G = Quotient + CRC-Bytes / G

Ziel bei der Wahl von G ist, für unterschiedliche Blöcke unterschiedliche CRC-Bytes zu erhalten, da dann eine durch Störungen verursachte Blockänderung anhand der CRC-Bytes erkannt werden kann. Geeignete Divisoren wurden inzwischen standardisiert. Ein Standard ist z.B. der Divisor

$$G = 2^{16} + 2^{12} + 2^5 + 2^0.$$

2.3 Funktionsweisen spezieller Rechnerkomponenten

2.3.1 Datenspeicherungssysteme

Maschinelle Aufgabenträger für Aufgaben mit Speicher verwenden Aktionsträger für die Durchführung von Datenverarbeitungs- und Datenübertragungsaufgaben und Datenträger für die Durchführung von Datenspeicherungsaufgaben. Als Aktionsträger werden Maschinen vom Typ URM verwendet, als Datenträger werden Speicherungssysteme außerhalb von URM verwendet. Speicher treten somit in URM und außerhalb von URM auf. Aus der Sicht von URM wird daher zwischen **Internspeicher** und **Externspeicher** unterschieden (vgl. Kap. 6.1). Die nachfolgenden Ausführungen beschränken sich auf Speicherungssysteme für Datenträger. Die Grundfunktionen eines Datenträgers sind:

- Übernehmen von Daten von Aktionsträgern und Einlagern (Schreiben) der Daten in ein Speichermedium,
- Lagern von Daten,
- Wiedergeben (Lesen) von Daten.

DATENTRÄGER

Entsprechend den Bedingungen bei der Durchführung dieser Teilaufgaben können Datenträger nach unterschiedlichen Kriterien geordnet werden. Wichtige Kriterien sind:

a) Benötigt das Speichermedium zur Erhaltung seines Zustandes ständige Energiezufuhr? Gehen Daten verloren, wenn diese Zufuhr unterbrochen wird?

b) Welche Datenmengen können gespeichert werden und wie hoch ist die Datenrate, d.h. welche Mengen können pro Zeiteinheit in den Speicher bzw. von dort transferiert werden?

c) Welche Zugriffs- und Lagerungsverfahren sind verfügbar und welche Durchführungszeiten haben diese Verfahren?

Bezüglich des ersten Kriteriums wird gegenwärtig hauptsächlich zwischen Halbleiterspeichern und magnetischen Speichern unterschieden. Flußrichtungen in einem magnetischen Speicher bleiben ohne äußere Einwirkung über lange Zeit konstant und erfordern Energiezufuhr nur zur Änderung der Flußrichtung. Halbleiterspeicher benötigen dagegen eine permanente Energiezufuhr und "vergessen" bei Unterbrechung der Energiezufuhr ihren Inhalt, d.h. sie gehen in einen Grundzustand über, dem keine Bedeutung als Zeichen zugeordnet ist.

Das Speichervolumen von Speichermedien kann innerhalb eines breiten Intervalls variiert werden. Es reicht von Halbleiterspeichern mit wenigen KByte Größe bis zu magnetischen Speichern mit Speicherkapazitäten von einigen GByte. Angaben über Speichergrößen sind jedoch im Laufe der Zeit, bedingt durch den technischen Fortschritt, nach oben zu korrigieren. Die Datenrate liegt zwischen ca. 250 KByte/sec bei Diskettenstationen, 0.6 MByte/sec bei Magnetplatten und bis zu 4 MByte/sec bei Halbleiterspeichern. Der Umfang der bei <u>einem</u> Speicherzugriff transferierten Datenmenge ist abhängig vom Speichertyp. Bei Halbleiterspeichern werden Byte-Folgen beliebiger Länge, bei Magnetspeichern konstant lange Byte-Folgen (Blöcke) übertragen. Eine Standarduntergrenze für die Blocklänge sind 128 Byte, Obergrenzen liegen bei Blocklängen von einigen KByte.

Für den Zugriff auf Speichermedien sind folgende Verfahren üblich:

a) **Serieller Zugriff**

Der Datenträger besteht aus einem Speichermedium mit einer linear fortlaufenden Folge von Speicherzellen und <u>einem</u> Schreib-Lese-Kopf zum Speichern und Wiederauffinden von Daten. Speichermedium und Schreib-Lese-Kopf sind relativ zueinander verschieblich (z.B. Magnetband). Der Zugriff erfolgt durch Bewegen des Speichermediums oder des Schreib-Lese-Kopfes. Dabei werden unter dem Schreib-Lese-Kopf liegende Speicherzellen erkannt bzw. verändert. Die Zugriffszeit auf einen Block ist von der notwendigen Bewegungsdauer des Schreib-Lese-Kopfes oder des Speichermediums abhängig und beträgt bei realen Systemen ca. 1 bis 100 sec.

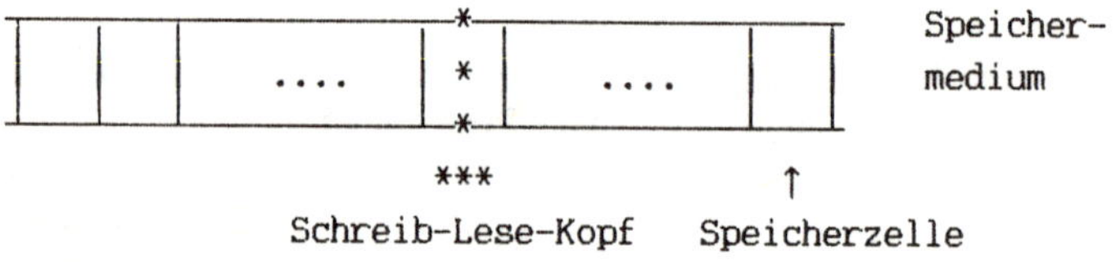

<u>Abb. 2.3.1.1:</u> Serieller Zugriff

b) **Direkter Zugriff**
In Abänderung des seriellen Speichers wird je Speicherzelle eine Schreib-Lese-Einrichtung installiert, wie z.B. bei Halbleiterspeichern (**Ram Disk**) und **Magnetblasenspeichern** (**Bubble Memory**). Der Zugriff ist im Vergleich zum seriellen Zugriff sehr viel schneller und beträgt bei Halbleiterspeichern ca. 10^{-8} bis 10^{-7} sec, bei Magnetblasenspeichern ca. 10^{-3} sec.

c) **Halbdirekter Zugriff**
Zwischen seriellem und direktem Zugriff gibt es eine Reihe von Zugriffstechniken, die einen Kompromiß zwischen diesen beiden Endpunkten darstellen. Sie verwenden mehrere bewegliche Schreib-Lese-Köpfe und ein bewegliches Speichermedium (z.B. Magnetplatte oder Diskette). Das Speichermedium wird in **Speichersegmente** aufgeteilt und jedem Speichersegment ein Schreib-Lese-Kopf zugeordnet. Für einen Zugriff werden das jeweilige Speichersegment und der zugehörige Schreib-Lese-Kopf aufeinander zubewegt. Die Zugriffszeiten liegen bei realen Systemen bei ca. 10 bis 500 msec.

Bei einer Magnetplatte wird dieses Verfahren mit folgendem Aufbau realisiert. Speichermedien sind mit konstanter Geschwindigkeit (Diskette ab 300 U/min, Harddisk 3600 U/min) rotierende Scheiben mit magnetisierbarer Beschichtung. Diese sind in konzentrische Kreise eingeteilt, die als **Spuren** (**Tracks**) bezeichnet werden. Innerhalb einer Spur wird für jedes Bit ein bestimmter Sektor reserviert (bitserielle Aufzeichnung). Die Größe des Sektors ist vom Aufzeichnungsverfahren abhängig. Die Spuren einer Scheibenoberfläche bilden gemeinsam ein Segment. Die Zugriffszeit auf eine Speicherzelle besteht somit aus einer Positionierzeit auf eine Spur (Bewegung des Schreib-Lese-Kopfes) und einer Latenzzeit, in der gewartet wird, bis die gewünschte Speicherzelle am Schreib-Lese-Kopf vorbeikommt (Bewegung des Speichermediums). Diese Latenzzeit beträgt im Durchschnitt eine halbe Umdrehungszeit.

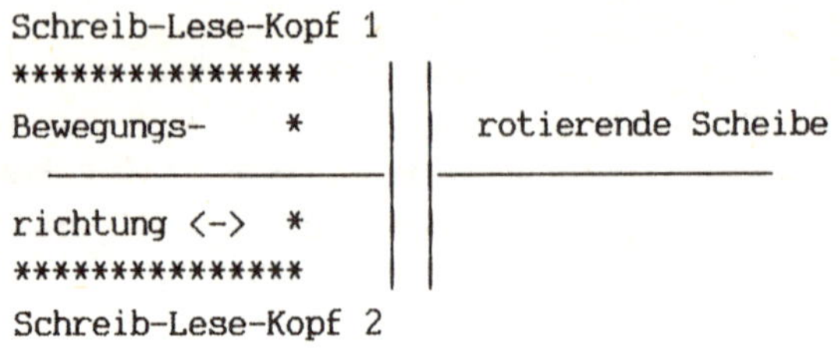

Abb. 2.3.1-2: Halbdirekter Zugriff

2.3.2 Datenübertragungssysteme

Untersucht man einen Kommunikationsablauf zwischen zwei Personen A und B, so sind folgende Problemsituationen erkennbar:

a) A und B sprechen verschiedene Sprachen. Zur Sprachübersetzung (informationsinvariante Datentransformation) wird ein Dolmetscher eingesetzt.

b) Die Entfernung zwischen A und B ist so groß, daß die Luft als Übertragungsmedium nicht mehr geeignet ist. Es werden andere Übertragungsmedien (z.B. Telefonleitung) eingesetzt. In diesem Fall müssen zusätzliche Vermittlungsstellen (z.B. Telefonhörer) eingeschaltet werden, die eine Transformation der Daten von einem Übertragungsmedium (z.B. Luft) auf ein anderes (z.B. Telefonleitung) durchführen. Aus der Sicht von A und B ist die Gesprächsdurchführung unabhängig von der Art des verwendeten Übertragungsmediums. Beide verwenden die Luft als lokales Übertragungsmedium.

c) A und B telefonieren zwischen Telefonanschlußstellen, die nicht in den Selbstwähldienst einbezogen sind. Sie benötigen daher eine Vermittlung durch zwei Operateure, die ihrerseits eine Verbindung herstellen können und diese zu A und B hin erweitern. Zu den weiteren Aufgaben der Operateure gehören neben dem Verbindungsaufbau die Überwachung der Verbindung und der Wiederaufbau bei Abbruch der Verbindung.

DATENÜBERTRAGUNG ZWISCHEN MASCHINEN

Bei der Datenübertragung zwischen Maschinen treten vergleichbare Problemtypen auf. Zunächst werde eine Kommunikation zwischen zwei Rechnern R1 und R2 über eine direkte Leitungsverbindung unter Verwendung eines mehradrigen Kabels betrachtet. Minimale Voraussetzungen für diese Kommunikation sind:

a) Die Leitungsanschlüsse beider Rechner sind steckerkompatibel, d.h. sie ordnen den einzelnen Adern eines Kabels die gleiche Bedeutung zu.

b) Beide Rechner verwenden den gleichen Zeichenvorrat und die gleiche Zeichendarstellung.

c) R1 und R2 übergeben bzw. übernehmen Zeichen nach einem vereinbarten Zeitschema. Dieses Schema beginnt mit einer Übergabeanforderung des Senders und einer Übernahmebereitschaftsmeldung des Empfängers. Es wird abgeschlossen mit einer Meldung "Ende der Übertragung" durch den Sender und einer Bestätigung durch den Empfänger. Vereinbarte Zeitschemata und Mitteilungsformate dieser Art werden als **Protokoll** bezeichnet (vgl. Schmitz/Hasenkamp 1981, 103f).

Vergleichbar zum Problem (a) der personellen Kommunikation ist bei der Kommunikation zwischen R1 und R2 die Verwendung unterschiedlicher Protokolle. Auch hier sind entsprechende Stationen für die Übersetzung der Mitteilungsformate einzuschalten.

Bei Verwendung von Telefonnetzen zur Datenübertragung treten ähnliche Probleme wie bei der Form (b) der personellen Kommunikation auf. Auch hier ist eine Umsetzung der Zeichendarstellung, die in den Übertragungsmedien eines Rechners verwendet wird, in eine entsprechende Darstellung für das Übertragungsmedium Telefonleitung notwendig. Die dazu statt der Hör- und Sprechmuschel verwendeten Geräte heißen **Modem** (Modulator-Demodulator). Sie führen eine Umsetzung der Signalformen für die Zeichendarstellung von **digitalen Signalen** bei Rechnern in **analoge Signale** bei Telefonleitungen durch. Sprechmuscheln leisten eine Umsetzung der analogen Signalformen von Luftschwingungen in die entsprechenden analogen Signalformen bei Telefonleitungen.

Die unter Punkt (c) der personellen Kommunikation beschriebenen Probleme beim Verbindungsaufbau und der Gesprächsdurchführung zwischen zwei Teilnehmern bereiten bei der Kommunikation zwischen R1 und R2 erheblich mehr Aufwand. Gründe hierfür sind eine Vielzahl unterschiedlicher Rechnertypen mit spezifischen, nicht standardisierten Übertragungsformen, die Sicherung der korrekten Datenübertragung, ein weites Spektrum an Übertragungsmedien und erhöhte Anforderungen bez. der Übertragungsrate. So werden hier neben dem Telefonnetz auch das Telex-Netz und Datex, ein speziell für Rechnerkommunikation eingerichtetes Netz der Deutschen Bundespost, verwendet.

OSI-REFERENZMODELL

Um mit Hilfe von Standardisierungen die Kommunikation zu vereinfachen, wurde von ISO (International Standards Organization) ein Übertragungsmodell empfohlen, das schrittweise bei neuen Produkten berücksichtigt wird. Dieses Modell, genannt **OSI-Referenzmodell** (Open Systems Interconnection) ist im Detail nicht hinreichend spezifiziert, um alle Formen der Rechnerkommunikation zu standardisieren, jedoch gibt es wichtige Hinweise für die zukünftige Gestaltung der Rechnerkommunikation (vgl. Schmitz/Hasenkamp 1981, 89f). OSI definiert sieben Ebenen von Kommunikationsfunktionen, die aufeinander aufbauen, d.h. Funktionen einer höheren Ebene verwenden jeweils die Funktionen der benachbarten unteren Ebene. Wesentlich ist, daß jede Ebene die Realisierung ihrer Funktionen selbständig gestalten kann. Darüberliegende Ebenen setzen zwar die korrekte Durchführung der Funktionen voraus, treffen jedoch keine Annahmen über Art und Weise der Durchführung (vgl. Abstrakter Datentyp, Kap. 4.3). Von unten nach oben werden folgende Ebenen unterschieden:

1) **Physikalische Ebene** (Physical Layer)
   Aufgabe dieser Ebene ist der Auf- und Abbau sowie die Aufrechterhaltung der physikalischen Verbindung. Hierzu werden elektrische und mechanische Parameter vereinbart. Eine weitere Aufgabe ist die Erkennung und Behandlung von Leitungsstörungen, wie z.B. bei Spannungsabfällen.

2) **Streckenebene** (Link Layer)
   Diese Ebene übernimmt auf einer Übertragungsstrecke Grundfunk-

tionen für die Protokollabwicklung wie z.B. Vereinbarungen über Formate der zu übertragenden Mitteilungen, Prüfung auf Korrektheit der Datenübertragung (CRC-Check) mit entsprechender Fehlerbehandlung. Weitere Aufgaben sind beim Verbindungsaufbau und Verbindungsabbau durchzuführen.

3) **Netzwerkebene** (Network Layer)
Während die Aufgaben in Ebene 1 und 2 auch bei einfachen Direktverbindungen zwischen zwei Rechnern auftreten, sind die Aufgaben für Ebene 3 spezifisch auf Netzwerke ausgerichtet. Hauptaufgabe dieser Ebene ist die Festlegung eines geeigneten Datenübertragungsweges zwischen zwei kommunizierenden Rechnern unter Berücksichtigung der Kapazitäten alternativ verfügbarer Wege (Routing).

4) **Transportebene** (Transport Layer)
Die Ebenen 1 bis 3 zielen auf Realisierungsformen einer Datenübertragung. Ebene 4 führt den Verbindungsaufbau und -abbau, sowie die Verbindungsdurchführung aus der funktionalen Sicht durch. Die an einer Kommunikation teilnehmenden Rechner werden als identifizierbare Teilnehmer im Netz betrachet, die mit Hilfe einer Identifikationsnummer angewählt werden können. Diese Sicht entspricht der eines Teilnehmers in einem Telefonnetz, der andere Teilnehmer unter ihrer Nummer identifiziert und sich um Verbindungswege und Signalübertragung nicht weiter kümmert. Mit Ebene 1 bis 4 können z.B. die Aufgaben beschrieben werden, die bei einem Telefongespräch zwischen Personen durchzuführen sind.

5) **Sitzungsebene** (Session Layer)
Die Zusammenfassung eines Dialoges zwischen Rechnern oder zwischen Mensch und Rechner einschließlich Dialogeröffnung und Dialogbeendigung wird als Sitzung bezeichnet. Durchzuführende Aufgaben sind bei der Dialogeröffnung eine Paßwortkontrolle zur Sitzungsberechtigung, während der Sitzung eine ständige Dialogüberwachung ggf. einschließlich der Protokollierung der Sitzung und bei Dialogende eine Zeitabrechnung.

6) **Präsentationsebene** (Presentation Layer)
In Verallgemeinerung einer Dialogdurchführung werden hier weitere Parameter einer Sitzung verallgemeinert. Zu diesen gehören die Transformation von Datendarstellungen, falls die Kommunika-

tionspartner unterschiedliche Darstellungen verwenden, sowie die Aufhebung der Begrenzungen realer Geräte. In dieser Schicht werden virtuelle Geräte definiert, deren Leistungen durch reale Geräte simuliert werden. Beispiel hierfür ist ein virtuelles Terminal mit einem beliebig großen Bildschirm. Der reale Bildschirm stellt jeweils ein Fenster des virtuellen Bildschirms dar. Das virtuelle Terminal stellt Funktionen zur Verfügung, um ein gewünschtes Fenster auszuwählen (vgl. Kap. 7.2).

7) **Anwendungsebene** (Application Layer)
In dieser Ebene wird ein Kommunikationsablauf aus der Sicht der Aufgabenebene des betrieblichen Informationssystems dargestellt. Beispiele hierfür sind Beschreibungen von Buchungs- und Reservierungssystemen bei Banken und Reisebüros. Hier sind z.B. Kommunikationsabläufe in geographischen Netzen erforderlich.

2.4 Klassifikation von Rechnertypen

Die Vielfalt der am Markt erhältlichen Rechner und die als Konstruktionsprinzip geltende Flexibilität der Rechner stehen einer detaillierten Klassifikation entgegen. Dennoch werden im folgenden einige Klassifikationskriterien und das zugehörige Spektrum angegeben. Es ist dabei zu berücksichtigen, daß Überlappungen auftreten sowie im Laufe der Zeit Klassifikationsänderungen notwendig werden.

a) **Funktionsumfang**
Gemäß diesem Kriterium wird zwischen Universalrechnern und Funktionsrechnern unterschieden. **Funktionsrechner** werden für spezielle Aufgaben, wie z.B. Kommunikationsaufgaben (Kommunikationsrechner), Datenverwaltungen (Datenbankmaschine), numerische Berechnungen ("Number Cruncher"), Prozeßsteuerungen bei Maschinenanlagen (Prozeßrechner) eingesetzt. Die Einsatzgebiete von **Universalrechnern** erstrecken sich prinzipiell auf alle automatisierbaren Aufgaben.

b) **Leistungsklasse**
Es werden die folgenden Leistungsklassen unterschieden (vgl. Wakerly 1981, 15):

Supercomputer: Hochleistungsrechner für umfangreiche wissenschaftliche Berechnungsprobleme mit einigen 10^7 FLOPS (z.B. CRAY-I, ILLIAC IV).

Maxicomputer: Hochleistungsuniversalrechner mit einigen 10 MIPS (z.B. IBM 3081, CYBER 204).

Midicomputer: Universal- oder Funktionsrechner mit ca. 10 bis 15 MIPS (z.B. VAX-11/80).

Minicomputer: Universal- oder Funktionsrechner mit ab ca. 3 MIPS (z.B. HP 300).

Mikrocomputer: Universal- oder Funktionsrechner mit einem Mikroprozessor ab ca. 0.2 MIPS (z.B. IBM PC, Apple II).

c) **Preisklasse**
Eine Einteilung nach Preisklassen kann entsprechend dem Kriterium Leistungsumfang durchgeführt werden. Die Spannweite reicht von einigen zehn Millionen DM für Supercomputer bis wenigen Tausend DM für Mikrocomputer.

2.5 Aufbau von Rechnerarbeitsplätzen

Teilautomatisierbare Aufgaben werden durch eine Aufgabenträgerkombination von Mensch und Rechner durchgeführt. Der zugehörige Arbeitsplatz wird als **Rechnerarbeitsplatz** bezeichnet. Er besteht neben dem personellen Aufgabenträger aus einem Terminal und ggf. einem Drucker für die Mensch-Maschine-Kommunikation. Der zugehörige Rechner kann in räumlicher Hinsicht beliebig weit vom Terminal entfernt oder Teil des Arbeitsplatzes sein. Er wird im letzteren Fall als **Arbeitsplatzrechner (Work Station)** bezeichnet.

Heute werden als Arbeitsplatzrechner üblicherweise Mikrocomputer verwendet. Bedingt durch deren geringen Preis sind Arbeitsplatzrechner Standard geworden. Ohne sie ist eine rationelle Arbeitsweise nicht mehr möglich. Sie bieten bei einfachen Aufgaben, wie z.B. Textverarbeitung, Antwortzeiten unter 3 sec. Hingegen benötigen Großrechner, die gleichzeitig mehrere Terminals bedienen, bei vergleichbaren Arbeiten das Vielfache dieser Antwortzeit. Die Reduzierung der Antwortzeit beschleunigt die Arbeitsweise vor allem deshalb, da nun das Kurzzeitgedächtnis des Menschen für die Arbeit und die Kommunikation erfolgreich eingesetzt werden kann, während bei langen Antwortzeiten jeweils erneut das Kurzzeitgedächtnis aktiviert und ergänzt werden muß.

Die Vielfalt der an einem Rechnerarbeitsplatz durchzuführenden Tätigkeiten ergibt sich aus der Vielfalt der teilautomatisierbaren Aufgaben. Im folgenden werden zwei Typen von Rechnerarbeitsplätzen, für die Programmentwicklung und für die Durchführung von Aufgaben in betrieblichen Informationssystemen unterschieden.

2.5.1 Programmentwicklungsplatz

Ein Rechnerarbeitsplatz für die Aufgabe Programmentwicklung oder Programmierung wird als Programmentwicklungsplatz bezeichnet. Die notwendige Ausgestaltung dieses Arbeitsplatzes kann von den dort durchzuführenden Aufgaben abgeleitet werden. Aufgaben dieser Art sind (vgl. Kap. 3 und Budde/Schnupp/Schwald 1980, 163f):

- **Programmentwurf.** Für diese Aufgabe sind Terminals empfehlenswert, die die Darstellung und Manipulation graphischer Objekte, wie Linien, Kreise usw. ermöglichen. Das Ergebnis eines Programmentwurfes dieser Art sind Diagramme, in denen eine zu automatisierende Aufgabe unter verschiedenen Aspekten dargestellt wird, wie z.B. Zerlegung in Teilaufgaben, Datenfluß innerhalb der Aufgabe und Reihenfolgen von Teilaufgaben.

- **Programmerstellung.** Programme für Aufgaben in betrieblichen Informationssystemen werden in Programmiersprachen formuliert, die den von natürlichen Sprachen her vertrauten Zeichenvorrat verwenden. Ein Programm hat daher die Form eines Textdokumentes. Zur Erstellung von Programmen werden rechnerseitig Hilfsmittel für die Textbearbeitung erwartet, die zumindest Funktionen zum Einfügen, Löschen und Überschreiben von Texten aufweisen. Textsysteme, die speziell auf die Erstellung von Programmen ausgerichtet sind, werden **Editor** genannt.

- **Programmendmontage.** Programme für umfangreiche betriebliche Aufgaben werden nicht in Form eines einzelnen Textdokumentes erstellt. Sie setzen sich aus einer Vielzahl von Bausteinen zusammen, zu deren Verwaltung umfangreiche Bibliotheken für Programmkomponenten erforderlich sind. Aufgaben aus diesem Bereich sind der Zusammenbau komplexer Programme aus Komponenten und die Verwaltung der Komponenten.

- **Programmtest.** Diese Tätigkeit kommt der Anwendung eines Programms, d.h. der Durchführung der zugehörigen Aufgabe im Informationssystem am nächsten. Hinzu kommen Diagnoseaufgaben bei Fehlverhalten eines Programms und Dokumentationen der durchgeführten Tests. Entsprechend dem Standard bei der Erstellung von Qualitätsprodukten sind während des gesamten Fertigungsprozesses für ein Programm **Prüffelder** einzurichten, die die stufenweise erzeugten Programmkomponenten auf ihr Sollverhalten prüfen.

- **Programmwartung.** Mit Programmwartung werden Abänderungen von Programmen aus folgenden Gründen bezeichnet:

  a) Änderungen der Aufgabenstellung eines Programms,
  b) während der Nutzungsphase entdecktes Fehlverhalten eines Programms,
  c) Austausch des zu einem Programm gehörigen Aufgabenträgers.

Zur Durchführung der Programmentwicklungsaufgaben steht ein weites Spektrum von Instrumenten zur Verfügung. Es reicht von einfachen Programmeditoren und entsprechend einfachen Testhilfen bis zu umfangreichen integrierten Systemen, die alle Schritte einer Programmproduktion unterstützen und überwachen. Für Systeme dieser Art existiert ein großer Nachholbedarf. Entsprechend intensiv wird an der Entwicklung dieser Systeme gearbeitet (vgl. IEEE Spectrum 11/1983 und Communication of the ACM 9/1983).

2.5.2 Anwenderplatz

Rechnerarbeitsplätze für die verschiedenen Aufgaben in einem betrieblichen Informationssystem werden als Anwenderplätze bezeichnet. Aufgrund der Vielfalt der Aufgaben existieren entsprechend viele Typen von Anwenderplätzen. Ohne Anspruch auf Vollständigkeit soll hier eine Liste häufiger Anwenderplatztypen angegeben werden:

a) **Datenerfassungsplatz.** Extern in ein betriebliches Informationssystem einzuschleusende Daten stammen vom Basissystem oder von betriebsexternen Informationsquellen. Beispiele hierfür sind ankommende Aufträge, Lieferantenrechnungen oder Produktionsmeldungen vom Basissystem. Aufgrund noch unzureichender Kommunikationsformen werden als Datenträger Papierformulare verwendet, die zwar für Personen lesbar sind, aber für die automatische Erfassung nicht geeignet sind. Die Erfassung wird daher an Datenerfassungsplätzen durchgeführt, an denen die Fähigkeit des Menschen zur Mustererkennung genutzt wird, um die Zeichenfolgen zu lesen und über ein Terminal zum Rechner zu übertragen. Wegen der Beschränkung der durchzuführenden Tätigkeit auf das Erfassen der Daten wird dieser Anwenderplatz getrennt aufgeführt. An den nachfolgend beschriebenen Anwenderplätzen sind ebenfalls Erfassungsvorgänge durchzuführen, jedoch sind diese für das Arbeitsprofil nicht charakteristisch.

b) **Textverarbeitungsplatz.** Die an diesem Arbeitsplatz durchzuführenden Aufgaben sind die klassischen Aufgaben in einem Büro, nämlich Erstellung, Versand, Speicherung und Wiederauffinden von Schriftstücken. Alle genannten Tätigkeiten können voll- bzw. teilautomatisiert werden.

Zum Einsatz kommen Arbeitsplatzrechner mit Terminals, die eine zunehmend umfangreichere Mensch-Maschine-Kommunikation ermöglichen. Dazu gehört die Verwendung unterschiedlicher Schrifttypen, die gleichzeitige Text- und Bildmanipulation z.B. beim Verfassen von Artikeln oder Büchern, sowie die Sprachausgabe und eine hohe Schriftqualität bei Druckern.

c) **Sachbearbeiterplatz.** An diesem Arbeitsplatz durchzuführende Aufgaben sind die klassischen Aufgaben im Transaktionensystem eines betrieblichen Informationssystems (vgl. Kap. 1.1). Hier werden die in Form von Zielgrößen vorgegebenen generellen Regelungen zur Bearbeitung von Geschäftsvorfällen angewandt und ggf. in fallweise Regelungen umgesetzt. Zur üblichen Entscheidungskompetenz eines Sachbearbeiters gehört die Durchführung fallweiser Regelungen aufgrund vorgegebener genereller Regelungen. Beispiel hierfür ist ein Sachbearbeiter für den Zahlungseingang, der über die Behandlung von Differenzen zwischen Rechnungs- und

Zahlungsbetrag entscheidet. Auch die hier durchzuführenden Tätigkeiten können voll- bzw. teilautomatisiert werden.

Historisch gesehen waren Sachbearbeiterplätze neben Datenerfassungsplätzen die ersten Rechnerarbeitsplätze für Anwender. Aufgrund dieser frühen Entwicklung konnten hier viele Erfahrungen bez. einer geeigneten Mensch-Maschine-Kommunikation gesammelt werden. Andererseits besteht nun hier ein gewisser Nachholbedarf in bezug auf die Anpassung an neue Rechnertechnologien. Neuere Rechnertechnologien ermöglichen vereinfachte Kommunikationsformen und empfehlen sich daher für eine Neuuntersuchung der Gestaltung von teilautomatisierten Aufgaben in diesem Bereich.

d) **Managerplatz.** Für nahezu jeden neu am Markt erscheinenden Mikrocomputer werden gegenwärtig Softwarepakete angeboten, die als **Managerpaket** bezeichnet werden. Dazu gehören als Standardbestandteile flexibel zu handhabende, komplexe Funktionen zur

- **Datenverwaltung** (Interaktive Datenbank),
- **Textverarbeitung** (Textsysteme),
- **Manipulation von Zahlenanordnungen in Tabellenform** (Spread Sheet), z.B. für Kalkulationen,
- **Manipulation von graphischen Darstellungen** (Business Graphics),
- **Terminplanung**,
- **Projektplanung und -verfolgung.**

Dieser Funktionenkatalog kann als Liste von automatisierbaren Teilfunktionen an einem Managerarbeitsplatz angesehen werden. Zukünftige automatisierbare Teilfunktionen werden vor allem die innerbetriebliche und betriebsexterne Kommunikation unterstützen.

3. Programmierung

3.1 Benutzer- und Basismaschine

Wichtige Aufgabenstellungen und Denkweisen der Programmierung sind ableitbar anhand der einfachen Sätze:

"Der Fahrer steuert das Auto." und
"Der Rechner speichert die Adresse einer Person."

Diese Sätze liefern Aussagen über die **Objekte** "Auto", "Adresse einer Person" und über die **Aktionen** "Lenken", "Speichern", die auf die Objekte angewendet werden, sowie über die **Akteure** "Fahrer", "Rechner", die diese Aktionen durchführen. Diese und ähnliche Beispiele zeigen, daß personelle und maschinelle Tätigkeiten allgemein in Form eines 3-Tupels **(Akteur, Aktion, Objekt)** angegeben werden. Hingegen beschreibt der objektlose Satz "Die Maschine läuft." den Zustand des Akteurs.

Entsprechend dieser Denkweise ist es üblich, bei Maschinen das Paar (Aktion, Objekt) als **Funktion einer Maschine** zu bezeichnen. Der **Funktionsvorrat** einer Maschine wird z.B. in den beigefügten technischen Unterlagen durch Angabe einer Folge von Paaren (Aktion, Objekt) dargestellt.

<u>Beispiele:</u>

Eine Reihe von Maschinen der täglichen Umgebung sind einfunktionale Maschinen, wie z.B. ein Kühlschrank, dessen Funktion die Kühlung (Aktion) des Kühlraumes (Objekt) ist, oder Maschinen mit wenigen Funktionen, wie z.B. ein Heimwerker-Set, das aus Komponenten für die Funktionen Bohren, Sägen, Schleifen usw. besteht.

Ein weiteres Beispiel einer einfunktionalen Maschine ist ein LKW für den Transport von Containern. Während im Fall des Kühlschranks die Aktion Kühlen unveränderlich auf das Objekt Kühlraum angewandt wird, ist der LKW für den Transport unterschiedlicher Container eines bestimmten Containertyps geeignet. Die allgemeine Funktion dieser Maschine wird durch das Paar (Transport, Containertyp), ein spezieller Transportvorgang für Container A durch das Paar (Transport, Container A) spezifiziert.

(Ende d. Beisp.)

OBJEKTTYP, AKTIONSTYP

Allgemein besteht der Funktionsvorrat von Maschinen aus Funktionen der Form **(Aktion, Objekttyp)**. Erst im Falle einer Funktionsdurchführung wird ein konkretes Objekt entsprechenden Typs gewählt. Der Begriff **Typ** ist eine klassifizierende Mengenbezeichnung.

Im genannten Beispiel der LKW-Spezifikation wurde die Aktion allgemein mit Transport bezeichnet. Ein konkreter Transportvorgang erfordert zusätzlich mindestens die Angabe der Wegstrecke in Form von Start- und Zielort. Die Aktion "Transport" wird daher ähnlich der Objektklassifikation als **Aktionstyp** betrachtet. Aus der Menge der möglichen Transporte wird für einen konkreten Transportvorgang eine spezielle Aktion durch Angabe der Wegstrecke spezifiziert. Die Aktionsspezifikation geschieht durch die Parameter "Start" und "Ziel", die als **Aktionsparameter** bezeichnet werden.

ZERLEGUNG VON OBJEKTEN UND AKTIONEN

Die Beschreibung komplexer Maschinen erfordert zusätzliche Darstellungstechniken, da eine einfache Auflistung von Funktionen für das Aufnahmevermögen und die Denkweise von Personen in der Regel wenig geeignet ist. Die generelle Vorgehensweise ist statt dessen, das zu beschreibende Objekt bzw. die zu beschreibende Aktion in Komponenten zu zerlegen und für jede Komponente eine Liste der darauf anwendbaren Aktionen, bzw. der zugehörigen Objekte anzugeben. In gleicher Weise kann jede Komponente zerlegt werden. Dieser Vorgang führt zu einer Zerlegungshierarchie der Teilobjekte und der auf sie anwendbaren Aktionen. Für jede Teilfunktion sind Objekttyp, Aktionstyp und Aktionsparameter zu spezifizieren.

Beispiel:

Zur Erklärung der Funktionen eines Autos werden neben möglichen Bewegungsvorgängen (Beschleunigung, Bremsen, Dauergeschwindigkeit) und Beladungsformen (Personen, Güter), die das Gesamtobjekt betreffen, auch für wichtige Teilobjekte entsprechende Funktionslisten angegeben. Derartige Teilobjekte sind z.B. die Lenkung, der Motor (Leistungsdiagramme), das Getriebe (Übersetzungsverhältnis der Gänge), der Innenraum, der Kofferraum.

(Ende d. Beisp.)

BENUTZERMASCHINE

Die genannte Form der Maschinenbeschreibung ist allgemein üblich und unabhängig vom Leserkreis der Beschreibung. Für Beschreibungen, die dem Verständnis des Benutzers einer Maschine dienen sollen, sind darüberhinaus die Kriterien für die Auswahl der Teilobjekte und der Teilaktionen von wesentlicher Bedeutung. Folgende Kriterien sind in jedem Fall zu berücksichtigen:

- Sind die gewählten Teilobjekte und Teilaktionen aus Benutzersicht abgrenzbar, d.h. können sie vom Benutzer innerhalb einer Maschine identifiziert werden?

- Sind die gewählten Teilobjekte und Teilaktionen aus Benutzersicht einsehbar, d.h. gehören sie zum Wissens- und Erfahrungsbereich des Benutzers?

Die Beschreibung einer Maschine unter Berücksichtigung dieser Kriterien wird als Beschreibung einer **Benutzermaschine** bezeichnet (vgl. Schnupp/Floyd 1976, 17).

Bei maschinellen Aufgabenträgern für betriebliche Informationssysteme erfordert diese Beschreibungstechnik, daß die Aufgabenträger und ihre Funktionen ausschließlich in Begriffen dargestellt werden, die den Benutzern, d.h. den personellen Aufgabenträgern des Informationssystems, bekannt sind.

Beispiel:

Wird ein Rechner für Buchführungsaufgaben eingesetzt, so sind "Zahlungsvorgang", "Buchungszeile", "Konto", "Kontoblatt" und "Journal" geeignete Teilobjekte, sowie "Speichern Kontoblatt", "Drucken Journal", "Buchen Zahlungsvorgang" geeignete Teilaktionen.

(Ende d. Beisp.)

In Kapitel 2.1 wurden Rechner dargestellt, die in der hier verwendeten Terminologie Benutzermaschinen für Programmierer bilden. Wesentliche Teilobjekte sind Hauptspeicher, Rechenwerk, Steuerwerk und Ein-/Ausgabegeräte mit den dort angegebenen Aktionen. Eine Klassifikation von Benutzermaschinen für betriebliche Informationssysteme ist in Kapitel 2.5 angegeben.

BASISMASCHINE

Welche Unterschiede bestehen zwischen einer Benutzermaschine für die Buchführung (Buchführungsmaschine) und einer Benutzermaschine für die Programmierung (Programmierungsmaschine), wobei beiden Maschinen derselbe Rechner zugrundeliegen kann? Wesentlich sind folgende Aspekte:

- Die Teilobjekte der Buchführungsmaschine sind von höherer Komplexität als die Teilobjekte der Programmierungsmaschine, vgl. z.B. "Kontoblatt" gegenüber "Speicherzellen vom Typ Byte oder Wort".

- Die Aktionen der Buchführungsmaschine sind von höherer Komplexität als die Aktionen der Programmierungsmaschine, vgl. z.B. "Drucken Kontoblatt" gegenüber "Übertragung eines Byte vom Hauptspeicher zum Drucker".

- Das Anwendungsspektrum der Funktionen der Buchführungsmaschine ist enger als das Anwendungsspektrum der Funktionen der Programmierungsmaschine. Die Buchführungsmaschine ist <u>spezialisiert</u> auf die Durchführung von Buchführungsaufgaben. Die Programmierungsmaschine ist <u>universell</u> geeignet für die Durchführung unterschiedlicher Programmierungsaufgaben.

- Die Funktionen der Buchführungsmaschine bilden <u>keine</u> Teilmenge der Funktionen der Programmierungsmaschine, sondern die Funktionen der Buchführungsmaschine werden in die Funktionen der Programmierungsmaschine mit Hilfe eines Programms <u>projiziert</u>. Bei diesem Projektionsvorgang werden die Objekte und Aktionen der Buchführungsmaschine auf Objektkomplexe und Aktionenkomplexe der Programmierungsmaschine abgebildet. Die Buchführungsmaschine ist eine Benutzermaschine, die auf den Funktionen der Programmierungsmaschine aufbaut. Aus der Sicht der Buchführungsmaschine stellt die Programmierungsmaschine keine weitere Benutzermaschine dar. Die Programmierungsmaschine wird daher in diesem Zusammenhang als **Basismaschine** der Buchführungsmaschine bezeichnet (vgl. Schnupp/Floyd 1976, 17).

Ein einfaches Beispiel einer Basismaschine ist ein Schallplattenspielgerät, das zusammen mit einem "Spielprogramm", das auf Schallplatte gespeichert ist, eine einfunktionale Benutzermaschine mit der Funktion "Spiele Musikstück" bildet. Ein Plattenwechsel bewirkt den Übergang zu einer anderen Benutzermaschine mit einem anderen Objekt, d.h. einem anderen Musikstück, auf Grundlage derselben Basismaschine. Weitere Beispiele dieses Konzepts sind Waschmaschinen, Filmprojektoren, usw.

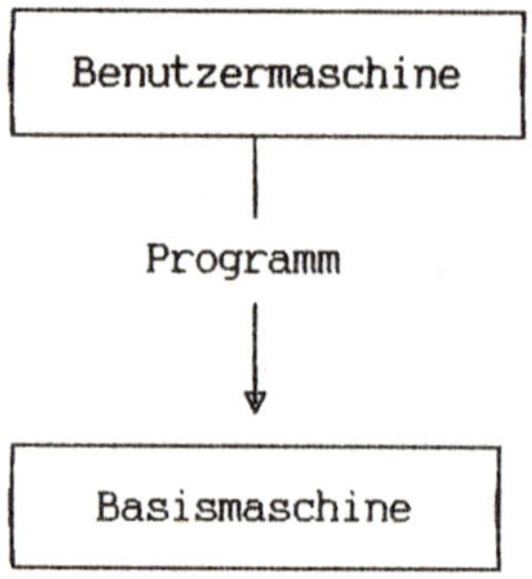

Abb. 3.1-1: Aufgabenstellung der Programmierung

Die Begriffe Benutzer- und Basismaschine sind keine absoluten Abstraktionsebenen für die Beschreibung von Maschinen, sondern ein relatives Begriffspaar. Dieses setzt eine Benutzermaschine mit der zugehörigen Basismaschine, auf der die Benutzermaschine aufgebaut ist, in Beziehung. Jede Maschine kann in diesem Begriffspaar als Benutzer- oder Basismaschine auftreten. Beide Maschinentypen werden durch Angabe ihrer Funktionen beschrieben. Die Komponenten der Benutzermaschine werden unter Verwendung von Komponenten der Basismaschine realisiert.

Aufgabe der Programmierung ist die Projektion einer Benutzermaschine in eine Basismaschine. Diese Aufgabenstellung ist wesentlich beeinflußt von der **Komplexität** beider Maschinen, d.h. von Art und Umfang der zugehörigen Objekte und Aktionen, und damit von der **Komplexitätsspanne** zwischen den Objekten und Aktionen beider Maschinen. Die Komplexitätsspanne ist mit Hilfe des Programms, das beide Maschinen in Beziehung setzt, zu überwinden. Die Aufgabenstellung wird vereinfacht, wenn eine Basismaschine vorliegt, deren Komponenten bez. Art und Umfang nahe an die Komponenten der Benutzermaschine heranreichen.

PROGRAMMIERSPRACHEN

Welche Basismaschinen stehen zur Verfügung? Neben der Maschine URM, die als allgemeines Modell einer Basismaschine betrachtet werden kann, stellt jede Programmiersprache eine Basismaschine dar. Unterschiedliche Programmiersprachen bedeuten unterschiedliche Komplexitätsspannen bez. einer vorgegebenen Benutzermaschine und sind somit unterschiedlich geeignet, als Basismaschine der vorgegebenen Benutzermaschine zu dienen. Sind mehrere Benutzermaschinen auf derselben Basismaschine, d.h. mit Hilfe derselben Programmiersprache aufzubauen (Abb. 3.1-2), so wird die Auswahl einer geeigneten Programmiersprache zusätzlich erschwert. Die hier verwendeten Programmiersprachen Pascal und Modula-2 wurden aus den verfügbaren Programmiersprachen unter dem Gesichtspunkt ausgewählt, die Komplexitätsspanne für sehr unterschiedliche Benutzermaschinen zu minimieren. Für spezielle Benutzermaschinen, wie z.B. Maschinen für die Datenverwaltung, sind spezielle Basismaschinen in Form von Datenverwaltungssprachen (vgl. Kap. 6.3.6) verfügbar, die der Benutzermaschine weit mehr als die genannten Programmiersprachen angenähert wurden. Jede Programmiersprache oder Datenverwaltungssprache ist Benutzermaschine bez. der allgemeinen Basismaschine URM.

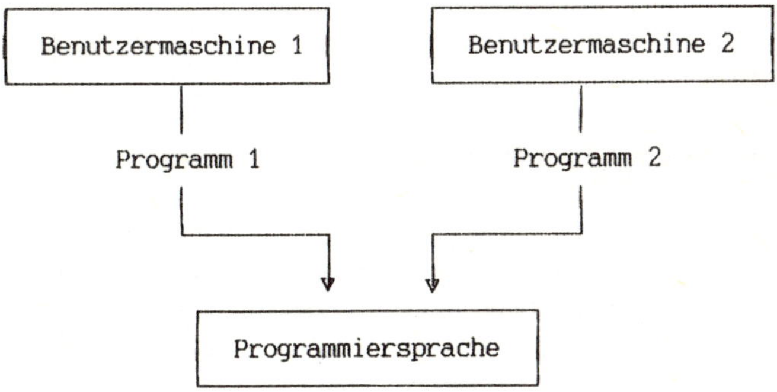

Abb. 3.1-2: Mehrfacheinsatz von Programmiersprachen

FACHPROGRAMMIERSPRACHEN

Die Sprachen Modula-2 und Pascal bieten die Möglichkeit, durch Spracherweiterung die Komplexitätsspanne zwischen Benutzer- und Basismaschine zu reduzieren. Diese Erweiterungen führen zu **Fachpro-**

grammiersprachen, die auf Benutzermaschinen für bestimmte Fachgebiete ausgerichtet sind. Die in den Fachprogrammiersprachen verfügbaren Objekte und Aktionen können den zugehörigen Benutzermaschinen beliebig angenähert werden. Die Fachprogrammiersprachen benutzen Pascal und Modula-2 ihrerseits als Basismaschinen (Abb. 3.1-3).

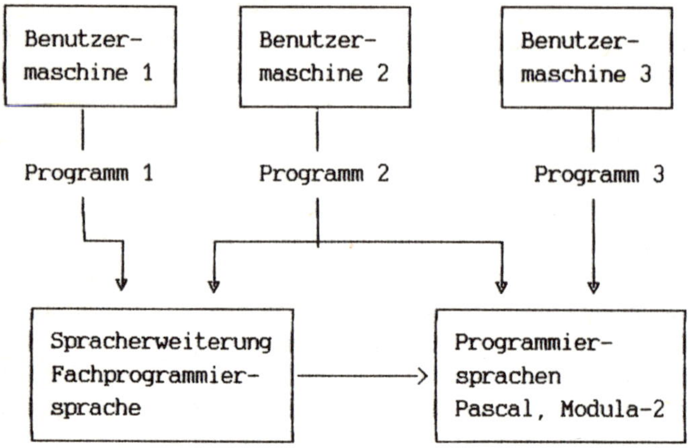

Abb. 3.1-3: Einsatz von Fachprogrammiersprachen

3.2 Algorithmen

3.2.1 Aufgabenstellung von Algorithmen

In Kapitel 3.1 wurden die Funktionen einer Benutzermaschine als Paare vom Typ (Aktion, Objekt) beschrieben. Die Funktionen für die Durchführung von Informations- und Entscheidungsaufgaben können darüberhinaus unter Berücksichtigung der Struktur dieser Aufgaben als Input-Output-Systeme mit oder ohne Speicher beschrieben werden (vgl. Kap. 1.1). Die Objekte dieser Funktionen sind jeweils zerlegbar in zwei bzw. drei Teilobjekte vom Typ Input, Output und Speicher. Die Aktionen dieser Funktionen realisieren funktionale Beziehungen zwischen den Teilobjekten (vgl. Kap. 1.3.1). Zur Darstellung der funktionalen Beziehungen werden zwei unterschiedliche Formen verwendet:

- die tabellarische Funktionsdarstellung und
- die algorithmische Funktionsdarstellung.

TABELLARISCHE FUNKTIONSDARSTELLUNG

Die tabellarische Funktionsdarstellung ist geeignet, wenn die Wertebereiche der Input-Objekte einer Funktion endlich oder derartig in endlich viele Intervalle zerlegbar sind, daß allen Werten eines Intervalls der gleiche Funktionswert zugeordnet ist. Beim praktischen Einsatz ist weiterhin Voraussetzung, daß der Wertebereich der Input-Objekte für den Konstrukteur übersehbar und handhabbar ist.

Beispiel:

Eine Lagerbestellaufgabe mit dem Input-Objekt Lagerbestand und dem Output-Objekt Bestellmenge wird in Form einer Tabelle wie folgt beschrieben:

Lagerbestand	Bestellmenge
< 50	100
50 - 100	50
> 100	0

Bedeutung: Bestelle die zum gegenwärtigen Lagerbestand korrespondierende Menge.

(Ende d. Beisp.)

Beispiel (vgl. Meyhak 1975, 68):

Die Aufgabe "Urlaubsregelung" in der Personalabteilung eines Betriebes bestimme für jeden Mitarbeiter bei vorgegebenen Werten der Input-Objekte Alter und Firmenzugehörigkeit, gemessen in Jahren, die Werte der Output-Objekte Urlaubsdauer, gemessen in Tagen, sowie Urlaubsgeld, gemessen in Prozent des Monatsgehaltes. Diese Beziehung besteht aus je einer Funktion für die Urlaubsdauer und für das Urlaubsgeld. Beide Funktionen sind über den gleichen Input-Objekten definiert. Sie werden in Form der Tabelle 1 oder Tabelle 2 beschrieben.

Tabelle 1:		R1	R2	R3	R4	R5	R6	R7	R8	R9
B1	Alter	< 30			30 - 40			> 40		
B2	Firmenzugehör.	<5	5-8	>8	<5	5-8	>8	<5	5-8	>8
A1	Urlaubsdauer	19	20	21	20	21	22	22	23	24
A2	Urlaubsgeld	20	30	40	20	30	40	30	40	40

Tabelle 2:		R1	R2	R3	R4	R5	R6	R7	R8	R9
B1	Alter < 30	J	J	J	N	N	N	N	N	N
B2	Alter > 40	N	N	N	N	N	N	J	J	J
B3	Firmenzug. < 5	J	N	N	J	N	N	J	N	N
B4	Firmenzug. > 8	N	N	J	N	N	J	N	N	J
A1	Urlaubsdauer 19	X								
A2	Urlaubsdauer 20		X		X					
A3	Urlaubsdauer 21			X		X				
A4	Urlaubsdauer 22						X	X		
A5	Urlaubsdauer 23								X	
A6	Urlaubsdauer 24									X
A7	Urlaubsgeld 20	X			X					
A8	Urlaubsgeld 30		X			X		X		
A9	Urlaubsgeld 40			X			X		X	X

(Ende d. Beisp.)

Beide Darstellungsformen werden als **Entscheidungstabelle** bezeichnet. Sie enthalten den Wertebereich der Input-Objekte, genannt Bedingungen (B1 bis B4) und den Wertebereich der Output-Objekte, genannt Aktionen (A1 bis A9). Die Beziehung zwischen diesen Objekten ist im rechten Teil der Tabellen entweder durch spaltenweise Zuordnung der Werte (Tabelle 1) oder durch Angabe von (Ja/Nein)-Bedingungskomplexen und der Zuordnung von Aktionen durch das Zeichen X dargestellt.

ALGORITHMISCHE FUNKTIONSDARSTELLUNG

Die zweite Beschreibungsform für die funktionalen Beziehungen zwischen Input-, Output- und Speicherobjekten in Informations- und Entscheidungsaufgaben ist von wesentlich allgemeinerer Bedeutung als Entscheidungstabellen und besteht in einer Zerlegung der Funktionen in Teilfunktionen und in Reihenfolgebeziehungen zwischen den Teilfunktionen. Jede Teilfunktion kann in gleicher Weise in Teil-Teilfunktionen und Reihenfolgebeziehungen zwischen den Teil-Teilfunktionen zerlegt werden. Der dadurch entstehende Zerlegungsprozeß ist beendet, sobald alle vorliegenden Teilfunktionen durch eine vorhandene Basismaschine realisierbar sind. Die so entstandene Funktionsbeschreibung heißt **Algorithmus** oder **algorithmische Darstellung** der Informations- oder Entscheidungsaufgabe. Die Bezeichnung "Algorithmus" ist abgeleitet von dem Namen des arabischen Mathematikers AL-KHOWARIZMI (um 800), der ein Buch über die Behandlung algebraischer Gleichungen, den "liber algorithmi" verfaßte.

Die Vorgehensweise, komplexe Funktionen aus einfacheren Grundfunktionen zusammenzusetzen, ist eines der Grundprinzipien mathematischer Funktionsbeschreibungen. In diesen Beschreibungen werden funktionale Beziehungen zwischen numerischen Objekten dargestellt.

Beispiel:

Die Funktion y = abs(x), wobei x,y ganze Zahlen seien, wird zerlegt in die Teilfunktionen:

```
falls x >= 0 : y =  x
sonst        : y = -x.
```

(Ende d. Beisp.)

Beispiel:

Die Funktion y = a * x + b, wobei x,y,a,b reelle Zahlen seien, wird zerlegt in die Sequenz der Teilfunktionen:

```
z = a * x
y = z + b,
```

mit z als Zwischenergebnis. Es wird angenommen, daß die zugehörige Basismaschine über die Operationen * und + verfügt. Andern-

falls ist eine weitere Zerlegung der Teilfunktionen erforderlich.
(Ende d. Beisp.)

<u>Beispiel:</u>
Die Funktion w = prim(x), wobei x eine natürliche Zahl sei, hat den Funktionswert w = WAHR, falls x eine Primzahl ist, andernfalls den Wert w = FALSCH. Die Funktion wird zerlegt in folgende Teilfunktionen:

```
falls x <= 1 oder (x > 2 und x gerade): w = FALSCH
falls x  = 2                          : w = WAHR
sonst : bestimme w durch folgende Sequenz:
          sei teiler = 3,
          solange teiler * teiler kleiner oder gleich x
          führe folgende Teilfunktionen durch:
            (falls x modulo teiler = 0
              dann:  w = FALSCH,
                     beende Sequenz
              sonst: w ist unbestimmt,
                     erhöhe teiler um 2)
          falls w während der gesamten Sequenz unbestimmt:
            w = WAHR
```

(Ende d. Beisp.)

Wesentliche Eigenschaften von Algorithmen sind:

a) Die Darstellung eines Algorithmus ist von endlicher Länge, d.h. die Darstellung besteht aus endlich vielen Teilfunktionen.

b) Die Durchführung eines Algorithmus ist von endlicher Dauer, d.h. der Funktionswert wird in endlicher Zeit ermittelt. Diese Forderung ist bei manchen Algorithmusdefinitionen abgeschwächt, für die hier vorliegenden Funktionen in betrieblichen Informationssystemen jedoch zwingend.

c) Es kann eine Basismaschine angegeben werden, die die Teilfunktionen des Algorithmus durchführt.

Weiterhin wird gefordert, daß eine vorgegebene Funktion und ein zugehöriger Algorithmus verhaltensgleich sind, d.h. durch die im

Algorithmus festgelegte Komposition von Teilfunktionen wird die gleiche Input-Output-Beziehung wie durch die vorgegebene Funktion dargestellt.

Diese Forderung ist für eine Reihe von Funktionen nicht erfüllbar. Für diese Funktionen kann kein verhaltensgleicher, d.h. kein **exakter Algorithmus** bez. einer vorgegebenen Basismaschine unter Einhaltung der Eigenschaften endliche Darstellungsform und endliche Durchführungsdauer angegeben werden. Ersatzweise wird in diesen Fällen versucht, die Input-Output-Beziehung einer derartigen Funktion F durch einen Algorithmus A anzunähern. Derartige Algorithmen werden **approximierende Algorithmen** genannt. Sie werden vorzugsweise so konstruiert, daß durch Erhöhung der zulässigen Durchführungsdauer des aproximierenden Algorithmus das Verhalten von F beliebig genau angenähert werden kann.

Beispiel:

Die Funktion y = quadratwurzel(x), wobei x,y reelle Zahlen seien, wird mit folgendem approximierenden Algorithmus beschrieben:

Bestimme während einer vorgegebenen Durchführungsdauer die Folge y_0, y_1, y_2, ..., wobei gelte:

y_0 beliebig
$y_n = 1/2 * (y_{n-1} + x / y_{n-1})$ für n = 1,2,3,...

Die Werte $y_0, y_1, y_2, \ldots$ sind ständig verbesserte Approximationen des Funktionswertes y der ursprünglichen Funktion. Für x = 2 und $y_0 = 2$ erzeugt dieser Algorithmus die Folge $y_1 = 1.5$, $y_2 = 1.416$, ...
(Ende d. Beisp.)

Der Vorteil derartiger Algorithmus-Konstruktionen liegt darin, daß für ein vorgegebenes Argument x der Funktionswert A(x) des Algorithmus A dem Funktionswert F(x) der zu approximierenden Funktion F beliebig angenähert und der Abstand der Funktionswerte |A(x)-F(x)| abgeschätzt werden kann. Der Grad der Approximation ist ausschließlich abhängig von der verfügbaren Zeit für die Durchführung des Algorithmus.

Entscheidungsaufgaben weisen funktionale Beziehungen auf, bei denen das Ziel nicht die Bestimmung des Funktionswertes einer Funktion zu einem vorgegebenen Argumentwert, sondern die Bestimmung der Argumentwerte zu einem vorgegebenen Funktionswert ist. Gesucht ist also die algorithmische Darstellung der bez. der vorgegebenen Funktion inversen Funktion. Für die Beschreibung der inversen Funktionen werden exakte, approximierende oder heuristische Algorithmen verwendet.

Beispiel:

Die lineare Abbildung y = A * x, wobei x,y Elemente aus Vektorräumen X,Y seien und A eine Matrix sei, führt bei vorgegebenem Funktionswert b zu einem linearen Gleichungssystem A * x = b.

Gesucht ist die Menge aller Vektoren $x \in X$, die durch A auf b abgebildet werden. Für die inverse Abbildung von Y auf die Potenzmenge über X existiert für reelle Vektoren und Matrizen eine algorithmische Beschreibung.

Diese Aufgabenstellung wird bei Entscheidungsaufgaben dahingehend erweitert, daß das Untersuchungsziel nicht die Ermittlung aller Lösungen des Gleichungssystems, sondern die Ermittlung derjenigen Lösungen x ist, deren Skalarprodukt z = c * x mit einem Zielfunktionsvektor c minimal bzw. maximal bez. aller Lösungen des Gleichungssystems ist. Auch diese Aufgabenerweiterung kann algorithmisch beschrieben werden; sie wird im Operations Research als Problem der **linearen Programmierung** bezeichnet.

Ist jedoch z eine nichtlineare Funktion der Komponenten von x, z.B. der Form $z = c_0*x_0{}^3 + c_1*x_1{}^2 ...$, so sind keine exakten algorithmischen Beschreibungen, sondern ggf. nur approximierende Darstellungen verfügbar.

(Ende d. Beisp.)

Beispiel:

Ebenfalls aus dem Bereich des Operations Research stammt das Rundreiseproblem durch n Orte. Hierbei sind n Orte so zu durchlaufen, daß keiner der Orte mehrfach besucht wird und die Reise am Startort endet. Gesucht ist die kürzeste Route durch die vorgegebenen n Orte. Die Entfernungen zwischen den Orten sind in einer $n \times n$ Matrix A gespeichert, deren Koeffizienten die Entfernung zwischen je zwei Orten angeben. Jede mögliche Rundreise ist durch eine Permutation der Zahlen 1,2,...,n beschrieben. Je zwei benachbarte Elemente (x_i, x_{i+1}) der Permutation beschreiben den Weg vom Ort x_i zum Ort x_{i+1}. Das Paar (x_n, x_0) beschreibt den letzten Teilweg zurück zum Startort.

Die Länge z einer Rundreise ist durch die Abbildung z = A * x bestimmt, wobei x eine Permutation der Zahlen 1,2,...,n und x(i) die Permutationskomponente an der i-ten Stelle ist. Die Operation * ist bestimmt durch

$$z = a_{x(1),x(2)} + a_{x(2),x(3)} + \dots + a_{x(n),x(1)} \text{ .}$$

Gesucht ist eine Permutation, die z minimiert.
(Ende d. Beisp.)

Für Funktionen dieser Art sind keine exakten oder approximierenden algorithmischen Beschreibungen oder nur solche verfügbar, deren Durchführungsaufwand zu hoch erscheint. Werte dieser Funktionen werden bestimmt, indem sie ebenfalls durch algorithmisch beschreibbare Funktionen angenähert werden, ohne daß im allgemeinen über den Grad der Approximation eine Aussage gemacht werden kann. Diese Form approximierender Algorithmen wird **heuristischer Algorithmus** genannt (vgl. Meißner 1978, 111).

3.2.2 Durchführung von Algorithmen

Die Durchführung eines Algorithmus besteht in der Durchführung seiner Teilfunktionen. Dieser zeitverbrauchende Vorgang wird mit Hilfe einer **Zeitfunktion** beschrieben, die den Zeitpunkten eines vorgegebenen Zeitrasters die zu diesen Zeitpunkten durchzuführenden Aktionen und Objektzustände des Algorithmus zuordnet. Zeitfunktionen, auch **Prozesse** genannt, haben allgemein die Form p: T --> W, wobei T eine diskrete oder kontinuierliche Zeitmenge, dargestellt durch Teilmengen der ganzen bzw. reellen Zahlen, und W eine beliebige Menge von Prozeßzuständen sei.

Beispiel:

Der Füllvorgang eines Wassertanks während eines Zeitraums T wird durch einen Prozeß p: T --> S beschrieben, der jedem Zeitpunkt t

∈ T den Füllstand s ∈ S zuordnet. T ist diskret, falls der Füllstand nur in diskreten Zeitpunkten gemessen wird oder kontinuierlich, falls der Füllvorgang bez. der realen Zeit beschrieben wird. S enthält die Werte der möglichen Füllstände des Wassertanks. Bei konstanter Wasserzufuhr ist p also z.B. eine lineare Funktion $s(t) = z * (t-t_0) + z_0$, wobei z_0 der Füllstand zu Beginn der Füllvorgangs, t_0 der Zeitpunkt zu Beginn des Füllvorgangs, z die konstante Zufuhrrate, t die unabhängige Variable mit Werten der Zeitmenge und s der Füllstand sei.
(Ende d. Beisp.)

PROZESS EINER ALGORITHMENDURCHFÜHRUNG

Für den Fall einer Algorithmus-Zeitfunktion besteht W aus der Menge der Teilfunktionen des Algorithmus, die durch p zeitlich geordnet werden. Jede Teilfunktion besteht aus einer Aktion und der Menge der möglichen Werte (Zustände) der Objekte des Algorithmus. Sei 5 * x + 10 --> y ein Algorithmus für die Funktion f: X --> Y. Die Zeitfunktion des Algorithmus hat dann die Form p: T --> {*,+,->} × (X × Y × Z). Jedem Zeitpunkt der Algorithmenausführung wird somit eine Aktion aus {*,+,-}, ein Element (x,y) aus dem Mengenpaar X,Y und ein Zwischenergebniswert z ∈ Z zugeordnet. Das Protokoll der Wertefolge der Objekte und das Protokoll der Aktionenfolge wird **Trace** der Algorithmusdurchführung genannt. Aus der Sicht der Algorithmusdarstellung wird eine Aktion als **Operator**, aus der Sicht der Algorithmusdurchführung als **Operation** bezeichnet. Die der Algorithmusdurchführung zugrundeliegende Basismaschine wird in diesem Zusammenhang **Prozessor** genannt.

Beispiel:

Der genannten Funktion f: X --> Y mit dem Algorithmus 5*x+10 --> y entspricht für den Argumentwert x = 3 folgender Trace:

t	0	1	2	3
x	3	3	3	3
y	?	?	?	25
z	?	15	25	25
op	*	+	-->	

(Ende d. Beisp.)

Der Prozeß, der die Durchführungsreihenfolge der Teilfunktionen eines Algorithmus beschreibt, kann in einfachen Fällen unmittelbar aus der Algorithmusdarstellung abgeleitet werden. Im genannten Beispiel ist die Reihenfolge bei jedem vorgegebenen Argumentwert unveränderlich und durch die Prioritäten der Operatoren *,+,--> bestimmt. Im allgemeinen ist die Reihenfolge jedoch abhängig von Objektzuständen während der Algorithmusdurchführung und kann aus der "statischen" Algorithmusdarstellung allein nicht abgeleitet werden (vgl. URM-Steuerwerk, Kap. 2.1.3). Z.B. ist bei der oben beschriebenen Funktion w = prim(x) die Operatorenfolge zur Bestimmung des Funktionswertes abhängig vom Argument x.

DATENFLUSSBEDINGTE REIHENFOLGEBEZIEHUNGEN

Die Reihenfolgebeziehungen zwischen den Operatoren eines Algorithmus können gemäß folgender Eigenschaft von den Datenbeziehungen zwischen den Operatoren abgeleitet werden:

Ein Operator kann erst dann durchgeführt werden, wenn alle als Input auftretenden Datenobjekte aktuelle Werte besitzen. Die Eigenschaft "aktueller Wert" wird ebenfalls durch eine Zeitfunktion beschrieben, die als "Datenfluß" bezeichnet wird.

Beispiel:

Die Operatoren A,B,C seien mit den Objekten a,b,c,d,e,f,g in folgender Weise verbunden:

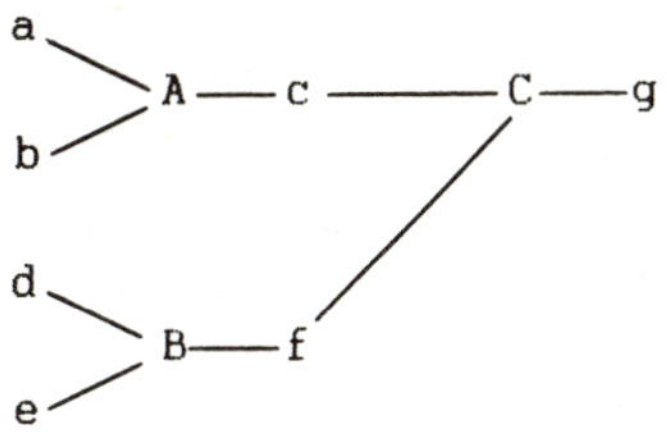

Voraussetzung für die Durchführung der Operatoren A,B,C ist, daß die zugehörigen Inputs aktuelle Werte besitzen. Dadurch ergeben sich folgende mögliche Durchführungsreihenfolgen:

A, B, C oder B, A, C oder (A parallel B), C

Diese Lösungsmenge kann durch die Anzahl der verfügbaren Prozessoren eingeschränkt werden. Sind 2 Prozessoren verfügbar, so kann jede der drei Reihenfolgen gewählt werden. Ist nur ein Prozessor verfügbar, so ist eine der Reihenfolgen A,B,C oder B,A,C zu wählen. Ein Datenfluß in diesem Verbund mit einem Prozessor und der Operationsfolge A,B,C ist durch folgenden Trace beschrieben (aktuelle Werte sind mit x gekennzeichnet):

t	0	1	2	3
a	x	?	?	?
b	x	?	?	?
c	?	x	x	?
d	x	x	?	?
e	x	x	?	?
f	?	?	x	?
g	?	?	?	x
op	A	B	C	

(Ende d. Beisp.)

Das Datenflußkonzept liegt einer Reihe von Programmiersprachen zugrunde, die als **Datenflußsprachen** bezeichnet werden. Diese Sprachen befinden sich allerdings derzeit noch im Entwicklungsstadium (vgl. Datenflußsprache VAL; Horowitz 1983, 400ff).

Datenflüsse induzieren somit Reihenfolgebeziehungen zwischen den zugehörigen Operatoren. In Progammiersprachen wie z.B. Pascal wird der Datenfluß explizit zerlegt

- in ein Datenobjekt zur Speicherung eines Datenflußwertes und
- in eine explizit im Programm anzugebende Reihenfolgebeziehung zwischen den zugehörigen Operatoren.

<u>Beispiel:</u>

Der oben genannte Operatorverbund wird in Pascal z.B. so formuliert:

```
c := A(a,b);     oder     f := B(d,e);
f := B(d,e);              c := A(a,b);
g := C(c,f);              g := C(c,f);
```

Die Operatoren werden in der angegebenen Reihenfolge durchgeführt.

(Ende d. Beisp.)

BETRIEBSMITTELBEDINGTE REIHENFOLGEBEZIEHUNGEN

Neben dem Datenfluß haben die Betriebsmittel der verfügbaren Basismaschine Einfluß auf die Reihenfolge der Operatoren. So ergeben sich im genannten Beispiel des Operatorverbundes abhängig von der Anzahl der verfügbaren Prozessoren unterschiedliche Durchführungsreihenfolgen. Weitere Einschränkungen treten auf, falls die Basismaschine nur begrenzten Speicherraum zur Aufnahme der den Datenfluß speichernden Datenobjekte besitzt. In beiden Fällen führen Einschränkungen der Betriebsmittel in der Regel zu zusätzlichen Restriktionen bei der Algorithmusdurchführung und damit zur Verlängerung der Durchführungsdauer.

Beispiel:

Für die Berechnung der Skalarproduktes s = sum(a*b), wobei a,b reelle Vektoren der Länge n seien, sind bei Verfügbarkeit nur eines Prozessors vor allem 2 Durchführungsreihenfolgen mit unterschiedlichem Betriebsmittelbedarf erkennbar:

a) Es wird zunächst eine weiterer Vektor v bestimmt, dessen Elemente v_i die Produkte a_i*b_i enthalten (v = a*b). Im Anschluß werden die Elemente v_i summiert. Bei dieser Durchführungsreihenfolge wird der Vektor v als Betriebsmittel für die Speicherung der Zwischenergebnisse benötigt.

b) Das Datenobjekt s erhält zunächst den Wert 0. Nach jeder Produktbestimmung a_i*b_i wird s um den Produktwert erhöht. Dabei wird das Betriebsmittel Vektor v nicht benötigt.

Beide Alternativen haben die gleiche Durchführungsdauer. Stehen nun n Prozessoren und das Betriebsmittel Vektor v zur Verfügung, so können die Produkte a_i*b_i zeitlich parallel durchgeführt werden. Im Anschluß werden die Elemente von v summiert. Steht v nicht zur Verfügung, sind auch bei n Prozessoren die Operationen Produkt und Summierung nacheinander auszuführen.

(Ende d. Beisp.)

Wie bereits erwähnt, sind bei Verwendung der Programmiersprachen Pascal und Modula-2 alle Reihenfolgebeziehungen explizit anzugeben. Wegen der gegenseitigen Abhängigkeit von Reihenfolgebeziehungen und Betriebsmitteln sind deshalb auch alle Betriebsmittel der zugehörigen Basismaschine zu definieren und anzufordern.

Betriebsmittel für Datenobjekte (Speicherplatz) werden z.B. mit Hilfe des Sprachelementes VAR bzw. des Operators New angefordert (vgl. Kap. 3.3.3). Wird nur ein Prozessor als Betriebsmittel für Operatoren benötigt, so ist dieser nicht explizit anzufordern. Zusätzlich benötigte Prozessoren werden z.B. mit Hilfe des Operators NewProcess angefordert. Algorithmen, die gemeinsam von mehreren Prozessoren ausgeführt werden, heißen **Mehrprozeß-Programme**. Mehrprozeß-Programme liegen auch dann vor, wenn nur ein realer Prozessor vorhanden ist und dieser zeitabschnittsweise die Rollen der verschiedenen (virtuellen) Prozessoren übernimmt (vgl. Koroutinen, Kap. 3.3.5).

PROGRAMME

In Kapitel 2.1.2 wurde der Begriff "Programm" mit Befehlsfolgen erläutert. Aufbauend auf dem Begriffen Algorithmus und Basismaschine kann nun der Begriff Programm neu definiert werden. Ein Programm besteht aus

- einem Algorithmus für die Durchführung einer Funktion, aufbauend auf einer definierten Basismaschine,

- und Betriebsmittelanforderungen an diese Basismaschine.

Als Basismaschinen liegen in diesem Buch die Programmiersprachen Pascal und Modula-2 zugrunde. In Pascal- und Modula-2-Programmen

- sind die notwendigen Prozessoren anzugeben,

- sind alle erforderlichen Datenobjekte zu definieren,

- ist aufbauend auf diesen Betriebsmitteln ein Algorithmus zu beschreiben, in dem Datenflüsse unter Verwendung von Datenobjekten angegeben werden und

- sind alle datenfluß- und betriebsmittelbedingten Reihenfolgebeziehungen explizit anzugeben.

3.2.3 Elemente von Algorithmen

Für die Basismaschinen Pascal und Modula-2 werden im folgenden repräsentative Datenobjekttypen, Operatortypen und Typen von Reihenfolgebeziehungen dargestellt. Sie bilden die Bausteine für die Konstruktion von Algorithmen.

DATENOBJEKTTYPEN

Datenobjekte dienen zur Speicherung eines Datenflusses zwischen Operatoren. Es werden folgende Typen unterschieden:

a) Datenobjekte zur Speicherung von numerischen Werten (Zahlen),

b) Datenobjekte zur Speicherung von nichtnumerischen Werten (Zeichen, Zeichenfolgen),

c) Datenobjekte zur Speicherung von Werten aus einem freigewählten Wertevorrat mit endlich vielen Werten,

d) Datenobjekte zur Speicherung von logischen Werten (WAHR,FALSCH),

e) Datenobjekte zur kombinierten Speicherung von numerischen und/oder nichtnumerischen und/oder frei gewählten und/oder logischen Werten.

OPERATOREN

Ausgehend vom Operationsvorrat der Maschine URM sind über jedem der genannten Datenobjekttypen eine Reihe von Operatoren verfügbar. Wichtige Repräsentanten werden in korrespondierender Reihenfolge aufgelistet:

Für alle Datenobjekttypen gelten die Operatoren:

- Kopieren des Wertes eines Objektes im Hauptspeicher {:=}
- Vergleichsoperatoren {= (gleich), <> (ungleich)}.

a) Operatoren für numerische Datenobjekttypen:

   - Arithmetische Operatoren {+,-,*,/,abs,exp (Exponentiation zur Basis e),ln}
   - Vergleichsoperatoren {=,<>,<,<=,>=,>}
   - Transfer von und zu Ein-/Ausgabegeräten und Datenträgern {read,write}

b) Operatoren für nichtnumerische Datenobjekttypen (vgl. Lineare Listen von Zeichen; Kap. 6.2.3):

   - Einfügen in Zeichenfolge
   - Löschen Teilzeichenfolge
   - Suchen Teilzeichenfolge in Zeichenfolge
   - Kopieren Teilzeichenfolge
   - Vergleichsoperatoren {=,<>,<,<=,>=,>} gemäß der lexikographischen Ordnung auf Zeichenfolgen
   - Transfer von und zu Ein-/Ausgabegeräten und Datenträgern {read,write}

c) Operatoren für Datenobjekttypen mit freigewähltem Wertevorrat:

   - Vergleichsoperatoren {=,<>,<,<=,>=,>}
   - Bestimme Vorgänger-/Nachfolgerwert eines vorgegebenen Wertes

d) Operatoren für logische Datenobjekttypen:

   - Logische Operatoren {UND,ODER,NICHT}

e) Operatoren für kombinierte Objekttypen bestehen aus einem Komplex von Operatoren für ihre Komponenten. Sie sind ebenso wie die kombinierten Objekttypen nicht Teil der Basismaschine, sondern werden während der Algorithmusbildung aus Komponenten zusammengesetzt.

ABLAUFSTRUKTUREN

Die in Algorithmen auftretenden datenfluß- und betriebsmittelbedingten Reihenfolgebeziehungen werden in fünf Gruppen zerlegt:

- Sequenzen, d.h. Nacheinanderausführung mehrerer Operatoren,
- Alternativen, d.h. alternative Ausführung mehrerer Operatoren,
- Wiederholung, d.h. wiederholte Ausführung eines Operators,
- Parallelität, d.h. gleichzeitige Ausführung mehrerer Operatoren,
- Rekursion, d.h. geschachtelte Ausführung eines Operators.

Die algorithmischen Sprachelemente zur Beschreibung der Reihenfolgebeziehungen werden als Ablaufstrukturanweisungen bezeichnet. Für die Darstellung der Ablaufstrukturen haben sich in der Entwurfsphase eines Algorithmus graphische und textuelle Darstellungsformen als vorteilhaft erwiesen. Die im folgenden verwendete graphische Darstellungsform bietet außerdem die Möglichkeit, die während der Algorithmuskonstruktion durchzuführende Zerlegung der vorliegenden Funktion übersichtlich darzustellen (vgl. Ferstl 1979, 185ff).

SEQUENZ

Sei F eine Funktion, die aus den Teilfunktionen $F_1, F_2, \ldots, F_n$ besteht. Die Teilfunktionen sind nacheinander auszuführen.

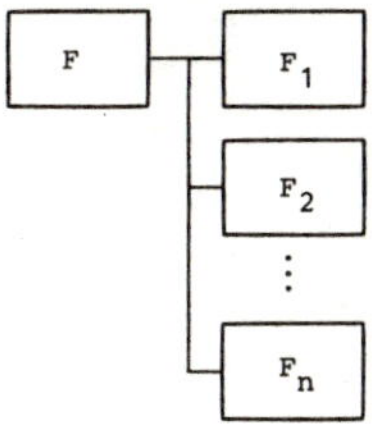

F_1; F_2; ... F_n;

Abb. 3.2.3-1: Sequenz

ALTERNATIVEN

Es wird unterschieden zwischen der alternativen Ausführung von 2 Operatoren oder von n Operatoren. Sei F eine Funktion, die aus den beiden Teilfunktionen F_1 und F_2 besteht, wobei entweder F_1 oder F_2

auszuführen ist. Kriterium zur Auswahl der Teilfunktionen ist eine Funktion p mit den möglichen Funktionswerten WAHR und FALSCH.

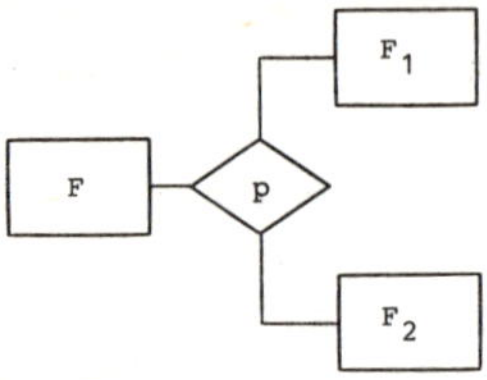

FALLS p DANN F_1
SONST F_2;

Abb. 3.2.3-2: Auswahl aus 2 Alternativen

Sei nun F eine Funktion, die aus n alternativ durchzuführenden Teilfunktionen $F_1, F_2, \ldots, F_n$ besteht. Kriterium zur Auswahl ist eine Funktion s mit n verschiedenen Funktionswerten $sw_1, sw_2, \ldots, sw_n$, genannt Selektor.

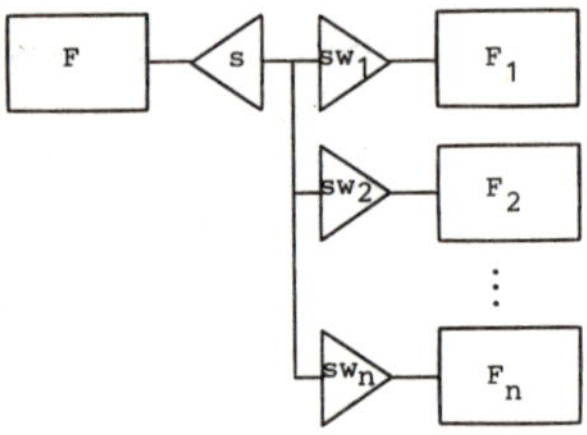

FALLS s = sw_1 DANN F_1;
FALLS s = sw_2 DANN F_2;
.
.
.
FALLS s = sw_n DANN F_n;

Abb. 3.2.3-3: Auswahl aus n Alternativen

WIEDERHOLUNG

Sei F eine Funktion, die aus n Teilfunktionen eines Typs F_0 besteht, d.h. F besteht aus einer n-fachen Wiederholung von F_0. Das Wiederholungskriterium wird entweder direkt durch die Anzahl n angegeben, oder indirekt mit Hilfe einer Funktion p mit den Funktionswerten WAHR und FALSCH bestimmt, die vor bzw. nach jeder Ausführung von F_0 ausgewertet wird.

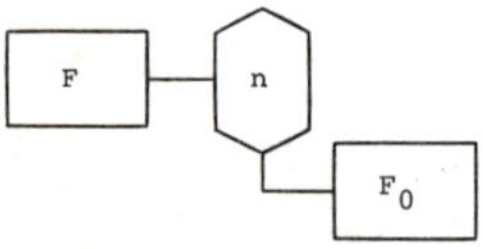

WIEDERHOLE n MAL F_0;
(die Länge der Sequenz ist n)

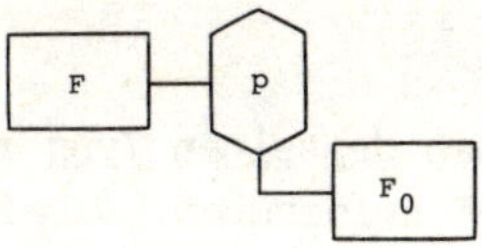

SOLANGE p WIEDERHOLE F_0;
(Teste p jedesmal vor Ausführung von F_0; die minimale Länge der Sequenz ist 0)

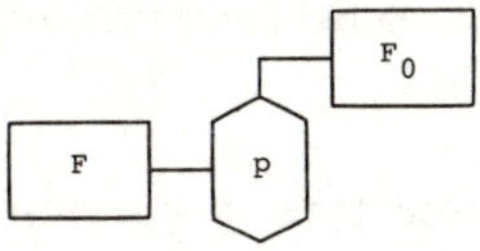

WIEDERHOLE F_0 BIS p;
(Teste p jedesmal nach Ausführung von F_0; die minimale Länge der Sequenz ist 1)

Abb. 3.2.3-4: Wiederholung

PARALLELITÄT

Sei F eine Funktion, die aus den Teilfunktionen $F_1, F_2, \ldots, F_n$ besteht, die parallel ausgeführt werden können. Dabei werden zwei Fälle unterschieden:

a) Die Teilfunktionen haben einen gemeinsamen frühesten Startzeitpunkt und/oder einen gemeinsamen spätesten Endzeitpunkt.

b) Zwischen den Teilfunktionen bestehen keinerlei Reihenfolgebeziehungen, d.h. ist es gleichgültig, ob sie nacheinander oder parallel durchgeführt werden. Dieses Ablaufverhalten der Teilfunktionen wird als **kollateral** bezeichnet.

a) F_1 PAR F_2 PAR ... PAR F_n
b) F_1 KOL F_2 KOL ... KOL F_n

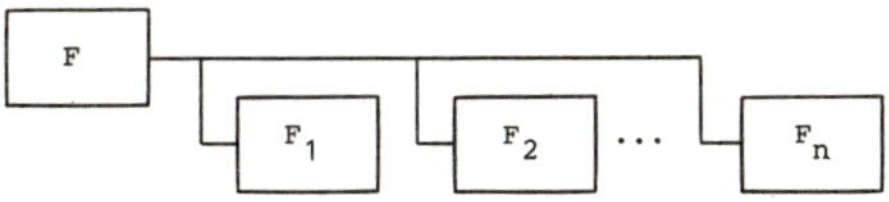

Abb. 3.2.3-5: Parallelität

REKURSION

Sei F eine Funktion, die aus n Teilfunktionen desselben Typs wie F besteht. Man sagt, die Funktion F wird in F aufgerufen. Dabei ist zwischen dem Funktionstyp und dem Funktionsaufruf von F zu unterscheiden. Jeder Aufruf reserviert seine eigenen, zur Funktionsdurchführung notwendigen Betriebsmittel (Prozessor und Speicherplatz) und ist von anderen Aufrufen dieses Funktionstyps unterscheidbar.

Die formale Gleichbehandlung des Ablaufstrukturtyps Rekursion mit den obengenannten Ablaufstrukturtypen setzt die explizite Trennung der Begriffe Funktionsaufruf (Objekt, Betriebsmittel) und Funktionstyp (Algorithmus) voraus.

Beispiel:

Rekursionen werden häufig bei mathematischen Funktionsdefinitionen verwendet. Z.B. wird die Fakultätsfunktion ! üblicherweise definiert in der Form:

$$0! = 1$$

$$n! = n*(n-1)! \text{ für } n > 0.$$

(Ende d. Beisp.)

3.3 Darstellung von Programmen in Pascal und Modula-2

Die Sprachen Pascal und Modula-2 enthalten für die Darstellung der in Kapitel 3.2.3 genannten Typen von Algorithmenelementen eine Reihe von zugehörigen Sprachkomponenten. Weitere Sprachkomponenten dienen zur Verwaltung der Betriebsmittel "Prozessor" und "Datenobjekte" gemäß der Aufteilung eines Programms in die Komponenten Algorithmendarstellung und Betriebsmittelanforderungen.

Im folgenden werden die Sprachkonstruktionen für die Algorithmenbeschreibung aufgeteilt in Pascal- bzw. Modula-2-eigene Datenobjekt- und Operatortypen und in anwendungseigene Datenobjekt- und Operatorentypen. Die Vereinigung eines Datenobjekttyps mit der Menge der darauf definierten Operatoren wird als **Datentyp** bezeichnet. Sprach-eigene Datentypen werden auch **Standard-Datentypen** genannt. Ein Operator gilt als auf einem Datenobjekttyp definiert, wenn dieser eine Input-Komponente des Operators ist. Pascal- bzw. Modula-2-eigene Datentypen sind innerhalb der Sprache als Bestandteil der Basismaschine definiert und unmittelbar verwendbar. Sprachelemente für anwendungseigene Datentypen dienen dazu, ausgehend von sprach-eigenen Datentypen anwendungsspezifische, beliebig komplexe Datenobjekttypen und Operatoren zu generieren und bilden damit die Basis für die Definition von Fachprogrammiersprachen.

Im Anschluß werden Sprachelemente für die Verwaltung der Betriebsmittel "Datenobjekte" in den Formen Stack-Verwaltung und Heap-Verwaltung sowie Sprachelemente für die Verwaltung von (virtuellen) Prozessoren für Mehrprozeß-Programme dargestellt.

Jedes Pascal- bzw. Modula-2-Programm besteht aus maximal 5 Teilen in fest vorgegebener Reihenfolge:

1) **Programm- bzw. Moduldefinitionsteil**
   Hier werden der Programmname und Schnittstellen zu anderen Programmen definiert. Ein mit anderen Programmen zu einem größeren Programmsystem zusammengefaßtes Programm, das mit anderen Programmen des Systems Daten austauscht, diesem seine eigenen Operatoren zur Verfügung stellt oder dessen Operatoren verwendet, wird **Modul** genannt (vgl. Kap. 3.4.3).

2) **Datenobjekttypen-Definition**
Hier werden die anwendungseigenen Datenobjekttypen definiert (vgl. Kap. 3.3.4).

3) **Datenobjekt-Definition und Betriebsmittelanforderung für Datenobjekte**
Hier werden die im Speicherbereich Stack anzulegenden Datenobjekte eines Programms definiert und zugehöriger Speicherraum angefordert (vgl. Kap. 3.3.3).

4) **Operator-Definition**
Hier werden die anwendungseigenen Operatoren definiert (vgl. Kap. 3.3.4).

5) **Algorithmus-Beschreibung**
Hier wird der Algorithmus des Programms beschrieben sowie Speicherraum für Datenobjekte angefordert, die im Speicherbereich Heap abgelegt werden (vgl. Kap. 3.3.1 und 3.3.2).

Beispiel:
Beispiel eines Pascal-Programms:

```
1) PROGRAM DemoProgrammStruktur;
2) TYPE Koordinaten = RECORD
                        Spalte,Zeile :INTEGER;
                       END;
3) VAR  Punkt :Koordinaten;
4) PROCEDURE OutString(Strg :STRING; Punkt :Koordinaten);
    BEGIN
     gotoxy(Punkt.Spalte,Punkt.Zeile); write(Strg);
    END;
5) BEGIN
    write('Koordinaten der Ausgabeposition: ');
    WITH Punkt DO
     BEGIN
      readln(Spalte,Zeile);
      Spalte := abs(Spalte) MOD 80;
      Zeile  := abs(Zeile)  MOD 24;
     END;
    OutString('SOFTWARE-KONZEPTE', Punkt);
   END.
```

Beispiel eines Modula-2-Programms:

```
1) MODULE DemoProgrammStruktur;
     FROM InOut    IMPORT ReadCard;
     FROM Terminal IMPORT WriteString;
     FROM Screen   IMPORT GotoXY;
2) TYPE Koordinaten :CARDINAL;
3) VAR  Punkt :Koordinaten;
4) PROCEDURE OutString(Strg :ARRAY OF CHAR; Punkt :Koordinaten);
     BEGIN
      GotoXY(Punkt.Spalte,Punkt.Zeile);
      WriteString(Strg);
     END OutString;
5) BEGIN
     WriteString("Koordinaten der Ausgabeposition: ");
     WITH Punkt DO
      ReadCard(Spalte);
      ReadCard(Zeile);
      Spalte := Spalte MOD 80;
      Zeile  := Zeile  MOD 24;
     END;
     OutString("SOFTWARE-KONZEPTE", Punkt);
   END DemoProgrammStruktur.
```
(Ende d. Beisp.)

3.3.1 Pascal- bzw. Modula-2-eigene Datentypen

Die in beiden Sprachen verfügbaren Datenobjekttypen werden gemeinsam mit ihrem Wertebereich und den zugehörigen Operatoren aufgelistet. Die Auflistung der Operatoren ist nicht vollständig und hat ausschließlich den Zweck, eine Übersicht über den Standardvorrat zu geben. Welche Operatoren insgesamt verfügbar sind, ist implementierungsabhängig und der Sprachdefinition oder dem Referenzhandbuch des jeweiligen Rechnersystems zu entnehmen. Operatoren zum Lesen von Peripheriegeräten und zum Schreiben auf Peripheriegeräte werden in Kap. 6 und 7 dargestellt. Zur Beschreibung der Wertebereiche dienen folgende implementierungs- bzw. rechnerabhängige Konstanten. Die angegebenen Wertebereiche beziehen sich auf übliche 8-Bit-Mikrocomputer und 16-Bit-Mikrocomputer.

MaxCard : größte darstellbare natürliche Zahl ($65535 = 2^{16}-1$)
MaxInt : größte darstellbare (kurze) ganze Zahl ($32767 = 2^{15}-1$)
MaxLongInt: größte darstellbare (lange) ganze Zahl ($10^{37}-1$)
MaxMant : größte Mantisse ($2^{24}-1$)
MaxExp : größter Exponent ($2^{6}-1$)

Die in Klammern angegebenen Zeichen P, bzw. M geben die Verfügbarkeit der Datentypen in Pascal bzw. Modula-2 an.

WERTEBEREICHE UND WERTDARSTELLUNG VON DATENOBJEKTTYPEN

BOOLEAN = {TRUE,FALSE} (P,M)

CARDINAL = {0,1,...,MaxCard} (M)
(Teilintervall der natürlichen Zahlen, Speicherdarstellung üblicherweise im binären Festpunktcode)

INTEGER = {-MaxInt-1,...,0,1,...,MaxInt} (P,M)
(Teilintervall der ganzen Zahlen, Speicherdarstellung üblicherweise im binären Festpunktcode)

LONGINTEGER = {-MaxLongInt,...,0,1,...MaxLongInt} (P,M)
(Teilintervall der ganzen Zahlen, Speicherdarstellung üblicherweise im gepackten Dezimalcode oder binärem Festpunktcode)

REAL = Menge aller reellen Zahlen der Form $m*10^{e}$, (P,M)
wobei gelte:
$m \in$ {-MaxMant-1,...,0,1,...MaxMant} Mantisse
$e \in$ {-MaxExp-1,...,0,1,...MaxExp} Exponent
(Speicherdarstellung üblicherweise im binären Gleitpunktcode)

CHAR = Menge der darstellbaren Zeichen, z.B. (P,M)
{'A'...'Z','a'...'z','0'...'9' und Sonderzeichen}
(Speicherdarstellung üblicherweise im ASCII)

STRING = Menge aller Zeichenfolgen mit Zeichen vom Typ (P,M)
CHAR in der Maximallänge 255.

OPERATOREN AUF DATENOBJEKTTYPEN

Operatoren auf BOOLEAN

(Verknüpfung gemäß Wahrheitstabellen):

AND, OR : BOOLEAN × BOOLEAN --> BOOLEAN
NOT : BOOLEAN --> BOOLEAN

Operatoren auf CARDINAL

(Verknüpfung gemäß Operatoren über den natürlichen Zahlen)

Arithmetische Operatoren

+,-,*,DIV,MOD : CARDINAL × CARDINAL --> CARDINAL
DIV : ganzahlige Division (ganzahliger Quotient)
MOD : Modulo-Division (ganzzahliger Divisionsrest)

Vergleichsoperatoren

<,<=,>=,>,=,<> : CARDINAL × CARDINAL --> BOOLEAN
odd : CARDINAL --> BOOLEAN (Argument ist ungerade Zahl = TRUE)

Typtransferoperatoren

integer : CARDINAL --> INTEGER
float : CARDINAL --> REAL

Operatoren auf INTEGER

(Verknüpfung gemäß Operatoren über den ganzen Zahlen)

Arithmetische Operatoren

+,-,*,DIV,MOD : INTEGER × INTEGER --> INTEGER
abs,- : INTEGER --> INTEGER (Absolutbetrag, unäres Minus)

Vergleichsoperatoren

<,<=,>=,>,=,<> : INTEGER × INTEGER --> BOOLEAN
odd : INTEGER --> BOOLEAN (Argument ist ungerade Zahl = TRUE)

Typtransferoperatoren

cardinal: INTEGER --> CARDINAL (M)
chr : INTEGER --> CHAR (ASCII-Zeichen gemäß Code) (P)

Operatoren auf LONGINTEGER

(Verknüpfung gemäß Operatoren über den ganzen Zahlen)

Arithmetische Operatoren

+,-,*,DIV : LONGINTEGER × LONGINTEGER --> LONGINTEGER

\- : LONGINTEGER --> LONGINTEGER (unäres Minus)

Vergleichsoperatoren

<,<=,>=,>,=,<> : LONGINTEGER × LONGINTEGER --> BOOLEAN

Typtransferoperatoren

trunc : LONGINTEGER --> INTEGER

str : LONGINTEGER --> STRING

Operatoren auf REAL

(Verknüpfung gemäß Operatoren über den reellen Zahlen)

Arithmetische Operatoren

+,-,*,/ : REAL × REAL --> REAL

abs,-,sqrt,exp,ln : REAL --> REAL

Vergleichsoperatoren

<,<=,>=,>,=,<> : REAL × REAL --> BOOLEAN

Typtransferoperatoren

trunc : REAL --> INTEGER (ganzahliger Anteil)

round : REAL --> INTEGER (gerundeter ganzzahliger Anteil) (P)

Operatoren auf CHAR

Vergleichsoperatoren

<,<=,>=,>,=,<> : CHAR × CHAR --> BOOLEAN (Ordnung gemäß ASCII)

Typtransferoperatoren

ord : CHAR --> INTEGER (Wert gemäß ASCII-Tabelle) (P)

ord : CHAR --> CARDINAL (Wert gemäß ASCII-Tabelle) (M)

Operatoren auf STRING

Stringmanipulations- und Stringinformationsoperatoren

insert : STRING × STRING × INTEGER --> STRING

(füge Teilzeichenfolge in Zeichenfolge an vorgegebener Stelle ein)

concat : STRING × STRING --> STRING
(verkette Argumentzeichenfolgen)

delete : STRING × INTEGER × INTEGER --> STRING
(entferne Teilzeichenfolge ab vorgegebener Stelle in vorgegebener Länge)

pos : STRING × STRING --> INTEGER
(bestimme Position von Teilzeichenfolge in Zeichenfolge)

copy : STRING × INTEGER × INTEGER --> STRING
(kopiere Teilzeichenfolge aus Zeichenfolge)

length : STRING --> INTEGER
(bestimme Länge der Zeichenfolge)

Vergleichsoperatoren

<,<=,>=,>,=,<> : STRING × STRING --> BOOLEAN
(Ordnung gemäß ASCII mit Längenberücksichtigung)

ALLGEMEIN VERFÜGBARE OPERATOREN

Die folgenden Operatoren sind auf allen spracheigenen und anwendungseigenen Operatoren definiert.

:= : DATENOBJEKTTYP --> DATENOBJEKTTYP (P,M)

Dieser Operator entspricht der identischen Abbildung. Jedem Argumentwert wird der identische Funktionswert zugeordnet. Aus der Sicht der beteiligten Datenobjekte wird der Argumentwert in das Datenobjekt für den Funktionswert kopiert.

=,<> : Vergleichsoperatoren (P,M)

BENENNUNG VON DATENOBJEKTEN

Bei der Darstellung eines Programms werden als Operanden für die obengenannten Operatoren Datenobjekte des jeweiligen Typs angegeben. Zur Benennung der Datenobjekte werden Buchstaben/Ziffernfolgen bestimmten Aufbaus verwendet. Bei der Benennung ist zu unterscheiden zwischen Datenobjekten, die während einer Programmdurchführung unterschiedliche Werte speichern und daher **Variablen** genannt werden, und Datenobjekten, die konstant denselben Wert speichern und daher **Konstanten** genannt werden.

a) **Variablen**
Alle variablen Datenobjekte werden unabhängig vom zugehörigen Typ mit Namen benannt, die als **Identifier** bezeichnet werden. Es gilt folgende Regel:

Ein Identifier ist mindestens 1 Zeichen lang, enthält an erster Stelle einen Buchstaben und ab der zweiten Stelle einen Buchstaben oder eine Ziffer (z.B. Datenobjekt, V12, A3B6, VarName).

b) **Konstanten**
Konstante Datenobjekte tragen Benennungen, die zugleich den Wert des Objektes anzeigen. Entsprechend den unterschiedlichen Objekttypen werden daher auch unterschiedliche Benennungen verwendet. Die Regeln der Benennung sind der sonst üblichen Verwendung der Objekttypen angepaßt und einfach zu erlernen. Sie werden im folgenden nur anhand von Beispielen für jeden Objekttyp dargestellt.

Beispiele:

BOOLEAN:	TRUE, FALSE
CARDINAL:	0,1,7
INTEGER:	-4,0,6
LONGINTEGER:	-123,5,8
REAL:	-2.45, 3.14, 0.125E2 (= 12.5; vgl. Kap. 2.2.2)
CHAR:	Pascal: 'A','G','#','1'
	Modula-2: "A","G","#","1"
STRING:	Pascal: 'Dies ist ein Pascal-String'
	Modula-2: "Dies ist ein Modula-2-String"

(Ende d. Beisp.)

Ein weitere Form der Benennung dient der Bildung von Synonymen für Konstanten, insbesondere um die Lesbarkeit und Pflege von Programmen zu unterstützen. Dazu ist in Pascal oder Modula-2 ein eigener Programmabschnitt vorgesehen, in dem alle Synonyme für Konstanten zusammengefaßt sind und der mit dem Wort CONST eingeleitet wird. Jede Synonymdefinition hat die Form: Synonym = Konstante;

Beispiele:

```
CONST Pi           = 3.14;
      Sonntag      = 'Sonntag';
      BuchstabeA   = 'A';
      VektorLaenge = 10;
```

(Ende d. Beisp.)

3.3.2 Ablaufstrukturanweisungen in Pascal und Modula-2

Die in Algorithmen auftretenden Reihenfolgebeziehungen zwischen Operatoren werden in Pascal und Modula-2 mit Hilfe folgender Ablaufstrukturanweisungen beschrieben (vgl. Kap. 3.2.3). Operatoren einschließlich ihrer Operanden sind Teil der Ablaufstrukturen und werden mit op1,op2,...,opn benannt. Umgekehrt kann anstelle jedes Operators wiederum eine Ablaufstruktur verwendet werden.

	Pascal	Modula-2
Sequenz:	op1; op2; ... opn	op1; op2; ... opn
Block:	BEGIN Sequenz END	Sequenz END
Block mit nur 1 Operator:	op1	op1 END
Auswahl aus 2 Alternativen:	IF p THEN Block ELSE Block	IF p THEN Sequenz ELSE Block
Auswahl aus n Alternativen:	CASE Selektor OF Selektor-Wert-1: Block; Selektor-Wert-2: Block; . . . Selektor-Wert-n: Block END	CASE Selektor OF Selektor-Wert-1: Sequenz | Selektor-Wert-2: Sequenz | . . . Selektor-Wert-n: Sequenz ELSE Sequenz END

	Pascal	Modula-2
oder		IF p1 THEN Sequenz ELSIF p2 THEN Sequenz . . . ELSIF pn THEN Sequenz ELSE Block
Wiederholung:	WHILE p DO Block	WHILE p DO Block
	REPEAT Sequenz UNTIL p	REPEAT Sequenz UNTIL p
	FOR Zähler := Anfang TO Ende DO Block	FOR Zähler := Anfang TO Ende BY Schrittweite DO Block
		LOOP Sequenz END (Beenden der Wiederholung durch EXIT oder RETURN)

Die Ablaufstruktur Parallelität wird in Kapitel 3.3.5, die Ablaufstruktur Rekursion in Kapitel 3.3.4 behandelt.

3.3.3 Betriebsmittelverwaltung für Datenobjekte

Für die variablen Datenobjekte eines Programms ist explizit Speicherplatz im Hauptspeicher des zugehörigen Rechners zu reservieren. Der gesamte verfügbare Speicherraum wird in Pascal und Modula-2 in zwei variabel große Bereiche aufgeteilt, die mit getrennten Speicherungssystemen, der **Stack-** und der **Heap-Verwaltung**, verwaltet werden.

```
        v e r f ü g b a r e r   S p e i c h e r r a u m
|---------------------------|---------------------------------------|
  Stack --->  variable Grenze zwischen Stack und Heap  <--- Heap
```

Freier Speicherplatz für ein neues Datenobjekt wird bei beiden Systemen mit unterschiedlichen Sprachelementen angefordert. Gründe für die Verwendung unterschiedlicher Speicherungssysteme sind vor allem unterschiedliche Lebensdauern der Datenobjekte. Als **Lebensdauer** eines Datenobjektes wird die Zeitdauer bezeichnet, während der für das Datenobjekt Speicherplatz reserviert ist.

STACK-VERWALTUNG

Der als **Stack** bezeichnete Speicherraum hat einen konstanten linken und einen variablen rechten Rand. Speicherplatz für neue Datenobjekte wird ausschließlich am rechten Rand vergeben. Umgekehrt können nur Datenobjekte freigegeben, d.h. gelöscht werden, die jeweils am rechten Rand ihren Speicherplatz haben. Diese Speicherplatz-Verwaltung heißt daher auch LIFO-Verwaltung (Last In, First Out). Der gesamte Speicherraum zwischen linkem und rechtem Rand ist vollständig von Datenobjekten belegt. Alle "lebenden", d.h. zwischen linkem und rechtem Rand befindlichen Datenobjekte können im Programm verwendet werden. Die Operatoren zum Belegen und Freigeben von Speicherplatz werden als "PUSH Datenobjekt" und "POP Datenobjekt" bezeichnet. Dieses Speicherungssystem wird wegen seiner Einfachheit bevorzugt.

Alle Datenobjekte eines Programms, die im Stack abgelegt werden sollen, werden zu einem Programmabschnitt zusammengefaßt, der mit VAR eingeleitet wird. Der Speicherplatz wird vor Beginn der Programmdurchführung reserviert und nach Ende der Programmdurchführung freigegeben (vgl. Kap. 3.3.3).

Beispiel:

```
VAR do1     :INTEGER;
    do2     :CHAR;
    do3,do4 :REAL;
```

(Ende d. Beisp.)

HEAP-VERWALTUNG

Für eine Reihe von Aufgabenstellungen ist das starre Reservierungs- und Freigabeverfahren der Stack-Verwaltung nicht geeignet. Statt dessen ist es notwendig, auch andere Speicherungsverfahren als LIFO zu berücksichtigen. Z.B. soll es möglich sein, Datenobjekte auch im Inneren des Speicherraums zu löschen. Dazu wird die Heap-Verwaltung verwendet, bei der die Belegung und Freigabe von Speicherraum keinerlei Beschränkungen unterworfen ist, bis auf die Bedingung, daß der Heap-Bereich nicht größer als der zugeordnete Hauptspeicher sein kann.

Während die Datenobjekte im Stack unter ihrem Objektnamen bekannt und manipulierbar sind, werden Datenobjekte im Heap indirekt mit Hilfe von Zeigern auf diese Objekte angesprochen. Ein Zeiger auf ein Datenobjekt im Heap ist der Wert einer Zeigervariable. Die Zeigervariable ist ein Datenobjekt, das im Stack-Bereich zu speichern ist.

Es sei Dob ein Datenobjekt vom Typ DobTyp, das im Heap zu speichern ist. Ein Zeiger ZeigDob für Dob wird im Stack durch die Anweisung reserviert (Modula-2):

```
VAR ZeigDob : POINTER TO DobTyp;
```

Belegung und Freigabe von Speicherplatz für das Datenobjekt Dob wird im Heap mit Hilfe folgender Operatoren durchgeführt:

NEW(ZeigDob): Reserviere im Heap Speicherplatz für ein Objekt vom DobTyp und ordne die Speicherplatzadresse des Objektes dem Zeiger ZeigDob als Wert zu.

DISPOSE(ZeigDob): Gib den Speicherplatz des Datenobjektes frei, das durch ZeigDob identifiziert wird. ZeigDob erhält im Anschluß den konstanten Zeigerwert NIL, der besagt, daß ZeigDob auf kein Objekt zeigt.

Ein auf diese Weise im Heap reserviertes Objekt wird im Programm durch ZeigDob↑ benannt.

<u>Beispiel:</u>

Für ein Objekt Dob :INTEGER, das im Heap zu speichern ist, wird zunächst ein Zeiger ZeigDob reserviert:

```
VAR ZeigDob :POINTER TO INTEGER;
```

Durch NEW(ZeigDob) wird Speicherplatz für das Objekt Dob im Heap reserviert und dessen Adresse dem Zeiger ZeigDob als Wert zugeordnet. Das Objekt Dob wird indirekt benannt durch den Zeiger ZeigDob in der Form ZeigDob↑. Eine Wertzuweisung für Dob hat z.B. die Form : ZeigDob↑ := 1;

(Ende d. Beisp.)

3.3.4 Anwendungseigene Datentypen

Die in Kapitel 3.3.1 genannten spracheigenen Datentypen sind nicht ausreichend, um die automatisierbaren Aufgaben eines betrieblichen Informationssystems zu beschreiben. Z.B. fehlen Datenobjekttypen und Operatoren, um den in betrieblichen Systemen vorhandenen Belegfluß in Form von Formularen darzustellen. Formulare sind Aggregationen einfacher Datenobjekttypen, die ihrerseits weitgehend mit den spracheigenen Datenobjekttypen übereinstimmen. Um bei Algorithmenbeschreibungen diese Besonderheiten berücksichtigen zu können, enthalten die Sprachen Pascal und Modula-2 Sprachelemente, mit denen ausgehend von den spracheigenen Datentypen problemspezifische, anwendungseigene Datentypen konstruiert werden können. Diese sind an das jeweilige Fachgebiet angepaßt. Spracherweiterungen dieser Art werden daher auch als Fachprogrammiersprachen bezeichnet.

ANWENDUNGSEIGENE DATENOBJEKTTYPEN

Die oben genannten spracheigenen Datenobjekttypen bestehen neben dem Typ BOOLEAN aus endlichen Mengen numerischer oder nichtnumerischer Werte. Aus diesen Mengen werden neue Datenobjekttypen generiert, indem

- die Mengen eingeschränkt werden auf Teilbereiche,
- eine neue Wertemenge aufgezählt wird,
- aus bereits definierten Mengen neue Mengen mit Hilfe der Operationen Potenzmenge und kartesisches Produkt erzeugt werden.

Die Definition der anwendungseigenen Datenobjekttypen wird im zweiten Teil eines Pascal- oder Modula-2-Programms zusammengefaßt und mit dem Wort TYPE eingeleitet.

a) **Definition von Datenobjekttypen durch Teilbereichsbildung**
Aus den Typen CARDINAL, INTEGER, CHAR können durch Teilbereichsbildung neue Objekttypen konstruiert werden. Der erzeugte Typ heißt **Subrange-Typ.**

Beipiel:
Die Wertebereiche Tag, Monat, Jahr werden definiert durch:

```
Pascal:  TYPE Tag   = 1..31;  Modula-2: TYPE Tag   = [1..31];
              Monat = 1..12;                 Monat = [1..12];
              Jahr  = 0..99;                 Jahr  = [0..99];
```

Die Großbuchstaben des Alphabets werden definiert durch:

```
Pascal:    TYPE Großbuchstaben = 'A'..'Z';
Modula-2: TYPE Großbuchstaben = ["A".."Z"];
```

(Ende d. Beisp.)

Auf Subrange-Typen sind die spracheigenen Operatoren der zugehörigen Überbereiche, eingeschränkt auf diese Teilbereiche, ebenfalls definiert.

b) **Definition von Datenobjekttypen durch Aufzählung**
Wertemengen, die nicht numerisch und die auch nicht Teilmengen der Objekttypen CHAR oder STRING sind, werden definiert durch Aufzählung ihrer Elemente. Eine derartige Menge heißt **Enumerationstyp.**

Beispiel:
Der Datenobjekttyp "Farbe" enthalte die Werte:

```
TYPE Farbe = (rot,blau,gelb,gruen,orange,violett,schwarz);
```

Der Datenobjekttyp "Himmel" enthalte die Werte:

```
TYPE Himmel = (heiter,bewoelkt,klar,bedeckt);
```

(Ende. d. Beisp.)

Auf Enumerationstypen sind folgende Operatoren definiert:

Vergleichsoperatoren <,<=,>=,>,=,<>

Es wird bez. der Position innerhalb der Werteliste verglichen, d.h.: rot < blau = TRUE, gelb < blau = FALSE.

Typtransferoperator ord: Enumerationstyp --> INTEGER

Funktionswert ist die Position des Wertes in der Werteliste, z.B. ord(rot) = 0, ord(schwarz) = 6.

Vorgänger-Nachfolgeroperatoren

pred,succ: Enumerationstyp --> Enumerationstyp
(Vorgänger pred(ecessor), Nachfolger succ(essor))

c) **Generierung von Datenobjekttypen durch Mengenoperationen**

POTENZMENGE

Die Potenzmengenoperation P erzeugt aus einer Menge M die Menge PM = P(M), die aus der Menge aller Teilmengen von M besteht. Das Sprachelement zur Erzeugung dieser Menge heißt SET OF Basistyp, wobei Basistyp die zugrundeliegende Menge darstellt. Zulässige Basistypen sind Enumerations- und Subrange-Typen.

Beispiel:

Der Wertebereich der Potenzmenge

```
TYPE Zahlenmenge = SET OF 0..2;
```

besteht aus den Teilmengen:

Ø,{0},{1},{2},{0,1},{0,2},{1,2},{0,1,2}.

Die Datenobjekte z1,z2 :Zahlenmenge haben als Werte jeweils eine der genannten Teilmengen, z.B.

```
Pascal:    z1 := [0,1]; z2 := []; (Leere Menge)
Modula-2: z1 := {0,1}; z2 := {};
```

(Ende. d.Beisp)

Auf Potenzmengen sind folgende Operatoren definiert:

Mengenoperationen
+ (Vereinigung), - (Mengendifferenz), * (Durchschnitt):
Potenzmenge × Potenzmenge --> Potenzmenge

Element-aus-Operation
IN: Basistyp × Potenzmenge --> BOOLEAN
z.B. 0 IN z1 = TRUE, 2 IN z2 = FALSE.

Die Verfügbarkeit des Datentyps Potenzmenge vereinfacht die algorithmische Beschreibung einer Reihe von Aufgaben, z.B. die Beschreibung von Plausibilitätskontrollen und Eingabeprüfungen.

KARTESISCHES PRODUKT

Eine weitere Form der Generierung neuer Datenobjekttypen aus bestehenden Typen besteht in der Bildung von kartesischen Produkten bestehender Mengen.

Beispiele:

Ein Datenobjekttyp Vektor der Länge 3 von ganzen Zahlen ist ein kartesisches Produkt mit folgendem Aufbau:

Vektor = INTEGER × INTEGER × INTEGER

Ein Datenobjekttyp PersonAdresse ist ein kartesisches Produkt unterschiedlicher Objekttypen mit folgendem Aufbau:

```
PersonAdresse = STRING × STRING × 1000..8999 × STRING
                Name     Straße   Plz          Ort
```

(Ende d. Beisp.)

Werte von Objekten dieses Typs sind Tupel aus ganzen Zahlen, bzw. Tupel von Zeichenfolgen und natürlichen Zahlen. In den genannten Objekttypdarstellungen ist jedoch nicht zu erkennen, in welcher Weise die Einzelkomponenten benannt werden können, bzw. welche Bedeutung sie haben. Pascal und Modula-2 enthalten daher für deren Benennung zusätzliche Sprachelemente in Form von **Komponentenselektoren.** Außerdem werden unterschiedliche Sprachelemente für **homogene kartesische Produkte**, deren Komponententypen übereinstimmen und für **heterogene kartesische Produkte**, die unterschiedliche Komponententypen enthalten, verwendet.

Beispiele (Fortsetzung):

Die genannten kartesischen Produkte werden in Pascal wie folgt dargestellt:

```
Vektor = ARRAY[1..3] OF INTEGER;

PersonAdresse = RECORD
                  Name   :STRING;
                  Strasse:STRING;
                  Plz    :1000..8999;
                  Ort    :STRING;
                END;
```

Komponentenselektoren sind die Zahlenmenge 1..3, bzw. die Identifier Name, Strasse, Plz, Ort.

(Ende d. Beisp.)

Als Komponente eines kartesischen Produkts kann jeder sprach- oder anwendungseigene Datenobjekttyp verwendet werden. Als Komponentenselektor-Mengen sind für homogene Produkte (ARRAYs) beliebige Teilintervalle der ganzen Zahlen erlaubt, im Falle heterogener Produkte beliebige Identifier. Datenobjekttypen vom Typ kartesisches Produkt werden **Datenstrukturen** genannt. Die beiden Strukturklassen homogenes Produkt (ARRAY) und heterogenes Produkt (RECORD) werden als **Datenstrukturtyp** bezeichnet (vgl. Kap. 4.2).

Datenobjekte vom Typ Datenstruktur sind ausschließlich variable Datenobjekte und werden mit Identifier benannt. Sind Teilobjekte zu benennen, werden Objekt-Identifier und Komponentenselektor mit **Selektionsoperatoren** zu einem Teilobjekt-Identifier verknüpft.

Beispiele:

Die Teilobjekte des Datenobjektes v :Vektor werden mit Hilfe der Komponentenselektoren 1,2,3 und dem Selektionsoperator [] benannt in der Form v[1], v[2], v[3].

Die Teilobjekte des Datenobjektes P :PersonAdresse werden mit Hilfe der Komponentenselektoren Name, Strasse, Plz, Ort und dem Selektionsoperator "." benannt in der Form P.Name, P.Strasse, P.Plz und P.Ort.

Gegeben sei ein weiterer Datenobjekttyp

```
Kunde = RECORD
          Name   :STRING;
          Ort    :STRING;
          MonatsUmsatz :ARRAY[1..12] OF RECORD
                                          Menge  :INTEGER;
                                          Betrag :REAL;
                                        END;
        END;
```

und ein Datenobjekt Kd :Kunde. Die Teilobjekte von Kd werden wie folgt benannt:

```
Kd.Name,
Kd.Ort,
Kd.MonatsUmsatz,
Kd.MonatsUmsatz[i], i ∈ {1,2,...,12}
Kd.MonatsUmsatz[i].Menge,
Kd.MonatsUmsatz[i].Betrag.
```

Gegeben sei ein Datenobjekttyp Matrix = ARRAY[0..10,0..20] OF INTEGER und ein Datenobjekt M :Matrix. Die Teilobjekte von M werden benannt in der Form: M[i,j], wobei i ∈ {0,1,...,10} und j ∈ {0,1,...,20} ist.

(Ende d. Beisp.)

ANWENDUNGSEIGENE OPERATOREN

Für die zusammengesetzten Datenobjekte vom Typ Datenstruktur sind außer den Operatoren {:=,=,<>} und den Selektionsoperatoren keine spracheigenen Operatoren verfügbar. Mit spracheigenen Operatoren können daher nur Teilobjekte von spracheigenem Typ manipuliert werden. Diese Beschränkung ist insbesondere für die Entwicklung von Fachprogrammiersprachen unzureichend. Pascal und Modula-2 enthalten daher Sprachelemente, um auf anwendungseigenen Datenobjekttypen anwendungseigene Operatoren zu definieren.

Der Aufbau anwendungseigener Operatoren entspricht dem von Programmen bzw. Modulen. Hinzu kommen Beschreibungen des Typs der zugehörigen Operanden. Diese Operandenbeschreibungen werden als **formale Parameter** bezeichnet. Beim Aufruf eines Operators werden anstelle der Operandenbeschreibungen Datenobjekte des aufrufenden Programms verwendet. Diese werden dann als **aktuelle Parameter** bezeichnet.

Im Gegensatz zu spracheigenen Operatoren können anwendungseigene Operatoren bei jedem Aufruf mehrere Funktionswerte bestimmen. Zur Unterscheidung werden die Argumente als Input-Parameter und die Funktionswerte als Output-Parameter bezeichnet. Die Schnittstelle eines Operators zu seiner Umgebung besteht aus der Definition des Operatornamens sowie der Parameter. Als Input-Parameter werden Datenobjekte einschließlich Typangabe verwendet, Output-Parameter werden zusätzlich mit dem Wort VAR eingeleitet. Operatoren, die nur einen Output-Parameter von spracheigenem Typ haben, oder bei denen ein Output-Parameter hervorgehoben werden soll, werden in Pascal als **Funktion** (FUNCTION), alle anderen als **Prozedur** (PROCEDURE) definiert. Output-Parameter einer Funktion ist der Funktionswert.

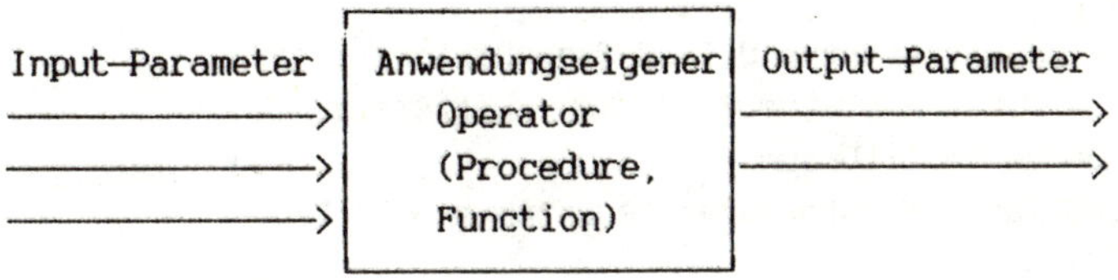

Abb. 3.3.4-1: Struktur eines anwendungseigenen Operators

Beispiel:

Ein häufig verwendeter Datentyp, der nicht zum Standard-Vorrat gehört, ist der Datenobjekttyp Datum und darauf definierte Operatoren wie z.B. AddDatum, VglDatum. Der Typ Datum und seine Operatoren werden in Pascal wie folgt definiert:

```
TYPE Datum = RECORD
               Tag   :1..31;
               Monat :1..12;
               Jahr  :0..99;
             END;

AddDatum : Datum × INTEGER --> Datum
VglDatum : Datum × STRING × Datum --> BOOLEAN

PROCEDURE AddDatum(VAR NeuDatum :Datum; AltDatum :Datum;
                   TagesDifferenz :INTEGER);
(* Operation: NeuDatum = AltDatum + TagesDifferenz *)
  VAR Tag   :INTEGER;

  FUNCTION MonatsLaenge(Monat :INTEGER) :INTEGER;
    BEGIN
      CASE Monat OF
        1,3,5,7,8,10,12 : MonatsLaenge := 31;
        2               : MonatsLaenge := 28;
        4,6,9,11        : MonatsLaenge := 30;
      END;
    END;

  BEGIN
    IF TagesDifferenz < 0 THEN TagesDifferenz := 0;
    Tag      := AltDatum.Tag + TagesDifferenz;
    NeuDatum := AltDatum;
    WHILE Tag > MonatsLaenge(NeuDatum.Monat) DO
      BEGIN
        Tag            := Tag - MonatsLaenge(NeuDatum.Monat);
        NeuDatum.Monat := NeuDatum.Monat MOD 12 + 1;
        IF NeuDatum.Monat = 1
          THEN NeuDatum.Jahr := (NeuDatum.Jahr + 1) MOD 100;
      END;
    NeuDatum.Tag := Tag;
  END;
```

```
FUNCTION VglDatum(LiDatum :Datum; VglOp :STRING; ReDatum :Datum)
                : BOOLEAN;
(* Operation: Vergleiche LiDatum und ReDatum gemäß VglOp *)
  BEGIN
    IF VglOp = '<'
      THEN BEGIN
             IF LiDatum.Jahr <> ReDatum.Jahr
               THEN VglDatum := LiDatum.Jahr < ReDatum.Jahr
             ELSE IF LiDatum.Monat <> ReDatum.Monat
               THEN VglDatum := LiDatum.Monat < ReDatum.Monat
             ELSE  VglDatum := LiDatum.Tag   < ReDatum.Tag
           END
    ELSE IF VglOp = '='  THEN VglDatum := LiDatum =  ReDatum
    ELSE IF VglOp = '<>' THEN Vgldatum := LiDatum <> ReDatum
    ELSE IF VglOp = '<='
           THEN VglDatum := VglDatum(LiDatum,'=',ReDatum) OR
                            VglDatum(LiDatum,'<',ReDatum)
    ELSE IF VglOp = '>='
           THEN Vgldatum := NOT VglDatum(LiDatum,'<',ReDatum)
    ELSE IF VglOp = '>'
           THEN VglDatum := NOT VglDatum(LiDatum,'<=',ReDatum)
    ELSE VglDatum := FALSE  (* VglOp nicht definiert *)
  END;
```

Beispiel für Aufrufe dieser Operatoren sind:

```
VAR Datum1,Datum2 :Datum;

AddDatum(Datum1,Datum2,100);

IF VglDatum(Datum1,'<',Datum2)
  THEN Write('Datum1 ist kleiner Datum2');
```

(Ende d. Beisp.)

Der analoge Aufbau von anwendungseigenen Operatoren und Programmen ist am Beispiel der Prozedur AddDatum sichtbar, deren Definition ihrerseits eine Definition der Funktion MonatsLaenge enthält. MonatsLaenge ist nur innerhalb AddDatum bekannt und aufrufbar.

Die Funktion VglDatum gibt ein Beispiel für die Ablaufstruktur Rekursion. Sie enthält selbst Aufrufe für VglDatum. Dadurch werden mehrfach geschachtelte Durchführungen von Vgldatum veranlaßt. Die zuerst begonnene Durchführung von VglDatum wird als letzte beendet.

Die im VAR-Abschnitt eines anwendungseigenen Operators definierten Datenobjekte heißen **lokale Variablen** und werden bei Beginn der Operatordurchführung im allgemeinen Stack abgelegt und zum Ende der Durchführung gelöscht. Ihre Lebensdauer ist damit an die Durchführung des Operators gekoppelt. Dies ist möglich, da die hierarchische Aufrufstruktur der Operatoren mit der Stack-Verwaltung kompatibel ist. Die lokalen Variablen des jeweils zuletzt aufgerufenen Operators werden am rechten Rand des Stack angefügt. Dieser Operator wird entweder als erster beendet und damit seine lokalen Variablen am rechten Rand des Stack gelöscht oder während seiner Durchführung wird ein weiterer Operator aufgerufen, für den die gleiche Regel gilt. Diese Regel gilt auch für rekursive Aufrufe eines Operators. Bei jedem Aufruf des Operators wird ein Exemplar der lokalen Variablen im Stack abgelegt. Von dieser Speichervergabe- und Löschstrategie kann durch Verwendung der Heap-Verwaltung abgewichen werden.

ANWENDUNGSEIGENE OPERATORTYPEN

In Kap. 3.1 wurden Funktionen einer Maschine durch die Tupel (Aktion, Objekttyp) und (Aktionstyp, Objekttyp) beschrieben. Die bisher dargestellten Tupel sind Beispiele der Form (Aktion, Objekttyp). Die Typbildung von Aktionen bedeutet eine Klassenbildung in der Menge der betrachteten Aktionen hinsichtlich bestimmter Eigenschaften. In Modula-2 wird die Typbildung bezüglich der Schnittstelle zur Umgebung durchgeführt, d.h. Aktionen gleichen Typs haben den gleichen Schnittstellentyp. Modula-2 unterstützt diese Klassenbildung mit folgendem Sprachelement als Teil des TYPE-Abschnittes:

```
ProzedurTyp = PROCEDURE (TypListe der formalen Parameter)
```

Jede Prozedur mit einer der Typdefinition entsprechenden Schnittstelle kann Element der Klasse ProzedurTyp sein. Entsprechend der Datenklassifikation in konstante und variable Objekte wird nun unterschieden zwischen konstanten Prozedurobjekten, die der herkömmlichen Prozedurdefinition entsprechen, und variablen Prozedurobjekten, deren Werte durch den zugeordneten Prozedurtyp abgegrenzt sind. Variable Prozedurobjekte werden im VAR-Abschnitt oder als formale Parameter in Prozedur-Schnittstellen definiert.

Beispiel:

Gegeben sei ein bewertetes Netzwerk NW ohne Schlingen mit einer Knotenmenge K und einer Kantenmenge X. K enthält n Elemente. Die Bewertung des Netzwerks wird in einer Bewertungsmatrix B wie folgt angegeben:

$$B = (b_{ij})_{n \times n} \text{ mit } b_{ij} \neq 0, \text{ falls Kante } (i,j) \in X \text{ und } b_{ij} = 0 \text{ sonst.}$$

Gesucht sind Wege in NW mit bestimmten Eigenschaften. Jede Wegbestimmung wird mit Hilfe eines allgemeinen Matrixalgorithmus MA durchgeführt. MA ermittelt für beliebige Knoten i,j von NW, ob ein Weg zwischen i und j existiert und die Bewertung des Weges zwischen i und j. MA besteht aus der Konstruktion einer Matrix c nach folgenden Regeln:

```
CONST n = 10;
TYPE  Matrix            = ARRAY[1..n,1..n] OF REAL;
      BinaererOperator = PROCEDURE (REAL, REAL) :REAL

PROCEDURE MA(VAR c :Matrix; b :Matrix; null,eins :REAL;
             PlusOp,MultOP :BinaererOperator);
VAR i,j,k :CARDINAL;
BEGIN
  FOR i := 1 TO n DO          (* Initiieren Matrix c *)
    FOR j := 1 TO n DO
      IF i = j THEN c[i,j] := eins
        ELSIF b[i,j] = 0 THEN c[i,j] := null
        ELSE  c[i,j] := b[i,j]
      END; END; END;
  FOR k := 1 TO n DO
    FOR i := 1 TO n DO
      IF c[i,k] <> null THEN
        FOR j := 1 TO n DO
          IF c[k,j] <> null THEN
            c[i,j] := PlusOp(c[i,j],MultOp(c[i,k],c[k,j]))
          END; END; END; END; END;
END MA;
```

```
PROCEDURE Max(r1,r2 :REAL) :REAL;
BEGIN
  IF r1 < r2 THEN RETURN r2
             ELSE RETURN r1
END Max;

PROCEDURE Min(r1,r2 :REAL) :REAL;
BEGIN
  IF r1 < r2 THEN RETURN r1
             ELSE RETURN r2
END Min;

PROCEDURE Plus(r1,r2) :REAL;
BEGIN
  RETURN r1 + r2
END Plus;

PROCEDURE Mult(r1,r2) :REAL;
BEGIN
  RETURN r1 * r2
END Mult;
```

Unterschiedliche Anwendungen von MA werden durch Spezifikation der Elemente null und eins sowie der Operatoren PlusOp und MultOp erreicht. Die Konstante MaxReal bezeichne die im jeweiligen Rechner größte darstellbare reelle Zahl.

Anwendungen:

1. <u>Bestimmung der Erreichbarkeitsmatrix</u>
   Einem Netzwerk NW sei die Kantenbewertung

   $$b_{ij} = 1 \quad \text{falls } (i,j) \in X$$
   $$\quad = 0 \quad \text{sonst}$$

   zugeordnet. Die Erreichbarkeitsmatrix wird durch einen MA-Aufruf mit folgender Zuordnung bestimmt:

   ```
   MA(c,b,0,1,Max,Min);
   ```

2. <u>Bestimmung des längsten, bzw. kürzesten Weges</u>
   Gegeben sei ein Netzwerk NW mit einer Kantenbewertung, das

die "Länge" der Kante angibt. Die längsten, bzw. kürzesten Wege werden durch MA-Aufrufe mit den folgenden Zuordnung bestimmt:

```
längste Wege:  MA(c,b,-MaxReal,0,Max,Plus);
kürzeste Wege: MA(c,b,MaxReal,0,Min,Plus);
```

3. Bestimmung der zuverlässigsten Wege
   Einem Netzwerk NW sei die Kantenbewertung

$$b_{ij} = p,\ p \in [0,1] \text{ falls } (i,j) \in X$$
$$= 0 \text{ sonst}$$

   zugeordnet. p sei ein Wahrscheinlichkeitsmaß für die Zuverlässigkeit einer Kante. Die Matrix der zuverlässigsten Wege wird durch einen MA-Aufruf mit folgender Zuordnung bestimmt:

```
MA(c,b,0,1,Max,Mult);
```

(Ende d. Beisp.)

3.3.5 Parallele Prozesse und Koroutinen

Die in Kapitel 3.3.2 beschriebenen Reihenfolgebeziehungen sind ausschließlich geeignet, sequentielle Ausführungen der Operatoren eines Algorithmus zu beschreiben. Daneben existieren jedoch Algorithmen, die in parallel ausführbare Teil-Algorithmen zerlegbar sind (vgl. Kap. 3.2.3). Die Operatoren dieser Teil-Algorithmen sind wiederum sequentiell auszuführen. Zur parallelen Durchführung der Teil-Algorithmen sind mehrere Prozessoren notwendig. Die Durchführungen der Teil-Algorithmen werden als **parallele Prozesse** bezeichnet.

Die Darstellung des Gesamt-Algorithmus wird zerlegt in getrennte Darstellungen der Teil-Algorithmen, die die Form von Prozeduren bzw. Programmen aufweisen. Zur Sicherung der korrekten Durchführung des Gesamt-Algorithmus können zwischen den Teil-Algorithmen **Wartebeziehungen** notwendig werden, die Reihenfolgebeziehungen zwischen Operatoren verschiedener Teil-Algorithmen darstellen. Für die Formulierung der Wartebeziehungen sind Sprachelemente notwendig.

Der Start der parallelen Prozesse und die Anforderung der zugehörigen Prozessoren, sowie Wartebeziehungen zwischen Prozessen werden in Modula-2 mit Hilfe folgender Sprachelemente beschrieben. Entsprechende Elemente sind in Pascal vorhanden.

Starte Prozeß:

```
PROCEDURE StartProcess(p :PROC; n :CARDINAL);
```

p vom Typ PROC = PROCEDURE ist eine parameterlose Prozedur, die einen Teil-Algorithmus beschreibt. n spezifiert den Speicherraum, der für die lokalen Variablen von p und die seiner Teil-Prozeduren zu reservieren ist.

Warte auf Partner-Prozeß:

```
PROCEDURE Wait(VAR s :SIGNAL);
```

Die Kommunikation zwischen parallelen Prozessoren wird über spezielle gemeinsame Variablen durchgeführt, die vom Typ SIGNAL sind. Ein wartender Prozess kann an einer Stelle Wait fortfahren, wenn ihm von einem korrespondierenden Partner-Prozess ein Signal s gesendet worden ist.

Aktiviere Partner-Prozeß:

```
PROCEDURE Send(VAR s :SIGNAL);
```

Einem Partner-Prozeß, der auf ein Signal s wartet, wird dieses gesendet und der Prozeß dadurch erneut aktiviert.

Die beschriebene Form der Zerlegung eines Gesamt-Algorithmus ging von der Annahme aus, daß mehrere Prozessoren für die Durchführung der Teil-Algorithmen verfügbar sind. Die Zerlegung eines Gesamt-Algorithmus in parallel durchzuführende Teil-Algorithmen kann unter zerlegungsmethodischen Gesichtspunkten auch dann sinnvoll sein, wenn zur Durchführung ingesamt nur ein Prozessor verfügbar ist (vgl. Kap. 3.2.3 und 3.4.4). Dieser wird dann zeitabschnittweise den verschiedenen Teil-Algorithmen zur Verfügung gestellt und bildet mehrere (virtuelle) Prozessoren nach. Zu jedem Zeitpunkt ist höchstens ein Teil-Algorithmus aktiv. Die Ausführungsdauer des Gesamt-Algorithmus ergibt sich aus der Summe der Ausführungsdauern der Teil-Algorithmen. Im Fall mehrerer realer Prozessoren stimmt die Ausführungsdauer des Gesamt-Algorithmus mit der Ausführungsdauer des zeitlich längsten Teil-Algorithmus überein.

Teil-Algorithmen, für deren Ausführung insgesamt nur ein realer Prozessor zur Verfügung steht und die Ablaufstrukturanweisungen enthalten, die eine zeitliche Zuordnung des Prozessors zu den Teil-Algorithmen explizit festlegen, werden als **Koroutinen** bezeichnet. Ein für die Beschreibung des Prozessorwechsels geeignetes Sprachelement hat in Modula-2 die Form:

```
PROCEDURE Transfer(VAR source, destination :PROCESS);
```

Die beteiligten Teil-Algorithmen werden in diesem Zusammenhang als PROCESSes definiert. Transfer bewirkt als Operator des gerade aktiven Teil-Algorithmus, der hier als source bezeichnet wird, eine Suspendierung von source und aktiviert den PROCESS destination. Ein (virtueller) Prozessor für die Koroutine wird angefordert durch einen Aufruf des Operators:

```
PROCEDURE NewProcess(p :PROC; a: ADDRESS; n :CARDINAL;
                     VAR new :PROCESS);
```

Die Prozedur p ist wiederum die Darstellung eines Teil-Algorithmus, die Parameter a und n spezifizieren den diesem Prozeß zugeordneten Speicherraum und Output-Parameter new liefert einen Prozeß-Identifikator, der die bei einem Transfer-Aufruf beteiligten Prozesse identifiziert.

<u>Beispiel:</u>

Drei durch Transfer-Aufrufe miteinander verbundene Koroutinen K1, K2, K3 weisen z.B. folgenden zeitlichen Zuordnung des Prozessors auf:

```
Zeit ---------------------------------------------------->
K1   *******             ********
K2          *****                       *********
K3               *******         ******          *******
```

Der Wechsel des Prozessors zwischen K1, K2 K3 wird jeweils durch einen Transfer-Aufruf veranlaßt.

(Ende d. Beisp.)

Da wegen der Beschränkung auf nur einen realen Prozessor alle Operatoren sequentiell durchgeführt werden, können Koroutinen auch als Darstellungsmittel eines rein sequentiellen Prozesses dienen. Gründe für die Darstellung eines Algorithmus in Form von Koroutinen sind z.B. Verständlichkeit der Darstellung oder unterschiedliche personelle Zuständigkeit für die Entwicklung von Teil-Algorithmen.

3.4 Entwicklung von Algorithmen

Algorithmen beschreiben Funktionen einer Benutzermaschine unter Verwendung der Funktionen einer zugehörigen Basismaschine. Funktionen weisen ebenso wie die zugehörigen Aufgaben des betrieblichen Informationssystems die Struktur $f: I \times Z \times S \rightarrow O$ auf (vgl. Kap. 1.3.1).

Die Beschreibung einer Funktion besteht aus der Beschreibung der Datenstrukturen I,Z,S,O und aus einem Algorithmus für die Beschreibung der funktionalen Beziehung f. Die Operatoren des Algorithmus nehmen auf die Datenstrukturen der Basismaschine Bezug. Es sind daher gleichzeitig mit der Entwicklung des Algorithmus die Datenstrukturen I,Z,S,O in Datenstrukturen der Basismaschine zu zerlegen. Abhängig vom Umfang der Aufgabe wird die Zerlegung der Datenstrukturen und die korrespondierende Zerlegung der Operatoren nacheinander oder simultan durchgeführt.

Wegen der wechselseitigen Abhängigkeit von Datenstrukturen und Operatoren (vgl. Zerlegungsmethodik; Kap. 1.4) ist es bei umfangreichen Aufgabenstellungen nicht möglich, die Zerlegung von Datenstrukturen und Operatoren nacheinander durchzuführen. Stattdessen ist eine simultane Zerlegung durchzuführen. Diese Zerlegungsform führt zur Definition von Zwischen-Maschinen, die zwischen Benutzermaschine und Basismaschine liegen und während der Konstruktionsphase als Gerüst für die Überwindung der Komplexitätsspanne zwischen den beiden vorhandenen Maschinen dienen.

Wegen der mangelnden Fähigkeit des Menschen die Zerlegung von Datenstrukturen und Operatoren simultan durchzuführen, wird diese durch eine phasenverschobene Zerlegung approximiert, bei der jeder Zerlegungsschritt, d.h. jede Konstruktion einer Zwischen-Maschine, aus einer Zerlegung der Datenstrukturen und einer nachfolgenden Zerlegung der Operatoren besteht.

3.4.1 Schrittweise Verfeinerung

Ausgangspunkt sei eine Funktionsbeschreibung, die aus der Beschreibung der Datenstrukturen I,Z,S,O und aus der Beschreibung der Zerlegungen ZI, ZZ, ZS, ZO sowie aus der Beschreibung des Funktionsoperators FO bezüglich der Datenstrukturen I,Z,S,O besteht. Fehlendes Glied in der Kette für eine Abbildung der Funktion auf die Basismaschine ist eine Zerlegung des Funktionsoperators FO in einen Algorithmus FA, der sich auf die Datenstrukturen ZI, ZZ, ZS und ZO bezieht.

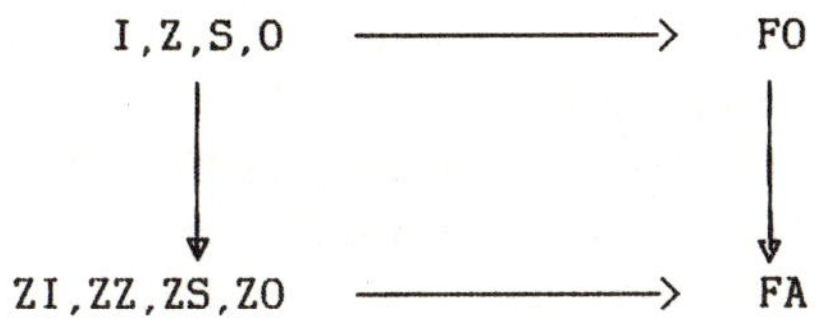

Geeignete Zerlegungsformen für FO sind die in Kapitel 2.3.2 beschriebenen Ablaufstrukturen von Algorithmen. Jede Ablaufstruktur zerlegt einen Operator in eine Menge von Teiloperatoren und Reihenfolgebeziehungen zwischen den Teiloperatoren. Ein Teiloperator ist entweder Element des Funktionsvorrates der Basismaschine oder wird erneut in eine Ablaufstruktur zerlegt.

Das Ergebnis des Zerlegungsvorgangs ist eine Baumstruktur, deren Knoten Operatoren darstellen und deren Kanten Reihenfolgebeziehungen und Besteht-aus-Beziehungen zwischen den Operatoren beschreiben. Zur Beschreibung dieses Vorgangs eignet sich besonders die in Kapitel 2.3.2 verwendete graphische Darstellung der Ablaufstrukturen. Dabei werden der zu zerlegende Operator und die Zerlegungsprodukte gemeinsam dargestellt.

Beispiel:

Gegeben sei eine Zeichenfolge, bestehend aus Wörtern, die durch ein oder mehrere Leerzeichen getrennt sind. Es ist die durchschnittliche Wortlänge zu bestimmen. Die Zeichenfolge ist von einem Terminal einzulesen.

Diese Aufgabe ist eine Informationsaufgabe und enthält daher nur die Datenstrukturen I und O. I stellt die zu untersuchende Zeichenfolge und O die durchschnittliche Wortlänge in Form einer reellen Zahl dar. Eine zusätzliche Komponente S wird erst auf der Ebene der Zerlegungsprodukte spezifiziert und bildet einen Speicher für Zwischenergebnisse. Die Zerlegungsprodukte ZI, ZS und ZO werden wie folgt konstruiert:

- ZI besteht aus der Zeichenfolge I und einem Zeiger, der nacheinander auf jedes Zeichen der Folge verweist. Diese Datenstruktur wird vom Pascal-Operator READ verwaltet (vgl. Kap. 6.1 und 7.2).

- ZO stimmt mit O überein.

- ZS besteht aus folgenden Komponenten:

Zeichen	:CHAR;	speichert das durch den Zeiger in ZI angezeigte Element der Zeichenfolge.
LetztZeichen	:CHAR;	speichert den zuletzt in Zeichen befindlichen Wert.
AnzZeich	:INTEGER;	speichert Anzahl der Zeichen, die keine Leerzeichen sind.
AnzWort	:INTEGER;	speichert Anzahl der Wörter.

Eine Zerlegung der Aufgabe hat folgende Struktur:

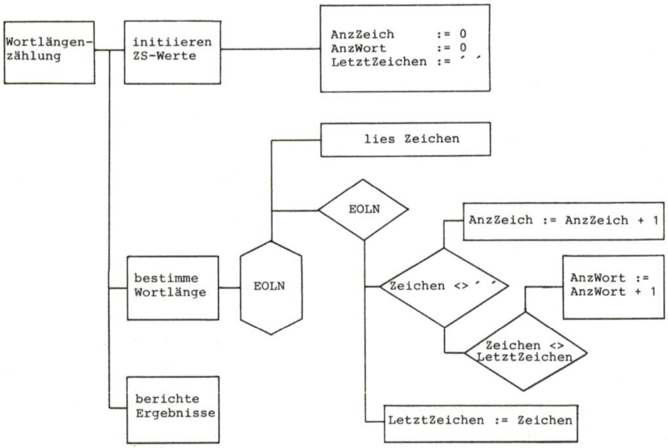

Als Endknoten dieser Zerlegungsstruktur werden zum Teil Pascaleigene Operatoren verwendet. Aus dieser Struktur kann daher unmittelbar folgendes Pascal-Programm erzeugt werden:

```
PROGRAM WortLaengenZaehlung;
VAR Zeichen,LetztZeichen  :CHAR;
    AnzZeich,AnzWort      :INTEGER;
BEGIN
  AnzZeich     := 0;
  AnzWort      := 0;
  LetztZeichen := ' ';
  REPEAT
    READ(Zeichen);
    IF NOT EOLN
      THEN BEGIN
             IF Zeichen <> ' '
               THEN AnzZeich := AnzZeich + 1
               ELSE IF Zeichen <> LetztZeichen
                      THEN AnzWort := AnzWort + 1;
             LetztZeichen := Zeichen;
           END;
  UNTIL EOLN;
  WRITELN('Anzahl der Woerter: ',AnzWort);
  WRITELN('Anzahl der Zeichen: ',AnzZeich);
  WRITELN('Durchschnittliche Wortlaenge: ',
           AnzZeich / AnzWort);
END.
```

(Ende d. Beisp.)

3.4.2 Abstraktion

Werden bei der Umsetzung der Datenstrukturen und Operatoren einer Benutzermaschine in Datenstrukturen und Operatoren einer Basismaschine die Zerlegungen simultan bzw. phasenversetzt durchgeführt, so werden dadurch zwischen Benutzer- und Basismaschine **Zwischen-Maschinen** eingeschoben, die zugleich Basis- und Benutzermaschinen sind (vgl. Abb. 3.4.2-1). Ziel dieser Konstruktion ist, den Zerlegungsprozeß näherungsweise simultan durchzuführen und die Komplexität des Entwicklungsprozesses zu reduzieren.

Jede Zwischen-Maschine besteht aus einer Definition von Datenstrukturen und Operatoren. Der Benutzer einer Zwischen-Maschine nimmt ausschließlich auf diese Definition Bezug und interessiert sich nicht für die Realisierung dieser Maschine mit Hilfe der unmittel-

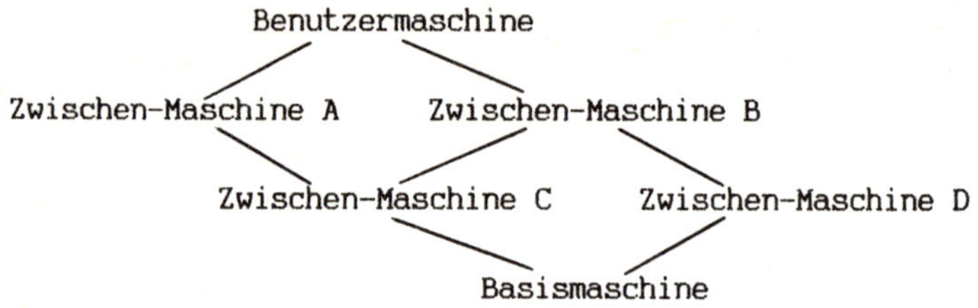

Abb. 3.4.2-1: Abstraktionsprozeß

bar darunterliegenden Maschinen. Dadurch wird ein Abstraktionseffekt erzielt, durch den Details tieferliegender Maschinen verdeckt werden. Der Abstraktionseffekt ist ein Hilfsmittel die Komplexität des Entwicklungsprozesses zu reduzieren.

Die Verwendung von Zwischen-Maschinen verursacht wegen der zusätzlichen Datenstruktur- und Operatorendefinition mehr Aufwand als die einstufige, schrittweise Zerlegung der Benutzermaschine in die Basismaschine. Die Anzahl der nötigen Zwischen-Maschinen ergibt sich daher aus einem Kompromiß zwischen nötigem Grad der simultanen Zerlegung, übersehbarer Komplexität und zulässigem Aufwand. Der Übergang zwischen zwei benachbarten Maschinen erfolgt durch schrittweise Zerlegung.

Für die Konstruktion von Zwischen-Maschinen sind spezielle Regeln gültig, die in Kapitel 4 näher erläutert werden (vgl. insbesondere abstrakter Datentyp; Kap. 4.3). Für die nachfolgende Darstellung der Modularisierung ist wesentlich, daß eine Zwischen-Maschine wie die Benutzer- und Basismaschine aus einer Menge von Datenstrukturen und darauf definierten Operatoren besteht.

3.4.3 Modularisierung

Zur Implementierung von Zwischen-Maschinen stehen in Pascal und Modula-2 spezielle Sprachelemente zur Verfügung. Sie dienen dazu, zwischen der Definition und der Realisierung einer Maschine zu unterscheiden. Jede Maschine wird als eine Menge von anwendungseigenen Datentypen definiert. Diese Menge wird in diesem Zusammenhang als **abstrakter Datentyp** bezeichnet. Die Darstellung einer oder mehrerer Zwischen-Maschinen mit Hilfe einer Programmiersprache wird als **Modul**, die Bildung von Moduln als **Modularisierung** bezeichnet.

Zur Trennung der Definition und der Realisierung einer Zwischen-Maschine besteht ein Modul aus einer **Interface-Spezifikation** für die Definition der Zwischen-Maschine und einem **Implementierungsteil**, der die Realisierung beschreibt. Der Benutzer erhält ausschließlich Zugang zur Interface-Spezifikation des Moduls. Darüberhinaus enthält der Interface-Teil eine Auflistung von Komponenten anderer Moduln, die Basismaschinen bezüglich dieses Moduls sind. Im folgenden wird ein Beispiel eines Pascal-Moduls dargestellt. Ein Beispiel eines Modula-2-Moduls wird in Kapitel 4.3 vorgestellt.

Beispiel:

Der auf S. 116 spezifizierte anwendungseigene Datentyp "Datum" wird als Modul wie folgt dargestellt:

```
UNIT DatumOperatoren;

 INTERFACE
   USES Liste von Moduln, die hier benutzt werden;
   TYPE Datum = RECORD
                  Tag   :1..31;
                  Monat :1..12;
                  Jahr  :0..99;
                END;
   PROCEDURE AddDatum(VAR NeuDatum :Datum; AltDatum :Datum;
                      Tagesdifferenz :INTEGER);
   FUNCTION  VglDatum(LiDatum :Datum; VglOp :STRING;
                      ReDatum :Datum) :BOOLEAN;
 IMPLEMENTATION
   PROCEDURE AddDatum(* VAR NeuDatum :Datum; AltDatum :Datum;
                        Tagesdifferenz :INTEGER *);
     BEGIN (* Vergleiche Beispiel S.116 *)
     END;
   FUNCTION  VglDatum(* LiDatum :Datum; VglOp :STRING;
                        ReDatum :Datum) : BOOLEAN *);
     BEGIN (* Vergleiche Beispiel S.116 *)
     END;
 END.
```

(Ende d. Beisp.)

3.4.4 Berücksichtigung unterschiedlicher Input-Output-Beziehungstypen bei der Zerlegung von Aufgaben

Die genannten Entwicklungsmethoden für Algorithmen in Form der schrittweisen Verfeinerung und der Abstraktion bewirken eine horizontale Gliederung eines Programms, d.h. die Gliederung in Schichten von aufeinander aufbauenden Benutzer- und Basismaschinen. Ziel dieser Methoden ist es, das Problem der simultanen Zerlegung von Operatoren und Datenstrukturen näherungsweise zu lösen und für den Konstrukteur die Komplexität eines Algorithmenentwurfs zu reduzieren.

Neben dieser horizontalen Gliederung wird im folgenden eine vertikale Gliederung einer Aufgabe unter dem Gesichtspunkt der in der Aufgabe auftretenden Input-Output-Beziehungstypen durchgeführt. Allgemeines formales Kriterium für die Automatisierbarkeit einer Aufgabe und damit für ihre algorithmische Beschreibung ist, daß sie in Form einer funktionalen Beziehung dargestellt werden kann. Ist diese Bedingung nicht erfüllbar, so wird eine Aufgabe teilautomatisiert durchgeführt. Dazu wird sie in einen funktional beschreibbaren Teil und in einen nichtfunktional beschreibbaren Teil zerlegt, wobei der funktional beschreibbare Teil automatisiert durchgeführt wird und der nichtfunktional beschreibbare Teil (**Benutzer-Aufgabenteil**) einem personellen Aufgabenträger vorbehalten bleibt. Eine Aufgabenstruktur erhält damit folgende Form:

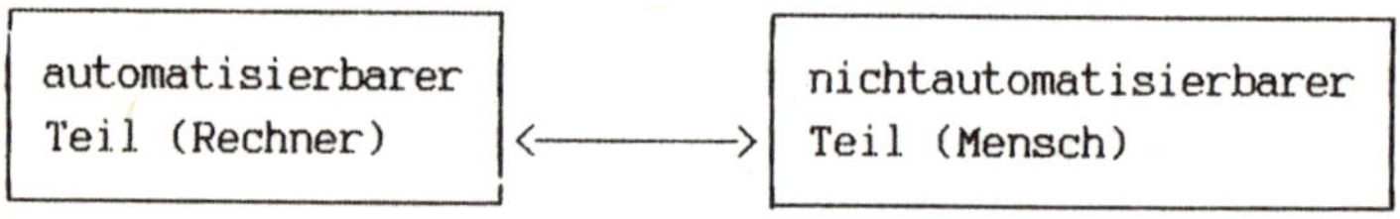

Abb. 3.4.4-1: Automatisierbare und nichtautomatisierbare Aufgaben

Die Aufgabe wird in zwei Komponenten vertikal getrennt, die den unterschiedlichen Aufgabenträgern zugeordnet werden. Die Kommunikation zwischen den beiden Aufgabenteilen wird in Form eines **Dialogs** über ein Terminal als Mensch-Maschine-Schnittstelle durchgeführt. Dazu werden die Pascal-Prozeduren READ und WRITE, sowie vergleichbare Prozeduren verwendet (vgl. Kap. 7.2).

Bei der Planung einer teilautomatisierten Aufgabe ist also zu berücksichtigen, daß zwei parallele Prozesse durchzuführen sind, die verschiedenen Aufgabenträgern zugeordnet sind und die in Form eines Dialoges kommunizieren. Die Durchführung des Dialogs führt in der Regel zu Wartebeziehungen zwischen beiden Prozessen. Beispiele teilautomatisierter Aufgaben sind bei der Darstellung von Rechnerarbeitsplätzen für Anwender zu finden (vgl. Kap. 2.5.2). Die Aufteilung in zwei parallele Prozesse ist auch im Fall von einfachen Datenerfassungsvorgängen gültig, bei denen die Fähigkeit des Menschen zur Mustererkennung genutzt wird. Die Tätigkeit "Mustererkennung" wird in diesem Fall als nichtfunktional beschreibbare Aufgabe betrachtet.

Die dargestellte Zweiteilung teilautomatisierter Aufgaben bildet die Grundstruktur, gemäß der dialogorientierte Programme für die unterschiedlichen Aufgabenträger Mensch und Maschine konstruiert werden. In Kapitel 1.3.1 werden darüber hinaus als Spezialformen funktional beschreibbarer Aufgaben parametrisierte und stochastische Input-Output-Beziehungen genannt. Sie werden in der Regel gemeinsam mit den übrigen funktionalen Input-Output-Beziehungen zu <u>einem</u> Programm für <u>einen</u> automatisierten Prozeß zusammengefaßt. Diese Spezialformen repräsentieren Klassen nichtfunktional beschreibbarer Aufgaben, die mit Hilfe von Zusatzinformationen in funktional beschreibbare Aufgaben überführt werden. Parametrisierte und stochastische Input-Output-Beziehungen enthalten im Vergleich zu rein funktionalen Beziehungen aufgabenspezifische Zusatzinformationen und sind daher bei Änderungen der Aufgabenstellung in der Regel selbst Änderungen unterworfen. Beispiel hierfür sind die Polynome für die Lohnsteuerberechnung, deren Grundstrukturen über längere Perioden konstant bleiben, deren Koeffizienten sich jedoch in wesentlich kürzeren Abständen mit jeder Novelle des Lohnsteuergesetzes ändern können. Beispiel eines rein funktionalen Programmteils ist in der Regel die Dialogführung des Programms.

Der unterschiedliche Grad, in dem Teile einer Input-Output-Beziehung aufgabenspezifisch sind, läßt Aussagen darüber zu, in welchem Maße und mit welcher Häufigkeit diese Teile Änderungen unterworfen sind. Dieses unterschiedliche Änderungsverhalten führt zu folgender Empfehlung:

Der automatisierbare Teil einer Aufgabe ist ebenfalls in Teil-Algorithmen zu zerlegen, die in Form paralleler Prozesse durchgeführt werden. Jeder Teil-Algorithmus ist auf einen bestimmten Teil-Aufgabentyp (a und b in Abb. 3.4.4-2) ausgerichtet und wird separat dargestellt. Dadurch wird eine Vereinfachung der Programmwartung erreicht. Geeignete Darstellungsformen für Programmstrukturen dieser Art sind z.B. die in Kapitel 3.3.5 beschriebenen parallelen Prozesse und Koroutinen oder ggf. auch Prozeduren, die sich gegenseitig aufrufen.

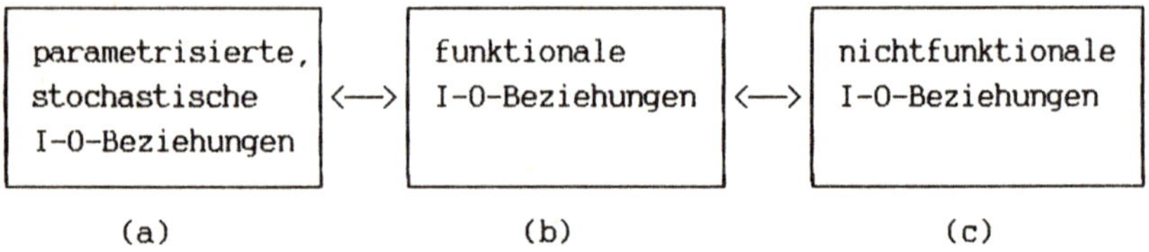

Abb. 3.4.4-2: Typen von Input-Output-Beziehungen

Beispiel:

Die Kostenarten einer Kostenartenrechnung sind hierarchisch in Form eines Baumes angeordnet, wobei höher gelegene Kostenarten Aggregationen der zugehörigen unteren Kostenarten sind. Jede als Blatt des Baumes auftretende Kostenart wird durch eine Kostenfunktion beschrieben, die von Kosteneinflußgrößen abhängig ist. Die Zusammenfassung der Kostenarten gemäß der Baumstruktur ist eine funktional beschreibbare Aufgabe, die unabhängig von Kostenfunktionen ist. Die Kostenfunktionen sind hingegen aufgabenspezifisch und damit Änderungen unterworfen. Beide Komponenten werden in Form von Modula-2-Koroutinen (vgl. Kap. 3.3.5) beschrieben und kommunizieren über das Datenobjekt "Kosten". Ein Knoten des (Vielweg-) Baumes habe folgende Struktur:

```
TYPE PKostArt = POINTER TO KostArt;
     KostArt  = RECORD
                   Bezeichnung :STRING;
                   Wert        :REAL;
                   Teil        :ARRAY[1..10] OF PKostArt
                                (* Nachfolgerknoten *)
                   IstBlatt    :BOOLEAN;
                 END;
```

```
VAR  Kosten   : REAL;
```

Die Aggregation wird durch folgenden (funktionalen) Operator veranlaßt:

```
PROCEDURE KostenAggregation (vp,p :PKostArt);
VAR i     :INTEGER;
BEGIN
  IF p <> NIL
    THEN p↑.IstBlatt  := TRUE;
         vp↑.IstBlatt := FALSE;
         FOR i:= 1 TO 10 DO KostenAggregation(p,p↑.Teil[i]);
         IF p↑.IstBlatt THEN Transfer(KAggregation,KFunktion);
         p↑.Wert  := Kosten;
         vp↑.Wert := vp↑.Wert + p↑.Wert;
  END;
END KostenAggregation;
```

Die Kostenfunktionen werden durch folgenden Operator beschrieben:

```
PROCEDURE Kostenfunktionen;
VAR Kosteneinflussgroessen :AnyType;
BEGIN
  Kosten := Kostenfunktion-1(Kosteneinflussgroessen);
  Transfer(Kfunktion; KAggregation);
  Kosten := Kostenfunktion-2(Kosteneinflussgroessen);
  Transfer(Kfunktion; KAggregation);
  ...
  Kosten := Kostenfunktion-n(Kosteneinflussgroessen);
  Transfer(Kfunktion; KAggregation);
END Kostenfunktionen;
```

Beiden Prozeduren wird der Prozessor des Rechners abwechselnd zugeordnet. Die Reihenfolge der Kostenfunktionen stimmt mit der Aufrufreihenfolge der entsprechenden Blätter des Baumes überein. Eine Änderung der Baumstruktur erfordert eine Änderung der Prozedur "Kostenfunktionen", jedoch nicht der Prozedur "KostenAggregation".

(Ende d. Beisp.)

4. Virtuelle Maschinen

Zur Durchführung der Informations- und Entscheidungsaufgaben betrieblicher Informationssysteme werden personelle und maschinelle Aufgabenträger eingesetzt (vgl. Kap. 1.2). Unter dem Blickwinkel der Automatisierung von Informationssystemen steht die Konstruktion maschineller Aufgabenträger im Vordergrund. Diese werden im folgenden als **Maschinen** bezeichnet. Für die Untersuchung und die Konstruktion von Maschinen sind die Eigenschaften **Verhalten**, **Struktur** und **Hierarchie** von zentraler Bedeutung.

Der Benutzerkreis einer Maschine ist an der Durchführung von Aufgaben interessiert. Er postuliert dazu ein bestimmtes Verhalten der Maschine, legt jedoch nicht fest, durch welchen inneren Aufbau (Struktur) dieses Verhalten realisiert werden soll.

Aufgabe des Konstrukteurs einer Maschine ist es, geeignete Komponenten so zu einer Struktur zusammenzufügen, daß das resultierende Verhalten dem postulierten Verhalten der Maschine entspricht. Dieses Verhalten kann in der Regel durch unterschiedliche Strukturen erreicht werden (Ferstl 1979, 43f). Bei der Konstruktion von Maschinen treten daher Entscheidungsprobleme auf, deren Lösung auf der Kreativität des Konstrukteurs beruht.

Allgemeines Konstruktionsprinzip der hier zu betrachtenden Maschinen ist ein mehrstufiger hierarchischer Aufbau. Das Gesamtverhalten der Maschine resultiert aus dem Verhalten ihrer Komponenten. Jede Komponente kann wiederum in Teilkomponenten zerlegt werden, die gemeinsam das Verhalten dieser Komponente bestimmen.

VERHALTEN EINER MASCHINE

Als **Verhalten einer Maschine** wird die Menge der Funktionen bezeichnet, die dem Benutzerkreis der Maschine zugänglich ist. Funktionen wurden in Kapitel 3.1 als Tupel (Aktion, Objekt) bzw. (Aktion, Objekttyp) eingeführt.

Die Beschreibung des Verhaltens von Funktionen erfolgt durch Angabe ihrer Input-Output-Beziehungen. Diese geben zu jedem auf die Maschine einwirkenden Input den zugehörigen Output gemäß der vorgegebenen Funktion an. Dabei hängt der Output einer Funktion von deren Input nicht notwendigerweise funktional ab. Hingegen ist der Output von der Kombination aus Input, Zustandsraum und Zielgrößen funktional abhängig (vgl. Kapitel 1.3.1).

Beispiel:

Die Funktion eines einfachen Geldwechselautomaten bestehe aus der Aktion "wechsle" und dem Objekttyp "Münze". Der Automat wechselt die Eingabemünze, falls diese zulässig ist und die Füllstände seiner Münzspeicher ausreichen, andernfalls wird die Eingabemünze zurückgegeben. Es werden folgende Mengen unterschieden:

all = Menge aller möglichen Münzen
ein = {1-DM, 2-DM, 5-DM};
Menge der zulässigen Eingabemünzen
aus = {10-Pf, 1-DM, 2-DM};
Menge der Wechselmünzen
nat = Menge der natürlichen Zahlen

Das Verhalten wird anhand der Funktion I × S --> O angegeben (I = all (Inputmenge), S = nat (Zustandsmenge), O = all (Outputmenge)):

Einwurf I:	Münzspeicher S:	Ausgabe O:
1-DM	Füllstand(10-Pf) $\geq$ 10	10 mal 10-Pf
1-DM	Füllstand(10-Pf) $<$ 10	1-DM
2-DM	Füllstand(1-DM) $\geq$ 2	2 mal 1-DM
2-DM	Füllstand(1-DM) $<$ 2	2-DM
5-DM	Füllstand(2-DM) $\geq$ 2 und	
	Füllstand(1-DM) $\geq$ 1	2 mal 2-DM, 1 mal 1-DM
5-DM	Füllstand(2-DM) $<$ 2 oder	
	Füllstand(1-DM) $<$ 1	5-DM
s-Münze		s-Münze
(s-Münze $\in$ all - ein)		

Durch die Einbeziehung der Teilmenge (all - ein) ist die Input-Menge bezüglich des Objekttyps Münze vollständig beschrieben. Die Menge der Input-Output-Beziehungen (Teilmenge aus I × O) ist jedoch nicht funktional. Erst durch Einführung des internen

Zustandsraums "Münzspeicher" kann ein funktionales Verhalten angegeben werden.
(Ende d. Beisp.)

STRUKTUR EINER MASCHINE

Der Konstrukteur einer Maschine entwickelt ausgehend vom geforderten Verhalten der Maschine deren inneren Aufbau. Dieser Aufbau wird als **Struktur einer Maschine** bezeichnet und besteht aus

- einer Zerlegung der Gesamtfunktion einer Maschine in Teilfunktionen,
- dem Verhalten der Teilfunktionen und
- Output-Input-Beziehungen zwischen Paaren von Teilfunktionen.

Beispiel (Fortsetzung):

Die Input-Output-Beziehung für das Input-Element "2-DM-Münze" wird in nachstehend beschriebene Struktur zerlegt. An den Input-Output-Beziehungen dieser Teilfunktionen sind neben den Mengen zur Beschreibung der Gesamtfunktion (all, ein, aus, nat) folgende weitere Mengen beteiligt:

```
wec  = {1-DM};
       Wechselmünze der Teilfunktion "Wechsle 2-DM-Münze"
ms1  = {0 Münzen, 1 Münze, 2 Münzen, ...};
       Münzspeicher für 1-DM-Münzen
ms2  = {0 Münzen, 1 Münze, 2 Münzen, ...};
       Münzspeicher für 2-DM-Münzen
bool = {true, false}
```

Die Input-Output-Beziehungen der zur Konstruktion der betrachteten Teilfunktion verwendeten Teil-Teilfunktionen werden aus Vereinfachungsgründen nur durch die beteiligten Mengen, nicht durch Zuordnung von Elementen spezifiziert.

```
=               : all × ein --> bool
>=              : nat × nat --> bool
Fuellstand      : ms1 --> nat
SpeichereInput  : ein --> ms2
EntnimmMünze    : ms1 --> wec
```

GibMünzeAus : wec --> aus
GibInputAus : all --> aus

Die Input-Output-Beziehungen der Teil-Teilfunktionen werden mit Hilfe von Output-Input-Beziehungen zur Input-Output-Beziehung der Teilfunktion verknüpft. Die Output-Input-Beziehungen werden in einem Programm in Form von Datenflüssen und Reihenfolgebeziehungen dargestellt. Zur Realisierung der Datenflüsse werden Datenobjekte verwendet. Es treten folgende Reihenfolgebeziehungen auf:

if1 : bool --> {Fuellstand, "Setze Programm fort"}
if2 : bool --> {SpeichereInput, GibInputAus}
seq1 : {SpeichereInput} --> {EntnimmMünze}
seq2 : {EntnimmMünze} --> {GibMünzeAus}
seq3 : {GibMünzeAus} --> {EntnimmMünze}
seq4 : {EntnimmMünze} --> {GibMünzeAus}

Die Struktur der hier betrachteten Teilfunktion "Wechsle 2-DM" des Geldwechselautomaten veranschaulicht Abb. 4-1.

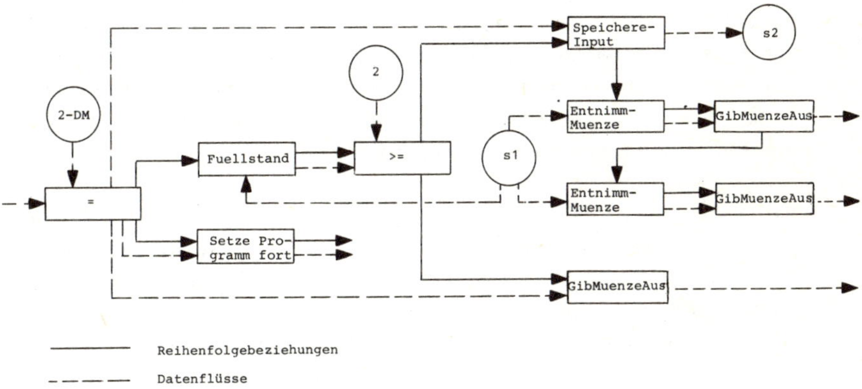

Abb. 4-1: Strukturmodell des Geldwechselautomaten

Dieses Strukturmodell wird in einem Pascal-Programm wie folgt dargestellt:

```
PROGRAM Geldwechselautomat;
TYPE ...
VAR  i : all; s1 : ms1; s2 : ms2; w : wec;
BEGIN
  READ(i);
  IF i = 2-DM THEN
    IF Fuellstand(s1) >= 2
      THEN BEGIN
             s2 := SpeichereInput(i);
             w  := EntnimmMünze(s1); GibMünzeAus(w);
             w  := EntnimmMünze(s1); GibMünzeAus(w);
           END
      ELSE GibInputAus(i)
  ELSE IF i = 5-DM ...
END.
```
(Ende d. Beisp.)

HIERARCHIE VON STRUKTUREN

Die Definition des Verhaltens der Gesamtfunktion auf der Basis der Verhaltensweisen der Teilfunktionen führt zu einer rekursiven Definition des Begriffes Verhalten. Das Verhalten einer Funktion wird durch die Verhaltensweisen ihrer Teilfunktionen und durch deren Strukturanordnung bestimmt. Die Zerlegung einer Funktion in Teilfunktionen und die einer Teilfunktion in Teil-Teilfunktionen begründet eine Hierarchie von Strukturen.

Ein Beispiel hierfür ist das in Kapitel 3.1 eingeführte Begriffspaar (Benutzermaschine, Basismaschine). Die Definition von Benutzer- und Basismaschine bezieht sich auf das Verhalten zweier Maschinenebenen. Das Verhalten der Benutzermaschine wird von deren Benutzerkreis postuliert. Das Verhalten der Basismaschine ist vorgegeben. Die Funktionen der Basismaschine werden durch ein Programm so zu einer Strukturanordnung zusammengefügt, daß das resultierende Verhalten der zusammengefügten Funktionen dem postulierten Verhalten der Benutzermaschine entspricht. Wie in Kapitel 3.1 ausgeführt, kann jede Benutzermaschine wiederum Basismaschine einer anderen Benutzermaschine sein. Dadurch entsteht die in Abb. 4-2 dargestellte Hierarchie von Maschinen.

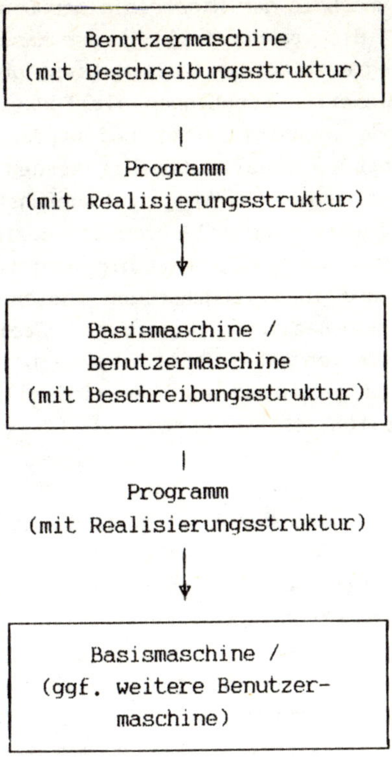

Abb. 4-2: Beziehung zwischen Benutzer- und Basismaschine

VIRTUELLE MASCHINE

Eine Maschine besteht aus der Definition von Funktionen und aus Objekten zur Realisierung der Funktionen. Objekte müssen von ihrer Umwelt abgrenzbar sein (vgl. Benutzermaschine; Kap. 3.1). Hierzu werden Abgrenzungskriterien benötigt, die es gestatten, ein Objekt als Gegenstand zu identifizieren. Als Abgrenzungskriterien dienen Eigenschaften des Objekts, die dessen Umwelt nicht oder in anderer Ausprägung besitzt. Diese Eigenschaften müssen durch Sensoren (Sinnesorgane, Meßinstrumente) erkennbar sein. Objekte, die in dieser Weise abgrenzbar sind, werden als **reale Objekte** bezeichnet.

Im Gegensatz dazu treten innerhalb der Hierarchie der Benutzer- und Basismaschinen Objekte auf, die vom Konstrukteur der Maschine nicht in der genannten Weise abgegrenzt werden können. Diese Objekte sind anhand der von ihnen realisierten Funktionen als Funktionsträger, jedoch nicht als Gegenstände identifizierbar und werden daher als **virtuelle Objekte** bezeichnet. Virtuelle Objekte werden innerhalb der Maschinenhierarchie auf reale Objekte zurückgeführt. Während bei der Zerlegung realer Objekte eine 1:1- oder 1:n-Beziehung zwischen Objekt und Teilobjekten vorliegt, sind die Beziehungen zwischen virtuellen Objekten und ihren zugehörigen realen oder virtuellen Teilobjekten als m:n-Beziehung definiert. Reale Objekte enthalten keine virtuellen Teilobjekte. Tritt innerhalb der Maschinenhierarchie ein virtuelles Teilobjekt auf, so sind alle Objekte, die dieses Teilobjekt enthalten, ebenfalls virtuell.

Beispiel:

Das reale Objekt "Antrieb eines Autos" kann disjunkt in die Komponenten "Motor", "Kupplung", "Getriebe", "Achse" und "Räder" zerlegt werden. Die Zerlegung definiert eine 1:n-Beziehung zwischen Objekt und Teilobjekten.

Zur Konstruktion des Antriebs definiert der Konstrukteur zwei virtuelle Objekte "Vorwärtsantrieb" und "Rückwärtsantrieb" anhand ihrer Funktionen. Diese werden durch eine m:n-Beziehung auf die genannten realen Teilobjekte zurückgeführt. Für den Konstrukteur ist ein Auto, das diese virtuellen Objekte enthält, virtuell. Für den Benutzer hingegen, der diese virtuellen Objekte nicht identifiziert, ist das Auto ein reales Objekt.

(Ende d. Beisp.)

Entsprechend der Unterscheidung realer und virtueller Objekte wird das Paar (Funktionsbeschreibung, reale Objekte) als **reale Maschine**, das Paar (Funktionsbeschreibung, virtuelle und ggf. reale Objekte) als **virtuelle Maschine** bezeichnet. Das wichtigste Beispiel für ein virtuelles Objekt ist ein Programm, das zusammen mit einem realen Rechner eine virtuelle Benutzermaschine bildet. Das Programm ist funktional, aber nicht gegenständlich abgrenzbar.

Beispiel:

Der Funktionsumfang einer Universalrechenmaschine (vgl. Kap. 2.1.3) sei durch die Objekttypen

- R (Register-Typ)
- M (Memory-Typ)
- S (Stack-Typ)

und die nachfolgenden Operationen gegeben (zur Stackverwaltung vgl. Kap. 3.3.3):

- LD(R,R) : R --> R
- LD(M,M) : M --> M
- LD(R,M) : M --> R
- LD(M,R) : R --> M
- PUSH(R) : S × R --> S
- POP(R) : S --> S × R

Bedeutung (VAR m : M; r : R; s : S):

LD(r,m): Lade den Inhalt einer Speicherzelle m in ein Register r; PUSH(r): Verlängere den Stack s um ein Element und weise diesem den Wert von r zu; POP(r): Weise r den Wert des obersten Elements von s zu und verkürze s um dieses Element.

Zustandsmenge ist die Ausprägungsmenge der Objekte vom Typ R, M und S. Diese Benutzermaschine soll unter Verwendung eines Bus-Rechner-Systems (vgl. Kapitel 2.1.4) als Basismaschine realisiert werden. Die Basismaschine besteht aus den realen Objekten

- Prozessor-Baustein,
- Speicher-Bausteine 1..n,

die mit Hilfe von Daten-, Adreß- und Kontrollbus gekoppelt sind. Die Objekte der Benutzer- und Basismaschine werden wie folgt aufeinander abgebildet:

Benutzermaschine:	Basismaschine:
Register	Prozessor-Baustein
Memory	Speicher-Baustein 1
...	...
Memory	Speicher-Baustein n
Stack	Prozessor-Baustein
Stack	Speicher-Baustein 1
...	...
Stack	Speicher-Baustein n

Diese Zuordnung zeigt eine m:n-Beziehung zwischen Komponenten der Benutzermaschine und Komponenten der Basismaschine. Z.B. wird Stack in die Objekte Stack-Pointer und Speicherzellen zerlegt. Der Stack-Pointer ist Teil des Prozessor-Bausteins, die Speicherzellen des Stack sind in den Speicher-Bausteinen realisiert. Daneben dient der Prozessor-Baustein aber auch der Realisierung der Register und die Speicher-Bausteine der Realisierung von Memory. Die Benutzermaschine ist daher eine virtuelle Maschine, die auf eine reale Basismaschine abgebildet wird.

(Ende d. Beisp.)

BESCHREIBUNGS- UND REALISIERUNGSSTRUKTUR

Enthalten die Verhaltensbeschreibungen der Funktionen einer Benutzermaschine neben Input- und Output-Mengen auch Zustandsmengen, so werden damit Strukturannahmen eingeführt (vgl. Informations- und Entscheidungsaufgaben mit und ohne Speicher, S. 8). In den Strukturannahmen sind Komponenten für die Aufnahme des Input, die Ausgabe des Output und für die Speicherung von Zuständen identifizierbar. Die dieser Verhaltensbeschreibung zugrundeliegende Struktur wird als **Beschreibungsstruktur** bezeichnet.

Zur Realisierung dieser Benutzermaschine wird eine Basismaschine verwendet, deren Funktionen gemeinsam mit einem Programm die Funktionen der Benutzermaschine nachbilden. Während die Beschreibungsstruktur ausschließlich auf Objekte der Benutzermaschine Bezug nimmt, stellt das Programm eine Beziehung zwischen Objekten der Basismaschine her und realisiert dadurch die Objekte der Benutzermaschine. Das Programm ist eine **Realisierungsstruktur** der Benutzermaschine, die das in der Beschreibungsstruktur festgelegte Verhalten der Benutzermaschine realisiert.

4.1 Struktur und Funktionsweise virtueller Maschinen

Im folgenden wird das Modell der virtuellen Maschine weiter detailliert (Abb. 4.1-1), indem zwischen der Typkomponente und der Objektkomponente von Maschinen explizit unterschieden wird. Dadurch wird es möglich, zentrale Begriffe der Automatisierung betrieblicher Systeme aus dem Konzept der virtuellen Maschine abzuleiten.

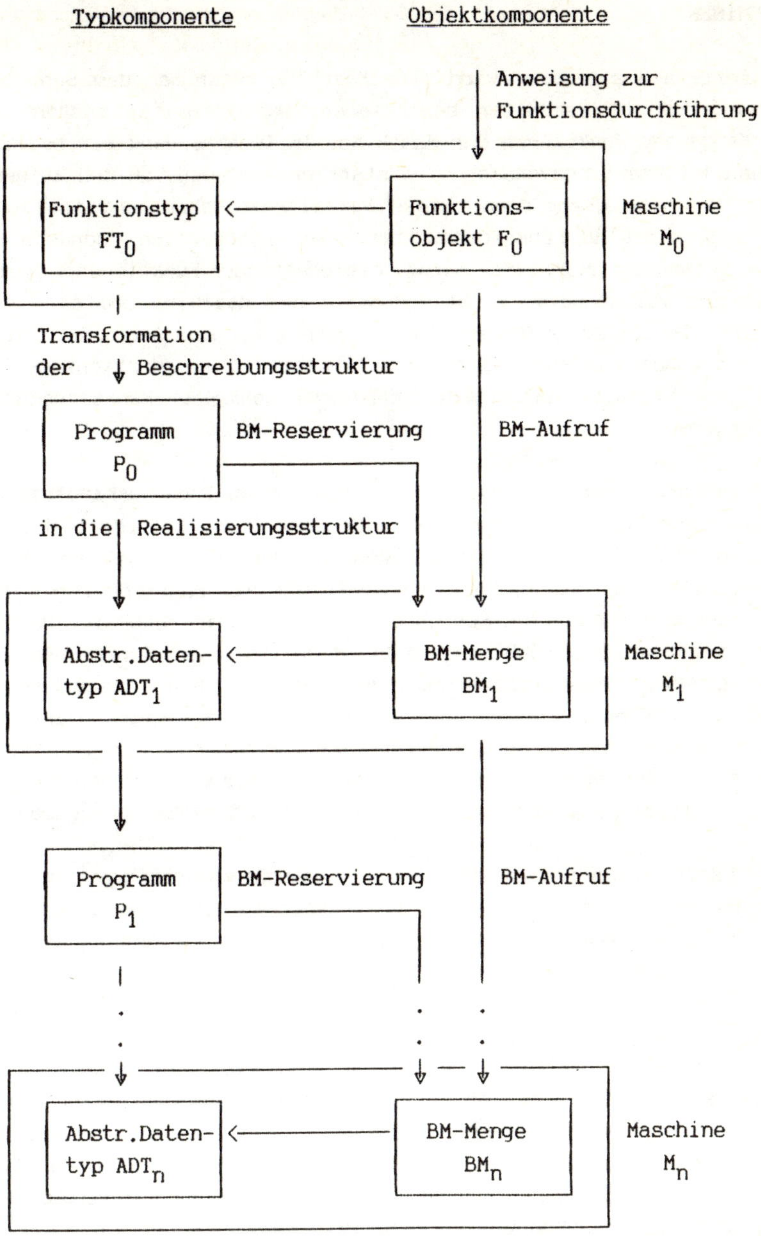

Abb. 4.1-1: Hierarchiebeziehungen zwischen Maschinen

MASCHINEN

Wie bereits ausgeführt, wird eine Maschine gegenüber dem Benutzerkreis durch ihr Verhalten beschrieben. Das Verhalten besteht aus der Menge der Funktionen der Maschine. Im Zusammenhang mit betrieblichen Informationssystemen wird statt dessen auch von den **Aufgaben** einer Maschine gesprochen. Diese Verhaltensbeschreibung ist nicht für jede einzelne Funktionsdurchführung erforderlich, sondern erfolgt einmalig für eine Menge gleichartiger Funktionen. Werden dabei der vollständige Funktionsumfang der Maschine und alle speziellen Durchführungsformen berücksichtigt, so definiert diese Verhaltensbeschreibung einen **Funktionstyp.** Ein Funktionstyp ist somit die Klassifizierung einer Menge von konkreten Funktionsdurchführungen.

Die Ausführung einer Funktion eines bestimmten Typs, parametrisiert mit den zur Durchführung nötigen Informationen, erfordert die Erzeugung eines **Funktionsobjekts.** Wesentliche Eigenschaft des Funktionsobjekts ist, daß es aus Benutzersicht das Betriebsmittel darstellt, das die Funktion ausführt. Daran wird die rekursive Definition des Begriffs Funktionsobjekt deutlich: Ein Funktionsobjekt entsteht durch die Durchführung einer Funktion unter Verwendung von einfacheren Funktionsobjekten. Der Start eines Funktionsobjekts erfolgt durch eine Anweisung zur Funktionsdurchführung. Da Funktionsobjekte in der Regel wiederverwendbare Betriebsmittel darstellen, kann ein Funktionsobjekt nacheinander mehrfach gestartet werden.

Damit kann abschließend der Begriff **Maschine** präzisiert werden: Eine Maschine besteht aus einem oder mehreren Funktionsobjekten und der Verhaltensbeschreibung (Beschreibungsstruktur) der zugehörigen Funktionstypen.

<u>Beispiel 1 (vgl. Schnupp/Floyd 1976, 16):</u>

Die Bedienungsanleitung zu einem bestimmten Waschmaschinentyp definiert einen Funktionstyp. Die Durchführung eines speziellen Waschprogramms, z.B. "Buntwäsche 60 ^{o}C", auf einer Waschmaschine dieses Typs stellt ein konkretes Funktionsobjekt zu diesem Funktionstyp dar. Stehen mehrere Waschmaschinen zur Verfügung, so können entsprechend viele Funktionsobjekte, die alle das gleiche Programm ausführen, parallel auf mehreren Maschinen initiiert

werden. Mehrere Funktionsobjekte sind aber auch nacheinander auf einer Maschine initiierbar.
(Ende d. Beisp.)

Beispiel 2:
Das Benutzerhandbuch zu einem Programm, das Adreßdateien in unterschiedlicher Form druckt, beschreibt einen Funktionstyp. Die Ausführung des Programms in der Form "Drucken Adreßaufkleber 1 1/2-zeilig" auf einem Rechner R_1 ist ein zugehöriges Funktionsobjekt. Ein anderes Funktionsobjekt dieses Typs ist "Drucken Adreßliste sortiert nach Namen" auf R_1 oder einem weiteren Rechner R_2.
(Ende d. Beisp.)

PROGRAMME

Die Abbildung einer Benutzermaschine auf die zugrundeliegende Basismaschine wird durch ein **Programm** durchgeführt (die nachfolgenden Erläuterungen beziehen sich exemplarisch auf P_0 in Abb. 4.1-1). Das geforderte Programmverhalten ist durch den Funktionstyp FT_0 festgelegt. Die von P_0 geleistete Abbildung enthält zwei Aspekte:

a) Das Verhalten des Funktionstyps der Benutzermaschine M_0 ist mit Hilfe von Funktionstypen der Basismaschine M_1 zu realisieren. Von letzteren ist wiederum eine Verhaltensbeschreibung bekannt. Es ist also die Realisierungsstruktur von FT_0 unter Verwendung der Funktionstypen der Maschine M_1 zu beschreiben. Diese Strukturbeschreibung ist im **Algorithmus** von P_0 festgelegt.

b) Neben der Beschreibung der Realisierungsstruktur sind auch die Betriebsmittel der Basismaschine zu reservieren, die bei einer Aufgabendurchführung der Benutzermaschine benötigt werden. Diese Betriebsmittelreservierung entspricht einer Stückliste, die angibt, welche Funktionsobjekte der Maschine M_1 für ein Funktionsobjekt der Maschine M_0 erforderlich sind. Funktionsobjekte von M_1 können in dieser Stückliste nacheinander mehrfach angefordert werden.

Nach dieser Klassifizierung besteht ein Programm aus einem Algorithmus und den zur Ausführung benötigten Betriebsmittelanforderungen (vgl. Kap. 3.2.2).

Beispiel 1 (Fortsetzung):

Funktionstypen zur Realisierung des Verhaltens eines Waschmaschinentyps sind die Elementaroperationen "Wassereinlauf", "Abpumpen", "Aufheizen", "Waschmittel einspülen", "Trommel bewegen" und "Schleudern". Durch Verknüpfung dieser Elementaroperationen in einem parametrisierbaren Algorithmus (Strukturbeschreibung) sind die Waschprogramme des Waschmaschinentyps (Verhaltensbeschreibung) realisierbar.

An diesem Beispiel wird auch deutlich, daß die Funktionsobjekte zu den genannten Funktionstypen Betriebsmittel darstellen. So wird z.B. zur Durchführung der speziellen Funktion "Aufheizen auf 60 ^{0}C" die Heizschlange der Waschmaschine, für die Funktion "Trommel 5 Minuten bewegen" der Antriebsmotor verwendet. Beide Funktionsobjekte können parallel initiiert werden.

(Ende d. Beisp.)

Beispiel 2 (Fortsetzung):

Teil-Funktionstypen zur Realisierung des Verhaltens des Funktionstyps "Adreßdrucken" sind "Lesen Adreßsatz", "Aufbereiten Druckbereich" und "Drucken Adresse". Diese Teil-Funktionstypen werden im Algorithmus des Programms verwendet. Die zur Durchführung der Teil-Funktionsobjekte benötigten Betriebsmittel werden beim Aufruf der zugehörigen Prozeduren und durch Speicheranforderungen reserviert.

(Ende d. Beisp.)

ABSTRAKTE DATENTYPEN

Im Gegensatz zur obersten Benutzermaschine M_0 (vgl. Abb. 4.1-1), bei der in der Regel nur ein komplexer Funktionstyp betrachtet wird (einfunktionale Maschine), sind die nachfolgenden Maschinen für mehrere unterschiedliche Funktionstypen ausgelegt. Eine geeignete Darstellungs- und Realisierungsform für eine Menge von Funktionstypen einer Maschine ist der **abstrakte Datentyp** (ADT), der in Kapitel 4.3 behandelt wird. Die Durchführung von Funktionen eines abstrakten Datentyps (Operatoren) erfordert die Erzeugung entsprechender Funktionsobjekte, die zu einer Menge von Betriebsmitteln (BM) zusammengefaßt werden.

AUFGABE UND AUFGABENTRÄGER

Im Zusammenhang mit der Automatisierung betrieblicher Systeme ist das Begriffspaar (Aufgabe, Aufgabenträger) von zentraler Bedeutung (vgl. Kapitel 1.2). Nachstehend wird gezeigt, wie diese Begriffe im Konzept der virtuellen Maschine integriert sind.

Die Begriffe maschineller Aufgabenträger und Maschine sind identisch. Jeder Aufgabenträger besteht aus einer Menge von Betriebsmitteln, den Funktionsobjekten der Maschine. Die Initiierung eines Funktionsobjektes entspricht der Ausführung einer Funktion aus dem Funktionsumfang der Maschine.

Das Begriffspaar (Aufgabe, Aufgabenträger) zielt jedoch nicht auf die Durchführung einer Aufgabe mit einem Funktionsobjekt dieser Maschine, sondern auf die Implementierung eines Funktionstyps durch die darunterliegende Maschinenebene. Aufgabe ist in diesem Sinne Teil einer Benutzermaschine, Aufgabenträger ist die zugehörige Basismaschine, welche die Aufgabe anhand eines Programms durch ihre Funktionsobjekte ausführt.

Der Begriff Aufgabe ist daher durch das Tupel (Aufgabentyp, Programm) charakterisierbar, wobei der Aufgabentyp die Beschreibungsstruktur, das Programm die Realisierungsstruktur der Aufgabe beschreibt. In Abb. 4.1-1 wird z.B. die Aufgabe (FT_0, P_0) durch den Aufgabenträger Maschine M_1 implementiert.

4.2 Datenabstraktion

Ein wesentlicher Teilaspekt der Realisierungsstruktur einer Maschine besteht in der Überführung (Abstrahierung) von Objekten und Objekttypen einer Basismaschine in Objekte und Objekttypen einer zugehörigen Benutzermaschine. Im folgenden werden ausschließlich Objekte des Typs "Daten" betrachtet. Entsprechend wird zwischen **Datenobjekttyp** und **Datenobjekt** unterschieden. Die Abstrahierung von

Daten wird als **Datenabstraktion** bezeichnet. Als Hilfsmittel zur Datenabstraktion stehen die Grundkonzepte der

- Klassenbildung,
- Komplexbildung und
- Abstraktion mit Hilfe von Operatoren

zur Verfügung. Bei der Konstruktion virtueller Maschinen werden in der Regel alle drei Konzepte gemeinsam verwendet. Die einzelnen Konzepte können daher als Dimensionen eines dreidimensionalen Lösungsraumes dargestellt werden, dessen Punkte unterschiedliche Kombinationen der drei Grundformen beschreiben.

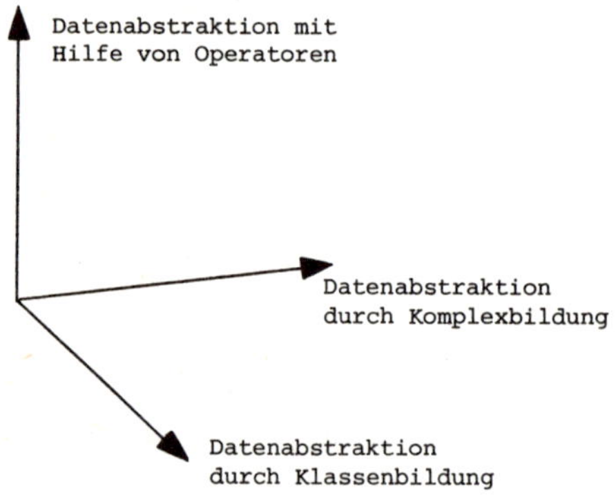

Abb. 4.2-1: Konzepte der Datenabstraktion

DATENABSTRAKTION DURCH KLASSENBILDUNG

Die Abstraktionsform **Klassenbildung** beschreibt die Beziehung zwischen Datenobjekten und Datenobjekttyp und wird z.B. von Pascal und Modula-2 unterstützt. Diese Abstraktionsform wird durch zwei Abstraktionsebenen, die Objekttypebene und die Objektebene dargestellt und entspricht der linken bzw. rechten "Spalte" in Abb. 4.1-1, d.h. die "Ebenen" sind dort in vertikaler Richtung dargestellt. Zur Untersuchung der Datenabstraktion durch Klassenbildung ist es allerdings sinnvoll, die Objekttypebene weiter aufzulösen, so daß im folgenden drei Abstraktionsebenen unterschieden werden:

- Ebene der Datenobjekte,
- Ebene der Datenstrukturen,
- Ebene der Datenstrukturtypen.

Benachbarte Ebenen sind durch die Beziehung "ist vom Typ" miteinander verbunden. Es gilt:

<Datenobjekt> ist vom Typ <Datenstruktur>,
<Datenstruktur> ist vom Typ <Datenstrukturtyp>.

Die Begriffe Datenstrukturtyp und Datenstruktur sind aus dem gemeinsamen Oberbegriff Datenobjekttyp ableitbar. Ein **Datenstrukturtyp** ist ein allgemeiner Datenobjekttyp, der ein bestimmtes Konstruktionsmuster für eine Klasse von speziellen Datenobjekttypen beschreibt. Ein spezieller Datenobjekttyp heißt **Datenstruktur** und entsteht durch Parametrisierung eines Datenstrukturtyps mit einem Basistyp. Wichtige parametrisierbare Datenstrukturtypen sind in Pascal und Modula-2 die Konstruktionen RECORD, ARRAY, FILE und SET.

Zu jedem der genannten Datenstrukturtypen existiert eine spezifische Menge von Operatoren, die auf allen Datenstrukturen dieses Datenstrukturtyps definiert sind. Ein Datenobjekttyp wird gemeinsam mit den darauf definierten Operatoren als **Datentyp** bezeichnet. Eine auf einen gemeinsamen Datenstrukturtyp zurückführbare Menge von Datentypen heißt **generischer Datentyp**, da daraus spezielle Datentypen durch Angabe eines Basistyps generiert werden können.

Daneben existieren Datenstrukturtypen, deren Basistyp in Programmiersprachen starr festgelegt ist. Beispiele hierfür sind INTEGER, REAL, CHAR, BOOLEAN und STRING. Bei diesen fallen aus Benutzersicht die Datenstrukturtyp-Ebene und die Datenstruktur-Ebene zur allgemeinen Datenobjekttyp-Ebene zusammen. Diese Konstruktionen werden gemeinsam mit ihren Operatoren als **einfache Datentypen** bezeichnet.

Beispiel:

In den nachstehenden Definitionen werden die Datenstrukturtypen RECORD, ARRAY, FILE und SET verwendet. Durch Angabe der Basistypen INTEGER, CHAR, REAL zu je einem Datenstrukturtyp entstehen die Datenstrukturen DsXxx, Xxx $\in$ {Rec,Arr,Fil,Set}:

```
TYPE DsRec = RECORD a,b : INTEGER END;
     DsArr = ARRAY[1..10] OF CHAR;
     DsFil = FILE OF REAL;
     DsSet = SET OF CHAR;
```

Datenobjekte Doi (i = 1..8) sind Realisierungen der Datenstrukturen DsXxx bzw. der einfachen Datentypen INTEGER und BOOLEAN:

```
VAR  Do1,Do2 :DsRec;
     Do3     :DsArr;
     Do4     :DsFil;
     Do5,Do6 :DsSet;
     Do7     :INTEGER;
     Do8     :BOOLEAN;
```

Es gilt z.B. die Beziehung: Do4 (Datenobjekt) ist vom Typ DsFil (Datenstruktur). DsFil ist vom Typ FILE (Datenstrukturtyp).
(Ende d. Beisp.)

DATENABSTRAKTION DURCH KOMPLEXBILDUNG

Die Abstraktionsform **Komplexbildung** beruht auf der Aggregation einfacher Komponenten zu komplexen Komponenten. Benachbarte Abstraktionsebenen werden durch die Beziehung "ist Bestandteil von" miteinander verknüpft. Die Komplexbildung beschreibt daher einen Teilausschnitt der Beziehungen zwischen benachbarten Maschinen.

Bezogen auf die Komponenten virtueller Maschinen kann Komplexbildung auf Typebene und Objektebene durchgeführt werden. In Abb. 4.1-1 können daher Komplexbildungen in folgenden Beziehungen auftreten:

- auf Typebene zwischen (ADT_{i+1}, ADT_i) bzw. (ADT_1, FT_0),
- auf Objektebene zwischen (BM_{i+1}, BM_i) bzw. (BM_1, F_0).

Datenabstraktion durch Komplexbildung besteht auf Typebene in der Aggregation einfacher Datenstrukturen zu komplexen Datenstrukturen, auf Objektebene in der Aggregation einfacher Datenobjekte zu komplexen Datenobjekten. Entsprechend wird diese Abstraktionsform durch die beiden folgenden Begriffspaare beschrieben:

(Basistyp, Verbundtyp),
(Basisobjekt, Verbundobjekt)

Die Komplexbildung kann über beliebig viele Schritte durchgeführt werden, wobei der Verbundtyp bzw. das Verbundobjekt des einen Abstraktionsschrittes zum Basistyp bzw. Basisobjekt des nächsten Abstraktionsschrittes wird. Als Konstruktoren der Komplexbildung dienen die mit einem Basistyp parametrisierbaren Datenstrukturtypen (RECORD, ARRAY, FILE und SET). Die Abstraktionsform Komplexbildung baut daher auf der Abstraktionsform Klassenbildung auf.

<u>Beispiel:</u>
Ein Datenobjekt "Kundendatei" (KundDat) kann durch mehrstufige Komplexbildung vereinbart werden. Als Konstruktoren werden die Datenstrukturtypen FILE, RECORD und ARRAY verwendet.

```
VAR KundDat : FILE OF RECORD
                          Nummer  : INTEGER;
                          Adresse : RECORD
                                      Name,
                                      Strasse : STRING[30];
                                      Plz     : 1000..8999;
                                      Ort     : STRING[35];
                                    END;
                          Zahlung : RECORD
                                      Saldo   : REAL;
                                      Rabatt  : ARRAY[1..4] OF
                                                INTEGER;
                                      Ziel    : 0..30;
                                    END;
                        END;
```

(Ende d. Beisp.)

DATENABSTRAKTION MIT HILFE VON OPERATOREN

Eine weitere Datenabstraktionsform ist die **Datenabstraktion mit Hilfe von Operatoren.** Dabei wird ein Datenobjekttyp implizit durch Angabe der auf ihn anwendbaren Operatoren definiert. Der Zugriff auf die zugehörigen Datenobjekte erfolgt ausschließlich mit Hilfe dieser Operatoren.

Der Abstraktionsschritt besteht bei dieser Vorgehensweise darin, daß bei der Verwendung des Datentyps auf der Ebene der Benutzermaschine ausschließlich seine Beschreibungsstruktur bekannt ist. Die in der Realisierungsstruktur festgelegte Speicherrepräsentation des Datenobjekttyps durch Komplex- und Klassenbildung, sowie die Realisierung seiner Operatoren unter Verwendung der Basismaschine sind dem Benutzer nicht zugänglich. Die Datenabstraktion mit Hilfe von Operatoren ist vor allem für die Bildung abstrakter Datentypen (vgl. Kap. 4.3) von Bedeutung.

Beispiel:

Der Datentyp INTEGER der Programmiersprache Pascal wird u.a. durch die Operatoren {+,-,*,DIV,:=} definiert. Zur Verwendung von Datenobjekten des Typs INTEGER sind keine Kenntnisse darüber erforderlich, wie der Datenobjekttyp INTEGER und seine Operatoren implementiert sind.

Eine Realisierungsform für ein Datenobjekt des Typs INTEGER ist z.B. ein 16-Bit-Wort. Damit ist der Wertebereich für Objekte dieses Typs realisierungsbezogen eingeschränkt. Funktionswerte außerhalb des zulässigen Wertebereiches werden als Fehler behandelt. Die Operatoren können durch einen Modul (vgl. Kap. 3.4.3) implementiert werden, der Prozeduren zur Realisierung der Festpunktarithmetik enthält.

(Ende d. Beisp.)

BEZIEHUNGEN ZWISCHEN DEN ABSTRAKTIONSFORMEN

Die verschiedenen Formen der Datenabstraktion werden im allgemeinen gemeinsam verwendet. Zur Verdeutlichung diene folgendes Beispiel.

Beispiel:

Gegeben sei eine Typvereinbarung in Pascal und eine zugehörige Objektdefinition:

```
TYPE Adresse = RECORD
                    Name,
                    Strasse :ARRAY[1..30] OF CHAR;
                    Plz     :INTEGER;
                    Ort     :ARRAY[1..35] OF CHAR;
               END;

VAR Adr1,Adr2 :Adresse;
```

(Ende d. Beisp.)

a) Klassenbildung:
In dieser Vereinbarung sind drei Abstraktionsebenen identifizierbar:

- Datenstrukturtypen
  - (einfach): INTEGER, CHAR
  - (parametrisierbar): RECORD, ARRAY
- Datenstrukturen: Name, Strasse, Plz, Ort, Adresse
- Datenobjekte: Adr1, Adr2

Aus den parametrisierbaren Datenstrukturtypen RECORD und ARRAY werden durch Angabe eines zugehörigen Basistyps die Datenstrukturen Name, Strasse, Ort und Adresse erzeugt. Basistyp zu Name, Strasse und Ort ist CHAR. Basistyp zu Adresse ist (Name,Strasse,Plz,Ort).

b) Komplexbildung:
Die genannte Typvereinbarung enthält folgende Tupel, bestehend aus Verbundtyp, Basistyp, Konstruktor:

Verbundtyp	Basistyp	Konstruktor
Strasse	CHAR	ARRAY
Ort	CHAR	ARRAY
Adresse	Name,Strasse, Plz,Ort	RECORD

Die genannte Objektdefinition umfaßt die Verbundobjekte Adr1 und Adr2. Die zugehörigen Basisobjekte sind mit Hilfe der Selektionsoperatoren "." und "[]" ansprechbar, z.B. Adr1.Ort, Adr1.Strasse[1].

c) Abstraktion mit Hilfe von Operatoren:
Für jeden Datenstrukturtyp (einfach oder parametrisierbar) kann eine spezifische Menge von Operatoren angegeben werden, die auf die zugehörigen Datenstrukturen anwendbar sind, z.B.

```
RECORD, ARRAY:   {:=,=,<>}
INTEGER:         {:=,=,<,>,<=,>=,<>,+,-,*,DIV}
```

Demnach ist z.B. der Ausdruck (Adr1 < Adr2) unzulässig, der Ausdruck (Adr1.Plz < Adr2.Plz) dagegen korrekt.

Neben diesen Operatormengen können auf Datenstruktur-Ebene anwendungseigene Operatoren definiert werden. Dies führt zur Bildung abstrakter Datentypen, die im folgenden Kapitel behandelt werden.

4.3 Abstrakte Datentypen

Virtuelle Maschinen wurden in Kapitel 4.1 aus dem Blickwinkel des Benutzerkreises und dem des Konstrukteurs betrachtet. Der Benutzerkreis interessiert sich für das Verhalten der Maschine, d.h. für das Verhalten der in dieser Maschine zusammengefaßten Funktionstypen. Der Konstrukteur bildet das postulierte Verhalten einer Benutzermaschine mit Hilfe eines Programms auf das Verhalten einer Basismaschine ab. Die den Algorithmus des Programms darstellende Beschreibung der Realisierungsstruktur gibt an, wie die Funktionstypen der Benutzermaschine aus den Funktionstypen der Basismaschine erzeugt werden.

Methodische Voraussetzung für die Konstruktion virtueller Maschinen ist daher ein Konzept zur Darstellung der Beschreibungsstruktur und der Realisierungsstruktur von Funktionstypen. Hierzu wird im folgenden das Konzept des **abstrakten Datentyps** (ADT) vorgestellt. Die wesentlichen Merkmale des Konzepts sind:

a) Ein ADT definiert einen oder mehrere Datentypen anhand der Operatoren, die auf den zugehörigen Datenobjekttypen definiert sind (Datenabstraktion mit Hilfe von Operatoren).

b) Die Verwendung des ADT erfolgt unabhängig von der Realisierungsstruktur seiner Datentypen nur aufgrund der Beschreibungsstruktur.

c) Der Zugriff auf die gemäß einem ADT definierten Datenobjekte erfolgt ausschließlich unter Verwendung der ADT-Operatoren. Zugriffe auf Teilobjekte unter Berücksichtigung ihrer Speicherrepräsentation sind unzulässig und auch nicht möglich.

Die Eignung abstrakter Datentypen als allgemeines Beschreibungs- und Realisierungskonzept für die Funktionstypen von Maschinen beruht auf folgenden Eigenschaften:

- Da der Zugriff auf einen Datenobjekttyp des ADT nur über die dazu vorgesehenen Operatoren möglich ist, ist die Verwendung des Datenobjekttyps in der Benutzermaschine unabhängig von der Realisierung des ADT in der Basismaschine. Die Basismaschine und die Realisierungsstruktur können daher ohne Beeinträchtigung der darüberliegenden Maschinen gegen eine andere Basismaschine und eine entsprechend abgeänderte Realisierungsstruktur ausgetauscht werden. Dies ist eine wichtige Voraussetzung für die flexible Gestaltung und Anpassung umfangreicher Systeme.

- Der Konstrukteur einer Benutzermaschine benötigt zur Programmentwicklung nur die Beschreibungsstruktur der zugehörigen Basismaschine. Informationen über weitere, darunterliegende Basismaschinen oder deren Realisierung werden nicht benötigt. Dies ermöglicht überschaubare und damit verifizierbare Konstruktionsschritte (vgl. Zerlegungsmethodik; Kap. 1.4).

- Da auf die gemäß einem ADT definierten Datenobjekte nur über die vorgesehenen Operatoren zugegriffen werden kann, sind fehlerhafte Zugriffe durch unzulässige Operationen ausgeschlossen. Das bedeutet eine erhöhte Zuverlässigkeit des Systems.

- ADTs erweitern die in Programmiersprachen bereits vorhandene Datenabstraktion der spracheigenen Datentypen um anwendungseigene Datentypen. Sie stellen dadurch ein allgemeines Abstraktionskonzept für Datenobjekttypen <u>und</u> Operatoren dar.

Die Spezifikation eines ADT besteht aus zwei Teilen. In der **Interface-Spezifikation** (Schnittstelle zur Umgebung) werden die Operationen und die Datenobjekttypen des ADT definiert. In der **Verhaltens-Spezifikation** wird das Verhalten des ADT beschrieben. Je nach Art der Verhaltensbeschreibung durch Beschreibungsstruktur oder Realisierungsstruktur werden die axiomatische Spezifikation und die operationelle Spezifikation von ADTs unterschieden. Beide Formen werden nachfolgend vorgestellt.

AXIOMATISCHE SPEZIFIKATION ABSTRAKTER DATENTYPEN

Bei der **axiomatischen Spezifikation** wird das Verhalten des ADT mit Hilfe von Axiomen beschrieben. Axiome sind Aussagen mit postuliertem Wahrheitswert. Die Operationen und Datenobjekttypen des ADT werden implizit dadurch definiert, daß bestimmte Kombinationen von Operationen als gültig postuliert und die Wirkungen der Kombinationen beschrieben werden.

Formal gesehen ist eine axiomatische Spezifikation ein algebraisches System, bestehend aus

a) der Definition der in diesem ADT verwendeten Datenobjekttypen (Spezifikationsteil: Types),

b) einer syntaktischen Spezifikation, in der die Operationen des ADT definiert werden (Spezifikationsteil: Operations) und

c) einer semantischen Spezifikation, die das Verhalten des ADT in Form von Axiomen beschreibt (Spezifikationsteil: Axioms).

Ein Vorteil der axiomatischen Spezifikation ist, daß die Spezifikationen keine Angaben zur Realisierungsstruktur des ADT enthalten. Da das postulierte Verhalten eines ADT in der Regel durch verschiedene Realisierungsstrukturen erzeugt werden kann, würde die Festlegung einer bestimmten Realisierungsstruktur andere, möglicherweise geeignetere Lösungen verhindern. Außerdem würde die Flexibilität der Lösung hinsichtlich späterer Anpassungen unnötig eingeengt.

Ein weiterer Vorteil liegt in der algebraischen Notation axiomatischer Spezifikationen. Sie gestattet den Einsatz formaler Verfahren zur Überprüfung der Vollständigkeit und Widerspruchsfreiheit von Spezifikationen.

Von Nachteil ist, daß die Aufstellung der Axiome bei umfangreichen Spezifikationen sehr aufwendig ist und die Axiome vom Menschen schwer interpretierbar sind. Es ist derzeit noch nicht möglich, komplexe betriebliche Informationssysteme axiomatisch zu spezifizieren. Gegenwärtig ist die axiomatische Spezifikation Gegenstand intensiver Entwicklung.

Beispiel:

Nachstehend wird die in Kapitel 3.3.3 vorgestellte Datenstruktur Stack zusammen mit den darauf definierten Operatoren als abstrakter Datentyp axiomatisch spezifiziert.

Stack ist in Form eines Verbundtyps über dem Basistyp Element-Type als Datenstrukturtyp realisiert. Element-Type ist ein beliebiger Datentyp, mit dem Stack parametrisiert wird. Da Element-Type nicht näher spezifiziert ist, wird dieser ADT als **generischer ADT** bezeichnet. Durch Festlegung von Element-Type entsteht ein spezieller ADT. In der Spezifikation wird neben Element-Type auf den als bekannt vorausgesetzten Datentyp BOOLEAN zurückgegriffen.

```
Types         Stack[Element-Type : Type]

Operations    NEWSTACK: Ø --> Stack
              PUSH:     Stack × Element-Type --> Stack
              POP:      Stack --> Stack
              TOP:      Stack --> Element-Type ∪ {undefined}
              ISNEW:    Stack --> Boolean

Axioms        VAR s : Stack; e : Element-Type;

              POP(NEWSTACK)       = NEWSTACK
              POP(PUSH(s,e))      = s
              TOP(NEWSTACK)       = undefined
              TOP(PUSH(s,e))      = e
              ISNEW(NEWSTACK)     = true
              ISNEW(PUSH(s,e))    = false
```

Stack ist ein nach dem lifo-Prinzip (last in first out) organisierter Stapel aus Komponenten des Typs Element-Type. Die Operation NEWSTACK erzeugt einen leeren Stack, PUSH verlängert den Stack um eine Komponente. TOP liefert den Wert der obersten Komponente und POP entfernt die oberste Komponente aus dem Stack (Im Gegensatz zu Kap. 3.3.3 ist der Operator POP hier in die Teiloperationen TOP und POP zerlegt). Mit der Operation ISNEW kann getestet werden, ob der Stack leer ist.

Die Axiome von Stack enthalten als wahr postulierte Aussagen über die Beziehungen zwischen Operationen. Z.B. besagt das Axiom POP(PUSH(s,e)) = s, daß die Operationen PUSH und POP zueinander invers sind. Die Verlängerung des Stack s um eine Komponente e (Operation PUSH) wird durch POP wieder rückgängig gemacht.

(Ende d. Beisp.)

OPERATIONELLE SPEZIFIKATION ABSTRAKTER DATENTYPEN

Die **operationelle Spezifikation** beschreibt das Verhalten eines abstrakten Datentyps mit Hilfe seiner Realisierungsstruktur. Dazu wird in der Regel die algorithmische Notation einer höheren Programmiersprache verwendet. Es wird die Realisierung des ADT mit Hilfe einer Basismaschine beschrieben. Im Gegensatz zur axiomatischen Spezifikation, die sich auf genau eine Maschine bezieht, nimmt die operationelle Spezifikation auf zwei benachbarte Maschinen Bezug.

Der Nachteil des Verfahrens besteht darin, daß bei der Spezifikation Details festgelegt werden müssen, die zu einer Überspezifikation des Verhaltens führen. Z.B. müssen die zu verwendende Basismaschine und eine Realisierungsstruktur angegeben werden. Die Verwendung einer anderen Basismaschine und/oder einer anderen Realisierungsstruktur bedeutet eine Änderung der Spezifikation, obwohl dadurch keine Verhaltensänderung des ADT bewirkt wird.

Von Vorteil ist, daß operationelle Spezifikationen im Vergleich zu axiomatischen Spezifikationen in der Regel leichter verständlich sind und sich auch zur Spezifikation umfangreicher Systeme eignen.

MODUL

Eine Realisierungsform für die operationelle Spezifikation eines ADT in höheren Programmiersprachen ist ein **Modul**. Diese besteht aus der Interface-Spezifikation und der Verhaltens-Spezifikation (vgl. Kap. 3.4.3). Gegenüber der Verhaltensbeschreibung der axiomatischen Spezifikation enthält die Verhaltens-Spezifikation eines Moduls folgende Besonderheiten:

- Wegen der Einbeziehung einer zugehörigen Basismaschine ist eine Realisierungsstruktur zu spezifizieren. Diese stellt zugleich die Beschreibungsstruktur dar.

- Obwohl zur Verhaltensbeschreibung die Realisierungsstruktur verwendet wird, stellt dieses Konzept sicher, daß die Programmumgebung des ADT nur über die im ADT definierten Operatoren mit der Realisierungsstruktur in Verbindung treten kann und somit unzulässige Zugriffe, z.B. auf die Speicherrepräsentation, ausgeschlossen sind. Das Prinzip, daß ein Modul seine Realisierungsstruktur vor der Programmumgebung verbirgt und nur Schnittstelleninformationen nach außen exportiert, wird als **Information Hiding** bezeichnet.

- Zur Erstellung der Programmumgebung benötigt ein Programmkonstrukteur eine Beschreibungsstruktur des ADT. Wegen der Übereinstimmung von Beschreibungs- und Realisierungsstruktur ist somit auch die Realisierungsstruktur offenzulegen. Aus Gründen der Komplexitätsreduzierung werden jedoch meist nur bestimmte Strukturelemente angegeben, deren Kenntnis zur Programmerstellung erforderlich ist. Dies ist ein weiterer Aspekt des Information Hiding.

Ein Modul wird in Modula-2 als **Module**, in UCSD-Pascal als **Unit** bezeichnet.

<u>Beispiel:</u>

Nachfolgend wird der abstrakte Datentyp "Stack" aus dem Beispiel S. 159 in Form eines Moduls der Programmiersprache Modula-2 operationell spezifiziert. Element-Type ist INTEGER. Außerdem gilt, daß genau ein Datenobjekt vom Typ Stack existiert, dessen Reservierung Bestandteil des Moduls ist.

Die Spezifikation enthält einen Definitionsteil, der alle Vereinbarungen über die Schnittstelle des ADT zu seiner Programmumgebung enthält. Die Namen der zur Verwendung des ADT benötigten Datenobjekttypen, Datenobjekte und Prozeduren werden nach außen exportiert (EXPORT QUALIFIED).

```
DEFINITION MODULE Stack;
  EXPORT QUALIFIED element,error,push,pop,top,isnew;

  TYPE  element = INTEGER;                    (* Element Type *)
  VAR   error   : BOOLEAN;                    (* Error Flag *)

  PROCEDURE push(e :element);
  PROCEDURE pop;
  PROCEDURE top :element;
  PROCEDURE isnew :BOOLEAN;
END Stack;
```

Der zweite Teil der Spezifikation beschreibt das Verhalten des ADT mit Hilfe seiner Realisierungsstruktur. Diese ist in der Programmumgebung des ADT nicht bekannt.

```
IMPLEMENTATION MODULE Stack;
  CONST max      = 100;                       (* Max. Elements *)
  VAR   sp       : [0..max];                  (* Stack Pointer *)
        stack    : ARRAY[1..max] OF element;  (* Stack *)

  PROCEDURE push(e: element);
    BEGIN
      error := sp >= max;  (* Stack Overflow Condition *)
      IF NOT error THEN
        sp := sp + 1;
        stack[sp] := e
      END;
    END push;
```

```
PROCEDURE pop;
  BEGIN
    error := FALSE;
    IF sp >= 1 THEN
      sp := sp - 1
    END;
  END pop;

PROCEDURE top: element;
  BEGIN
    error := sp < 1;     (* Stack Underflow Condition *)
    IF NOT error THEN
      top := stack[sp]
    END;
  END top;

PROCEDURE isnew: BOOLEAN;
  BEGIN
    error := FALSE;
    isnew := sp = 0;
  END isnew;

BEGIN (* Initialize Stack = NEWSTACK *)
  sp := 0;
  error := FALSE;
END Stack.
```

(Ende d. Beisp.)

5. Betrieb von Rechnersystemen

In den vorhergehenden Kapiteln wurde der schichtenförmige Aufbau eines Rechnersystems betont. Dieser Aufbau wird von der Basismaschine URM (Hardware-Konfiguration) und der Benutzermaschine für die vorgegebene Aufgabenstellung begrenzt. Zwischen diesen beiden Maschinen liegt eine Folge virtueller Maschinen mit unterschiedlichen Funktionsvorräten und unterschiedlichen Sichten des Rechnersystems. Ziele dieser stufenweisen Abstraktion sind

- die näherungsweise Lösung des Problems der simultanen Zerlegung von Datenstrukturen und Operatoren durch Folgen von Zwischen-Maschinen,

- die sukzessive Aufspaltung einer Universalmaschine über Stufen von Zwischen-Maschinen in eine Menge von Spezialmaschinen (Benutzermaschinen), wobei die Aufspaltung gemäß einer Baumstruktur erfolgt,

- die Reduzierung der Programmkomplexität durch Minimierung des Schnittstellenumfangs zwischen zwei benachbarten virtuellen Maschinen. Benutzer einer virtuellen Maschine nehmen ausschließlich Bezug auf die nach außen hin bekannte, möglichst einfache Beschreibungsstruktur dieser Maschine und sind von der wesentlich komplexeren Realisierungsstruktur abgeschirmt. In der Beschreibungsstruktur einer Maschine wird generell ihre Funktionsfähigkeit unterstellt. Auf der Ebene der Realisierungsstruktur sind Fehler- und Ausnahmebedingungen zu berücksichtigen.

Beispiel:

Eine virtuelle Maschine "Drucker" ist ständig bereit, Daten zu übernehmen. Es ist aufgrund der Beschreibungsstruktur in der Regel nicht bekannt, auf welches Medium tatsächlich "gedruckt" wird. Dieses Medium kann auch ein externer Speicher sein. Auf der Ebene der Realisierungsstruktur sind das konkrete Medium, sowie Fehlerbedingungen wie "Papierende" oder "Papier nicht korrekt eingelegt" zu berücksichtigen.

(Ende d. Beisp.)

Im Laufe der Zeit haben sich aus der genannten Vielfalt der Aufspaltungen der Universalmaschine in Spezialmaschinen vier Schichten herausgebildet, zwischen denen deutliche Trennungslinien erkennbar sind. Für diese Trennungslinien existieren allgemein dokumentierte Beschreibungsstrukturen. Die Schichten sind ihrerseits in virtuelle Maschinen unterteilt, die für den Benutzer in der Regel nicht zugänglich und nicht dokumentiert sind. Die vier Hauptschichten sind von oben nach unten:

- **Anwendungsprogramm.**
  Es repräsentiert die endgültige Benutzermaschine und ist durch Programm-Spezifikation und Bedienungshandbuch dokumentiert.

- **Programmiersystem.**
  Es besteht aus einer Programmiersprache und aus Komponenten zum Betrieb dieser Maschine. Dazu gehören

  - Textsysteme (Editoren) zum Schreiben von Programmen,
  - Übersetzer zum Übertragen von Programmen auf unterschiedliche Basismaschinen (vgl. Kap. 5.2.1),
  - Binder zum Zusammenbau von Programmen aus getrennt erstellten Programmbausteinen (vgl. Kap. 5.2.2),
  - Testhilfen (Debugger) für die Fehlersuche in Programmen und
  - Verwaltungssysteme, wie z.B. Programmbibliotheken für die Speicherung von Programmen.

- **Betriebssystem.**
  Diese Ebene ist Basismaschine für unterschiedliche Programmiersysteme und für Anwendungsprogramme sowie Benutzermaschine für Personen. Der Funktionsvorrat des Betriebssystems besteht aus Verallgemeinerungen der Funktionen von URM. So gehören zu den Funktionen eines Betriebssystems virtuelle Prozessoren mit virtuellem internen und externen Speicher. Eine Reihe von Betriebssystemen stellt mehrere virtuelle URMs gleichzeitig zur Verfügung (Multiprogramming), obwohl nur eine reale URM verfügbar ist.

- **Hardwarekonfiguration.**
  Die Funktionen dieser Ebene werden durch die vorhandenen realen URMs und durch reale Einrichtungen zur Datenübertragung und Datenspeicherung realisiert (vgl Kap. 2).

5.1 Betriebssystem

5.1.1 Schnittstellen zur Umgebung

Die virtuelle Maschine "Betriebssystem" ist Benutzermaschine für Personen und Basismaschine für Programmiersysteme und Anwenderprogramme. Das Betriebssystem benutzt seinerseits eine Maschine URM in Form der Hardwarekonfiguration oder in Form hardwarenaher Programmiersprachen als Basismaschine. Ein Beispiel hierfür ist die maschinennahe Sprache p-Code, die Basismaschine für das zu UCSD-Pascal gehörende Betriebssystem "p-System" ist. p-Code benutzt wiederum die Hardwarekonfiguration als Basismaschine.

PORTABILITÄT

Bei der Verwendung maschinennaher Sprachen, wie z.B. p-Code, als Basismaschine für Betriebssysteme steht nicht eine hierarchische Konstruktionsmethodik für Betriebssysteme im Vordergrund, sondern die Unabhängigkeit von einer speziellen Hardwarekonfiguration. p-System ist auf allen Rechnern funktionsfähig, die Basismaschine zu p-Code sind, d.h. für die es Programme gibt, die p-Code auf die Hardwarekonfiguration abbilden. Programme, die eine Programmiersprache in der Weise auf eine Basismaschine abbilden, daß sie während der Laufzeit eines zugehörigen Anwenderprogramms die Funktionen der Programmiersprache unter Verwendung von Funktionen der Basismaschine realisieren, werden **Interpreter** genannt (vgl. dazu Übersetzer-Programme Kap. 5.2.1).

Es ist aus der Sicht des Benutzers von p-Code nicht erkennbar, ob p-Code als Hardware realisiert ist oder mit Hilfe eines Interpreters auf eine reale Basismaschine abgebildet wird. Virtuelle Maschinen, wie z.B. Betriebssysteme, die auf derartige Zwischen-Maschinen ausgerichtet sind, können in einfacher Weise von Rechner zu Rechner **portiert** werden. Die Eigenschaft der **Portabilität** einer virtuellen Maschine ist ein wesentliches Konstruktionsziel zur Minimierung von Software-Stückkosten. Die Neukonstruktion eines p-Code-Interpreters für eine weitere Hardwarekonfiguration ist in der Regel wesentlich einfacher als die entsprechende Neukonstruktion der Moduln des Betriebssystems. Ein portables Betriebssystem wird durch nachstehende Folge von Maschinen und Programmen realisiert:

Virtuelle Maschine:	Betriebssystemfunktionen
Programm:	Moduln des Betriebssystems
Virtuelle Maschine:	p-Code
Programm:	p-Code-Interpreter
Reale Maschine:	Hardwarekonfiguration

KOMMANDOSPRACHE UND BETRIEBSSYSTEM-INTERFACE

Die Funktionen eines Betriebssystems werden in zwei unterschiedlichen Formen benutzt:

- Sie werden von Anwenderprogrammen und Programmiersystemen, die das Betriebssystem als Basismaschine verwenden, aufgerufen. Aus der Sicht dieser Programme bilden die Funktionen des Betriebssystems einen abstrakten Datentyp, der über eine Interface-Spezifikation zugänglich ist oder einen Bestandteil der Programmiersprache bildet.

- Aus der Sicht von Personen bilden die Funktionen eine Benutzermaschine, die in Form einer **Kommandosprache** verfügbar ist. Die Kommandosprache verwendet in der Regel einen von natürlichen Sprachen her vertrauten Zeichen- und Wortvorrat. Die Funktionen der Kommandosprache sind in der Regel eine Teilmenge der Funktionen der Interface-Spezifikation.

  Die Kommandosprache für p-System ist in der Weise konstruiert, daß nahezu alle Funktionen in Form eines Dialogs abgewickelt werden um dem Benutzer Unterstützung bei der Verwendung der Funktionen zu geben. Funktionsaufrufe werden durch Eingabe eines einzigen Zeichens veranlaßt und sind daher effizient durchzuführen. Außerdem werden die verfügbaren Funktionen am Terminal in Form eines Menüs aufgelistet.

5.1.2 Struktur und Funktionen eines Betriebssystems

Wesentliche Funktionen eines Betriebssystems sind:

a) die Präsentation der Betriebsmittel der realen Basismaschine in Form geeigneter virtueller Betriebsmittel, die auf die Bedürfnisse des Benutzers ausgerichtet sind.

b) die Verwaltung virtueller und realer Betriebsmittel für die gleichzeitige Verwendung durch mehrere Benutzer. Dazu wird für jeden Benutzer eine Menge virtueller Betriebsmittel generiert, die diesem exklusiv zur Verfügung steht. Aus der Sicht des Betriebssystems führt die Verwaltung der mehrfach vorhandenen virtuellen Betriebsmittel zur Durchführung und Synchronisation entsprechend vieler paralleler Prozesse. Jeder Prozeß belegt eines oder mehrere dieser realen oder virtuellen Betriebsmittel.

Virtuelle Betriebsmittel sind:

a) **Virtuelle URMs**, bestehend aus einem **virtuellen Prozessor** und einem **virtuellen Hauptspeicher**.

   - Der virtuelle Prozessor enthält entweder einen Befehlsvorrat, der mit dem des zugehörigen realen Prozessors übereinstimmt, oder einen Befehlsvorrat, der mit Hilfe eines Interpreter auf den Befehlsvorrat des realen Prozessors abgebildet wird (vgl. p-Code; Kap. 5.1.1). Im ersten Fall bezieht sich die Eigenschaft "virtuell" ausschließlich auf die zeitliche Zuordnung zwischen virtuellem und realem Prozessor. Ein virtueller Prozessor ist permanent, ein realer Prozessor kann zeitabschnittsweise verfügbar sein.

   - Die virtuellen Eigenschaften des Hauptspeichers betreffen seine Größe und seine Adressierungsarten. Ein virtueller Hauptspeicher besteht aus einem realen Hauptspeicher und ggf. aus einem externen Speicher. Er repräsentiert aus Benutzersicht einen linearen Adreßraum.

     Falls die Adressierungsarten für den Zugriff auf Speicherzellen des virtuellen Hauptspeichers mit den Adressierungarten des zugehörigen realen Hauptspeichers übereinstimmen, ist nur für die externen Speicheranteile eine Adreßumsetzung notwendig. Andernfalls ist eine weitere Adreßumsetzung auch bezüglich des realen Hauptspeichers erforderlich.

b) **Virtuelle Externspeicher.** Reale Externspeicher besitzen eine Blockstruktur mit unterschiedlichen Adressierungsarten und Manipulationsoperatoren (vgl. Kap. 2.3.1 und 6.1). Diese Struktur ist für Benutzer des Externspeichers sehr unhandlich. Ein virtueller Externspeicher, auch **Volume** genannt, besteht daher aus Datenmengen beliebiger Größe und beliebiger Struktur, die als **Dateien** bezeichnet werden (vgl. Kap. 6.2.2), sowie einem **Inhaltsverzeichnis (Directory)** zur Verwaltung des Volume. Zur Manipulation des Externspeichers existieren Operatoren innerhalb der Kommandosprache (erzeuge Datei, entferne Datei, transferiere Datei, liste Inhaltsverzeichnis auf) und als Teil von Programmiersprachen (vgl. Kap. 6.2.2).

c) **Virtuelle Kommunikationskanäle**, z.B. in Form von virtuellen Terminals, virtuellen Druckern und virtuellen Verbindungen zu anderen Rechnern. Diese Kanäle realisieren u.a. auf unterschiedlichem Abstraktionsgrad die Ebenen 1 bis 7 des OSI-Referenzmodells (vgl. Kap. 2.3.2 und Kap. 7.1), dessen Aufgabe die Definition virtueller Kommunikationskanäle ist.

5.2 Programmiersystem

Grundlage eines jeden Programmiersystems sind eine Programmiersprache und Hilfsmittel zur Erstellung von Programmen in dieser Sprache. Als Mindestaustattung gehört dazu

- ein Editor zum Schreiben von Programmen,
- ein Übersetzer oder Interpreter zur Aufbereitung eines Programms bezüglich der zugehörigen Basismaschine,
- ein Binder zur Montage getrennt erstellter Programmbausteine (Moduln) und
- ein Debugger zum Testen und Analysieren von Programmen.

Darüber hinaus wird auf Funktionen des zugehörigen Betriebssystems zurückgegriffen.

5.2.1 Übersetzer und Interpreter

Ein mit Hilfe eines Programmiersystems erstelltes Programm A wird auf folgende Weise weiterbehandelt:

Das eine Benutzermaschine realisierende Programm A baut auf der Programmiersprache P als Basismaschine auf. P ist selbst Benutzermaschine bezüglich einer weiteren Basismaschine C. Die Maschine C ist wiederum eine Programmiersprache oder die zugrundeliegende Hardwarekonfiguration. Das Programm A kann aufbauend auf dieser Maschine unter Verwendung eines Interpreter (vgl. Kap. 5.1.1) durchgeführt werden.

Zur effizienten Durchführung von Programmen wird jedoch häufig ein alternativer Weg eingeschlagen. Dabei wird aus Programm A ein weiteres Programm B erzeugt, das mit A verhaltensgleich ist, sich jedoch auf eine andere, in der Regel reale Basismaschine H bezieht. Das Programm B wird von H effizienter ausgeführt als das Programm A mit Hilfe des Interpreter auf der Maschine C (vgl. Abb. 5.2.1-1). Die Erzeugung von B aus dem Programm A wird als Übersetzung von A nach B bezeichnet. Ein Programm zur Durchführung der Übersetzung heißt **Übersetzer (Compiler)**, A heißt **Quell-Programm (Source Code)**, B heißt **Ziel-Programm (Object Code)**.

Beim Programmiersystem des p-Systems wird aus dem Programm A stattdessen ein Programm B erzeugt, das sich auf p-Code bezieht und somit portabel ist.

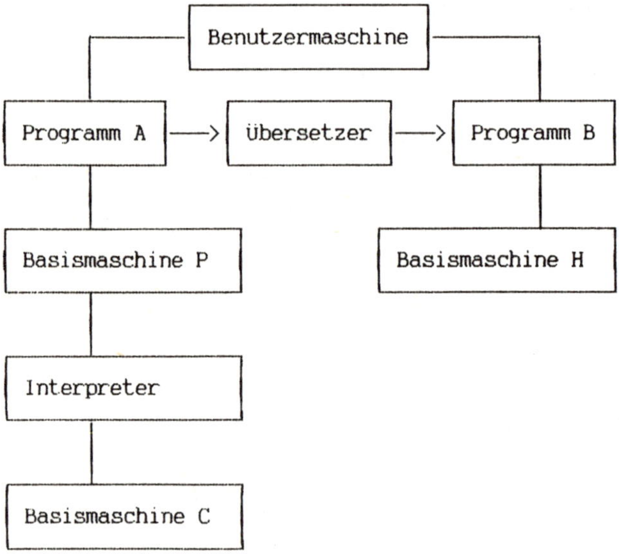

Abb. 5.2.1-1: Übersetzer und Interpreter

5.2.2 Binder und Modulbibliotheken

Bei der Übersetzung eines Programms A in ein Programm B für die Basismaschine H werden in der Regel Funktionsaufrufe erzeugt, die sich nicht nur auf H, sondern auch auf Zwischen-Maschinen beziehen, die wiederum auf der Basismaschine H aufbauen.

Die Zwischen-Maschinen werden durch Moduln realisiert. Diese bilden Interpreter für die Funktionen der Zwischenmaschinen. Um das Programm B in eine durch H ausführbare Form zu bringen, ist es notwendig, die zu den Zwischensprachen gehörigen Moduln mit B zu einem Programm R zusammenzufügen. Dieser Vorgang heißt **Binden des Programms R** und wird mit Hilfe eines Programms durchgeführt, das als **Binder (Linker)** bezeichnet wird. Die Moduln werden speziellen Dateien, den **Modulbibliotheken**, entnommen.

Modulbibliotheken sind das wesentliche Hilfsmittel zur Konstruktion von **Fachprogrammiersprachen**. Jede Spracherweiterung wird als abstrakter Datentyp formuliert und als Modul realisiert. Das Ergebnis ist eine Hierarchie einander benutzender Moduln, die gemeinsam in einer Modulbibliothek verwaltet werden. Programmiersysteme enthalten in der Regel eine Reihe verschiedener Modulbibliotheken, die auf unterschiedliche Fachgebiete ausgerichetet sind. Modula-2 ist ein gutes Beispiel, daß derartige Bibliotheken ein geeignetes Instrument sind, auch Betriebssystemteile und Komponenten des Programmiersystems dem Benutzer in modularer Form darzubieten.

Die Möglichkeiten dieser Vorgehensweise werden anhand von Modula-2 und seiner Implementierung erläutert. Ausgangspunkt ist die Sprache selbst, die als möglichst kleiner Vorrat von Sprachelementen definiert wird, um die Erlernbarkeit und den Implementierungsaufwand der Sprache zu minimieren. Aufbauend auf der Sprache werden u.a. folgende Spracherweiterungen in Form von Moduln erzeugt:

- Input- und Output-Funktionen für Terminal und Drucker,
- Funktionen für die Manipulation von Intern- und Externspeichern,
- Funktionen für die Manipulation von Volumes,
- Steuerung paralleler Prozesse,
- Algorithmen der numerischen Mathematik,
- Funktionen für die Manipulation von Strings,
- Funktionen für Longinteger.

6. Datenverwaltung

Bei der Durchführung von Informations- und Entscheidungsaufgaben betrieblicher Informationssysteme werden Input-, Zustands- und Zielinformationen benötigt und Outputinformationen erzeugt (vgl. Kap. 1.3). Diese Informationen sind häufig über einen Zeitraum von mehreren Jahren im Informationssystem verfügbar zu halten. Dadurch entsteht ein umfangreicher Datenbestand, der maschinell zu verwalten ist. Bei realen Informationssystemen umfaßt der Datenbestand in der Regel ein Volumen im Bereich MByte bis GByte.

Der Hauptspeicher eines Rechners ist zur Aufnahme von Datenbeständen dieses Umfangs nicht geeignet. Außerdem ist der Hauptspeicher als Halbleiterspeicher realisiert, dessen Speicherfähigkeit an eine permanente Energiezufuhr gebunden ist (vgl. S. 61f). Zur dauerhaften Speicherung des Datenbestands eines betrieblichen Informationssystems kommen daher insbesondere magnetische Speicher (Magnetplatte, Diskette, Magnetband) in Betracht.

In Kapitel 2.3.1 wurden Datenträger als Maschinen zur Durchführung elementarer Datenspeicherungsaufgaben eingeführt. Unter Verwendung von Datenträgern mit magnetischen Speichermedien als Basismaschinen können nun spezielle virtuelle Maschinen (vgl. Kap. 4.) aufgebaut werden, die zur Verwaltung des Datenbestands betrieblicher Informationssysteme geeignet sind. Die Untersuchung dieser virtuellen Maschinen ist Gegenstand des vorliegenden Kapitels.

6.1 Intern- und Externspeicher

Die Manipulierung eines Datenobjekts durch ein Programm ist nur innerhalb des Hauptspeichers einer Universalrechenmaschine (URM; vgl. Kap. 2.1.3) möglich. Das bedeutet, daß der Wert eines jeden auf einem magnetischen Datenträger befindlichen Datenobjekts zur Bearbeitung in den Hauptspeicher und nach der Bearbeitung zurück auf den magnetischen Datenträger transportiert werden muß. Da der Hauptspeicher Bestandteil von URM ist, stellt er aus der Sicht von URM einen **Internspeicher** dar. Im Gegensatz dazu sind magnetische Datenträger als separate Maschinen mit eigenen Speichermedien, Zugriffs- und Kontrolleinrichtungen realisiert und stellen deshalb aus der Sicht von URM **Externspeicher** dar. Intern- und Externspeicher sind die beiden Typen von Basismaschinen, auf denen die hier betrachteten virtuellen Datenträger aufbauen.

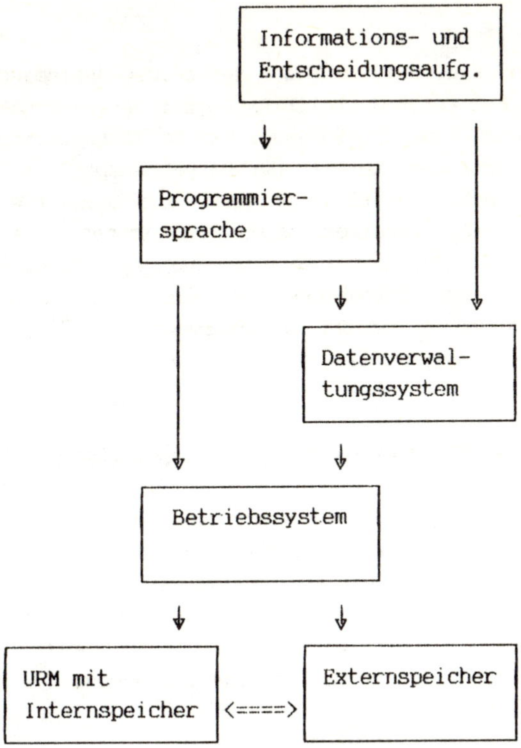

Abb. 6.1-1: Beziehungen zwischen Datenträgern eines betrieblichen Informationssystems

Abbildung 6.1-1 zeigt die an der Realisierung eines betrieblichen Informationssystems beteiligten Benutzer- und Basismaschinen aus der Sicht der Datenverwaltung. Die Informations- und Entscheidungsaufgaben sind in einer Programmiersprache formuliert. Diese Sprache benutzt zur Datenverwaltung Funktionen des Betriebssystems oder eines speziellen Datenverwaltungssystems, das wiederum auf Betriebssystemfunktionen aufbaut.

Bestimmte Aufgaben des Informationssystems können vom Benutzer ohne Verwendung der Programmiersprachenebene auch direkt mit Hilfe der

Funktionen des Datenverwaltungssystems realisiert werden. Dies ist insbesondere bei einfachen Informationsaufgaben möglich, wenn das Datenverwaltungssystem eine geeignete Anfragesprache (vgl. Kap. 6.3.6) bereitstellt.

Das Betriebssystem (vgl. Kap. 5.1) baut auf den beiden Basismaschinen URM und Externspeicher auf und stellt Datenspeicherungsfunktionen für beide Datenträger, sowie Funktionen für den Datentransport zwischen den beiden Datenträgern bereit. Der Datentransport wird in der Richtung "Externspeicher zu Internspeicher" als **Lesen** (**Read**), in umgekehrter Richtung als **Schreiben** (**Write**) bezeichnet. Die Datenübertragung zwischen Extern- und Internspeicher wird blockweise durchgeführt. Die Größe der Datenblöcke variiert u.a. mit der Bauart des Datenträgers und entspricht üblicherweise dem 2^i-fachen ($i=0,1,\ldots$) von 128 Byte (vgl. S. 62).

6.2 Datenstrukturen und Datenstrukturtypen für Externspeicher

Die in Abbildung 6.1-1 dargestellte Folge von Maschinen kann überlappend in Paare von Benutzer- und Basismaschinen zerlegt werden. Ein wesentlicher Teilaspekt der Konstruktion dieser Folge ist die Überführung der Datentypen einer Basismaschine in Datentypen der zugehörigen Benutzermaschine. Hierfür stehen die in Kapitel 4.2 vorgestellten Konzepte der Datenabstraktion zur Verfügung.

STRUKTUR- UND VERHALTENSEIGENSCHAFTEN VON DATENSTRUKTUREN FÜR EXTERNSPEICHER

Verhalten und Struktur sind die beiden wesentlichen Aspekte für die Untersuchung und Beschreibung komplexer Systeme. Wegen ihrer Komplexität werden im folgenden auch die hier betrachteten Datenstrukturen für Externspeicher unter Verhaltens- und Struktur-Gesichtspunkten untersucht.

Das Verhalten einer Datenstruktur ist durch die Menge der Werte gegeben, die ein zugehöriges Datenobjekt annehmen kann. Diese Menge von Werten wird als **Wertebereich** der Datenstruktur bezeichnet. Bezogen auf die komplexbildende Form der Datenabstraktion ist das

Verhalten eines Verbundtyps demnach das kartesische Produkt der Wertemengen seiner Basistypen.

Die Struktur eines Verbundtyps beschreibt, wie ein zugehöriges Verbundobjekt aus Basisobjekten eines oder mehrerer Basistypen zusammengesetzt ist. Die Struktur eines Verbundtyps heißt **dynamisch**, falls einem zugehörigen Verbundobjekt Basisobjekte hinzugefügt oder von ihm entfernt werden können oder (ggf. vorhandene) Vorgänger-Nachfolgerbeziehungen zwischen den Basisobjekten veränderbar sind. Andernfalls wird die Struktur des Verbundtyps als **statisch** bezeichnet.

Datenstrukturen für Externspeicher weisen charakteristische Struktur- und Verhaltenseigenschaften auf:

- Die Datenstrukturen besitzen eine dynamische Struktur. Das bedeutet, daß der Speicherplatzbedarf für ein Datenobjekt dieser Struktur während der Programmausführung variiert.

- Die Implementierung dieser dynamisch veränderlichen Struktur setzt ein geeignetes Verfahren zur dynamischen Speicherverwaltung voraus. Dabei ist zu berücksichtigen, daß die Zugriffszeiten von Externspeichern im Vergleich zu denen der Internspeicher relativ langsam sind.

Die für Externspeicher geeigneten Datenstrukturen lassen sich auf eine Reihe von Datenstrukturtypen zurückführen. Die wichtigsten Grundformen und die darauf definierten Operationen werden nachstehend unter Struktur- und Verhaltensgesichtspunkten erläutert. Die Datenstrukturtypen File, lineare Liste und Baum (vgl. Kap. 6.2.2 bis 6.2.4) weisen wünschenswerte Eigenschaften für die Implementierung von Datenbeständen auf Externspeichern auf, der Datenstrukturtyp Relation (vgl. Kap. 6.2.5) eignet sich insbesondere für die Repräsentation von Datenbeständen aus der Sicht des Menschen. Alle genannten Datenstrukturtypen bauen auf dem allgemeinen Set-Typ auf, der den Ausführungen über Datenstrukturtypen vorangestellt wird.

6.2.1 Allgemeine Sets

Der einfachste Datenstrukturtyp für Externspeicher umfaßt Datenstrukturen (Verbundtypen), die aus einer Menge anderer Datenstrukturen (Basistypen) bestehen. Für Internspeicher steht ein solcher Datenstrukturtyp in Form des Set-Typs der Programmiersprachen Pascal und Modula-2 zur Verfügung. Dieser ist als Verbundtyp über genau einem Basistyp T_B aufgebaut:

TYPE S = SET OF T_B; z.B. TYPE Zeichenmenge = SET OF CHAR;

In vielen Fällen ist diese Beschränkung auf einen Basistyp allerdings hinderlich. Aus diesem Grund wird der hier betrachtete Set-Typ für Externspeicher dahingehend erweitert, daß in einem Verbundobjekt des Typs SET Basisobjekte unterschiedlichen Typs auftreten können. Dieser Datenstrukturtyp wird als **allgemeiner Set** (SET_G) bezeichnet. SET_G dient als Grundlage für die Erläuterung aller weiteren Datenstrukturtypen für Externspeicher und ist selbst nicht Gegenstand realer Implementierungen.

Beispiel:

Unter Verwendung eines vorher definierten Basistyps "Kunde" wird der Verbundtyp "Kundenmenge" wie folgt definiert:

TYPE Kundenmenge = SET_G OF Kunde;

(Ende d. Beisp.)

Ein Datenobjekt zu SET_G repräsentiert in jedem Zeitpunkt eine Menge von Werten aus dem Wertebereich $W(T_B)$ eines Basistyps T_B. Da die Basisobjekte unterschiedlichen Typs sein können, gilt für den Wertebereich $W(T_B)$

$$W(T_B) = W(T_{B1}) \cup W(T_{B2}) \cup \ldots \cup W(T_{Bn}) .$$

Die Bildung eines neuen Datentyps durch Vereinigung bekannter Datentypen ist seit längerer Zeit bekannt und z.B. in der Programmiersprache Algol-68 vorgesehen. In Anlehnung an Algol-68 wird T_B als **Vereinigungstyp**

$$T_B = \text{UNION } (T_{B1}, T_{B2}, \ldots, T_{Bn})$$

bezeichnet. Die T_{Bi} stellen bekannte, d.h. bereits definierte Datentypen dar. Für die Typenvereinigung wird gefordert, daß die Wertebereiche $W(T_{Bi})$ disjunkt sind. Das bedeutet, daß jeder Wert aus $W(T_B)$ genau einem Typ T_{Bi} eindeutig zuordenbar sein muß.

Beispiel:

Die Kunden eines Handelsunternehmens werden im Normalfall im Lastschriftverfahren, ab einem bestimmten Umsatz mit kreditierten Rechnungen beliefert. Dies führt zur Vereinbarung folgender Basistypen:

```
TYPE LastschriftKunde = RECORD
                          Kundennummer        :1..1000;
                          Name,Strasse,Ort    :STRING[30];
                          Postleitzahl        :1000..8999;
                          KumulierterUmsatz   :REAL;
                          Geldinstitut        :STRING[30];
                          Bankleitzahl        :STRING[8];
                          Kontonummer         :STRING[10];
                        END;

     KreditKunde      = RECORD
                          Kundennummer        :1..1000;
                          Name,Strasse,Ort    :STRING[30];
                          Postleitzahl        :1000..8999;
                          KumulierterUmsatz,
                          Kreditlimit,
                          Forderungen         :REAL;
                        END;
```

Für viele Funktionen eines Informationssystems, z.B. Auftragserfassung und Rechnungserstellung, ist es sinnvoll, die beiden Kundentypen zu einem Typ zusammenzufassen.

```
TYPE Kunde = UNION (LastschriftKunde,KreditKunde)
```

Der Typ Kunde umfaßt alle Werte der Wertebereiche von LastschriftKunde und KreditKunde.

(Ende d. Beisp.)

Ein Spezialfall des allgemeinen Set SET_G liegt vor, wenn gilt

$T_{B1} \equiv T_{B2} \equiv \ldots \equiv T_{Bn}$.

SET_G heißt in diesem Fall **homogener Verbundtyp**, da er nur Komponenten eines einheitlichen Basistyps umfaßt (vgl. Set-Typ in Pascal).

SPEZIFIKATION DES ALLGEMEINEN SET

Die Spezifikation des allgemeinen Set SET_G erfolgt in Form eines generischen abstrakten Datentyps (vgl. S. 159). Durch Parametrisierung von SET_G mit einem beliebigen Basistyp T_B entsteht eine spezielle Datenstruktur S.

```
TYPE T_B = UNION (T_B1, T_B2, ..., T_Bn);
     S   = SET_G OF T_B;
```

Ein Datenobjekt s des Typs S enthält als Wert eine Menge von Werten $w_i \in W(T_B)$. Wegen der Mengeneigenschaft von s gilt $w_i \neq w_j$ (i,j = 1..n).

Auf Datenstrukturen vom Typ SET_G sind alle mathematischen Mengenoperatoren zugelassen, z.B.

$\cap$ (Durchschnitt),
$\cup$ (Vereinigung),
\- (Differenz).

Diese Operatoren sind allgemein auf Mengen definiert; es erübrigt sich daher die explizite Angabe einer axiomatischen oder operationellen Spezifikation.

6.2.2 Files

Pascal und Modula-2 verwenden zur Datenverwaltung auf Externspeichern den Datenstrukturtyp **FILE**. Im Unterschied zu SET_G (vgl. Kap. 6.2.1) wird eine Datenstruktur F des Typs FILE nicht als Potenzmenge (vgl. Kap. 3.3.4) über T_B, sondern als kartesisches Produkt

$$F = \mathop{\times}_{i \in I} T_B; \quad I = \{0..n\}$$

mit variabler Länge n definiert. I ist eine Indexmenge. Ein Datenobjekt f des Typs F heißt **Datei** und enthält in jedem Zeitpunkt t als Wert eine Folge

$$f^t = w_0, w_1, \ldots, w_i, w_{i+1}, \ldots ; w_i \in W(T_B) .$$

In der Folge f^t können Werte w_i mehrfach auftreten. Der Wertebereich von F ist daher nichtendlich, auch wenn $W(T_B)$ endlich viele Werte umfaßt. Die wichtigsten auf F definierten Operatoren sind:

- **Verkette** F mit einem weiteren T_B zu F' (F' = F × T_B) und erweitere I um das Element (n+1).
- **Hole** ein durch I selektiertes T_B aus F (F × I --> T_B).
- **Ersetze** ein durch I selektiertes T_B aus F (F × I × T_B --> F).

Eine Datenstruktur F des Typs FILE wird durch Angabe des Basistyps T_B definiert

TYPE F = FILE OF T_B .

Eine Datei ist somit ein Verbundobjekt, das aus einer Folge von Basisobjekten, den **Sätzen** der Datei, besteht. Jeder Satz besitzt einen zeitlich veränderlichen Wert $w_i \in W(T_B)$. Aus Struktursicht wird eine Datei auch rekursiv beschrieben als

- entweder die leere Folge von Sätzen,
- oder die Verkettung einer Folge von Sätzen mit einem Satz des Typs T_B.

Der Speicherraum der Datei f wird während der Programmausführung dynamisch verlängert. Seine maximale Länge ist nur durch Speicherrestriktionen der verwendeten Basismaschine begrenzt.

Beispiel:

Die Klassenbezeichnungen eines Gymnasiums sind Tupel der Form (Jahrgangsstufe, Parallelklasse). Zur Speicherung dieser Klassenbezeichnungen wird ein Basistyp "Klasse", eine Datenstruktur "Klassen" des Typs FILE und eine Datei "KlassDat" des Typs "Klassen" definiert:

```
TYPE Klasse  = RECORD
                 Jahrg : 5..13;
                 ParKl : 'a'..'d';
               END;
     Klassen = FILE OF Klasse;

VAR  KlassDat : Klassen;
```

Der Wertebereich von Jahrg umfaßt 9 Werte, der von ParKl 4 Werte. Der Wertebereich von Klasse besteht damit aus 36 Werten. Der Wertebereich von Klassen ist nichtendlich. Ein konkreter Wert von KlassDat ist z.B.

$KlassDat^t$ = (5,a), (5,b), (6,a), (10,b), (12,a).

(Ende d. Beisp.)

MODELL ZUR VERHALTENSBESCHREIBUNG VON FILE

Als Grundlage zur operationellen Spezifikation des Datenstrukturtyps FILE dient das nachfolgend beschriebene Modell seiner Realisierungsstruktur. Ausgangspunkt des Modells ist die Tatsache, daß die Datei in einem Externspeicher gelagert wird, ein Satz jedoch zur Manipulation in den Internspeicher kopiert werden muß (vgl. Kap. 6.1).

Gegeben sei eine Datenstruktur F des Typs FILE. Eine Datei, d.h. ein Datenobjekt des Typs F, wird in eine interne Datei und eine externe Datei zerlegt. Der Speicherplatzbedarf der internen Datei ist konstant, der der externen Datei wächst bei der Durchführung der Operation "Verkette".

a) Die **interne Datei** wird durch einen **internen Dateinamen** f gekennzeichnet und durch

   VAR f :F

   im Internspeicher reserviert. f besteht aus

   - einem Datenobjekt des Typs T_B, das als **Fenster** bezeichnet wird und innerhalb eines Programms mit f↑ angesprochen wird,

- einer Positionsvariable, die die Positionsnummer des aktuell selektierten Satzes der Datei enthält. Dessen Wert kann vom selektierten Satz in das Fenster bzw. vom Fenster in den selektierten Satz kopiert werden kann.

b) Die **externe Datei** wird durch einen **externen Dateinamen** 'NAME.DATA' gekennzeichnet, mit Hilfe der Operatoren REWRITE oder RESET reserviert und dabei einer internen Datei zugeordnet. Die externe Datei besteht aus einer Folge von Sätzen des Typs T_B. Durch den Operator PUT bzw. WRITE(LN) wird die Folge verlängert und damit weiterer Speicherraum für die externe Datei reserviert.

Interne und externe Datei sind in Abb. 6.2.2-1 dargestellt.

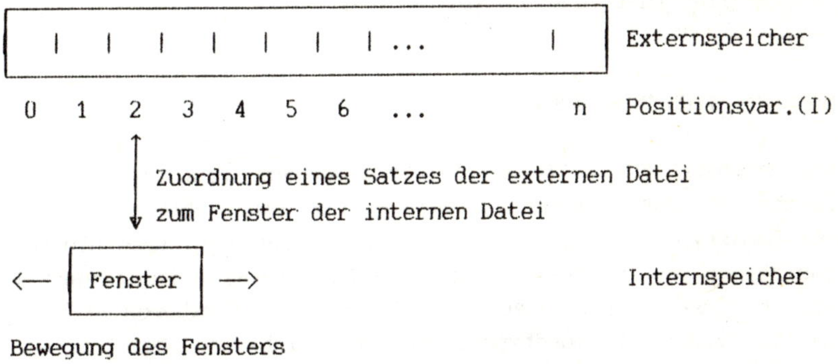

Abb. 6.2.2-1: Modell des Datenstrukturtyps FILE

Auf F sind zwei Operatoren definiert:

a) Selektieren eines Satzes der externen Datei durch Änderung der Zuordnung zwischen Extern- und Internspeicher. Ausgehend von der aktuellen Zuordnung kann das Fenster des Internspeichers

   - dem Anfang POSITIONIERE(f,0)
   - der Position i POSITIONIERE(f,i)
   - der nächsten Position POSITIONIERE(f,+1)

   der externen Datei zugeordnet werden (vgl. S. 62).

b) Kopieren des Wertes eines Satzes von der positionierten Stelle des Externspeichers in das Fenster des Internspeichers

ÜBERTRAGE(f,'E->I')

und Kopieren des Wertes eines im Fenster bereitgestellten Satzes an die positionierte Stelle des Externspeichers

ÜBERTRAGE(f,'I->E') .

Mit Hilfe dieses Strukturmodells wird nun der Datenstrukturtyp FILE spezifiziert. FILE tritt in Abhängigkeit vom Basistyp T_B in zwei Formen auf:

- TypedFile (homogener Verbundtyp) und
- TextFile (heterogener Verbundtyp).

SPEZIFIKATION VON TYPEDFILE

Der Datenstrukturtyp **TypedFile** (typgebundenes File) wird als generischer abstrakter Datentyp (vgl. S. 159) spezifiziert, der mit einem Basistyp T_B parametrisiert wird. T_B ist kein Vereinigungstyp. Basistypen zu TypedFile sind entweder einfache Datentypen (z.B. INTEGER, REAL, CHAR) oder mit Hilfe der Konstruktoren RECORD oder ARRAY gebildete Verbundtypen. Die Typvereinbarung lautet

TYPE F = FILE OF T_B;

eine zugehörige interne Datei wird reserviert durch

VAR f : F .

Auf Datenstrukturen des Typs TypedFile sind folgende Operatoren definiert:

```
PROCEDURE REWRITE(f :F; ExtName :STRING);
  BEGIN
    "Reserviere eine externe Datei mit null Sätzen und mit dem
    externen Dateinamen ExtName, ordne sie der internen Datei
    f zu und gib die Datei für die Operation 'Verkette' frei";
    POSITIONIERE(f,0);
  END;

PROCEDURE RESET(f :F; ExtName :STRING);
  BEGIN
    "Ordne die externe Datei ExtName der internen Datei f zu und
    gib die Datei für die Operationen 'Hole' und 'Ersetze' frei".
    POSITIONIERE(f,0);
    GET(f);
  END;

PROCEDURE PUT(f :F);     (* Realisierung der Operatoren *)
  BEGIN                  (* 'Verkette' und 'Ersetze'    *)
    ÜBERTRAGE(f,'I->E');
    POSITIONIERE(f,+1);
  END;

PROCEDURE GET(f :F);     (* Realisierung des Operators 'Hole' *)
  BEGIN
    ÜBERTRAGE(f,'E->I');
    POSITIONIERE(f,+1);
  END;

PROCEDURE SEEK(f :F; Index :INTEGER);
  BEGIN
    POSITIONIERE(f,Index);
  END;

PROCEDURE CLOSE(f :F; Option :STRING);
  BEGIN
    "Sperre die Operationen GET und PUT bez. File f";
    IF "Bearbeitung durch REWRITE eröffnet" THEN
      IF "Option = 'LOCK'" THEN
        "Trage ExtName in das Inhaltsverzeichnis des
        Externspeichers ein";
  END;
```

```
FUNCTION EOF(f :F) :BOOLEAN; (* End of File *)
  BEGIN
    IF "Fenster wurde durch GET, PUT oder SEEK einem nicht
       zur Datei f gehörenden Satz zugeordnet"
      THEN EOF := TRUE
      ELSE EOF := FALSE;
  END;
```

Die operationelle Spezifikation wird durch Angaben über zulässige Reihenfolgebeziehungen zwischen den Operatoren ergänzt. Diese sind in Form eines Syntaxdiagramms dargestellt (vgl. Abb. 6.2.2-2).

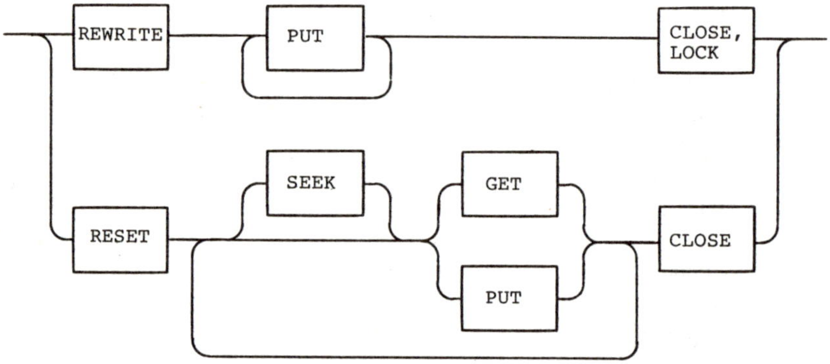

Abb. 6.2.2-2: Zulässige Reihenfolgebeziehungen zwischen den Operatoren von TypedFile

Aus Abbildung 6.2.2-2 wird deutlich, daß eine Datei durch die Operation REWRITE, nachfolgende Operationen PUT und die Operation CLOSE,LOCK erstellt wird. Sätze einer bestehenden Datei können nach der Operation RESET durch GET gelesen und durch PUT verändert werden. Die Sätze können dabei durch SEEK wahlfrei positioniert werden.

Beispiel:

Das nachstehende Pascal-Programm liest Objekte des Typs INTEGER von einer Datei INP.DATA und schreibt sie in eine Datei OUT.DATA.

```
PROGRAM Beisp1;
TYPE f = FILE OF INTEGER;
VAR  finp,fout : f;
BEGIN
  RESET(finp,'INP.DATA');
  REWRITE(fout,'OUT.DATA');
  WHILE NOT EOF(finp) DO
    BEGIN
      fout↑ := finp↑;
      PUT(fout);
      GET(finp);
    END;
  CLOSE(finp);
  CLOSE(fout,LOCK);
END.
```

(Ende d. Beisp.)

<u>Beispiel:</u>

Das nachstehende Pascal-Programm liest in wahlfreiem Zugriff Sätze des Typs STRING von einer Datei DATEN.DATA und verändert sie bei Bedarf.

```
PROGRAM Beisp2;
TYPE f = FILE OF STRING;
VAR  Daten   : f;
     Index   : INTEGER;
     Antwort : CHAR;
BEGIN
  RESET(Daten,'DATEN.DATA');
  REPEAT
    WRITE('Bitte Position eingeben: ');
    READLN(Index);
    IF Index >= 0 THEN
      BEGIN
        SEEK(Daten,Index); GET(Daten);
        IF NOT EOF(Daten) THEN
          BEGIN
            WRITELN(Daten↑);
            WRITE('Aenderung erwuenscht?'); READ(Antwort);
```

```
              IF Antwort IN ['J','j'] THEN
                BEGIN
                  WRITELN('Bitte neuen Wert eingeben:');
                  READLN(Daten↑);
                  SEEK(Daten,Index); PUT(Daten);
                END;
            END;
        END;
    UNTIL Index < 0;
    CLOSE(Daten);
  END.
```

(Ende d. Beisp.)

SPEZIFIKATION VON TEXTFILE

Der Datenstrukturtyp **TextFile** wird als abstrakter Datentyp (vgl. Kap. 4.3) mit dem Basistyp UTEXT spezifiziert. Dieser Basistyp ist im Gegensatz zu TypedFile nicht parametrisierbar, sondern besteht aus folgendem Vereinigungstyp:

UTEXT = UNION(INTEGER,REAL,CHAR,STRING)

Eine Besonderheit gegenüber der in Kapitel 6.2.1 eingeführten Definition des Vereinigungstyps besteht darin, daß die in einer Textdatei gespeicherten Werte einem Basistyp $T_{Bi} \in$ {INTEGER, REAL, CHAR, STRING} nicht starr zugeordnet sind, sondern erst beim lesenden Zugriff typmäßig interpretiert werden. Dies wird durch die Darstellung aller Werte in ASCII erreicht. Entsprechend sind daher unterschiedliche Interpretationen eines Wertes möglich. Die Typvereinbarung für TextFile lautet

TYPE TEXT = FILE OF CHAR .

In Pascal ist TEXT bereits als spracheigener Datentyp vereinbart. Ein Datenobjekt zu TEXT heißt **Textdatei**. Die interne Datei einer Textdatei f wird durch

VAR f : TEXT

definiert. Die externe Datei stellt aus Struktursicht eine beliebig lange Folge von Objekten des Typs CHAR dar. Aus Verhaltenssicht werden Teilfolgen dieser Folge als Werte eines Basistyps T_{Bi} interpretiert. Dazu wird die Folge durch Einfügen von Trennzeichen strukturiert. Die wichtigste Teilstruktur ist die **Zeile**. Eine Zeile ist eine Zeichenfolge, die durch ein Zeilentrennzeichen (z.B. das ASCII-Zeichen Carriage Return $0D_H$) abgeschlossen wird. Innerhalb einer Zeile können weitere Teilstrukturen aufgrund von Trennzeichen (z.B. ASCII-Zeichen Space 20_H) interpretiert werden. Auf TextFile sind folgende Operatoren definiert:

```
PROCEDURE REWRITE(f :TEXT; ExtName :STRING);
  BEGIN
    "Reserviere eine Textdatei mit null Sätzen und mit dem ex-
    ternen Dateinamen ExtName, ordne sie der internen Datei f zu
    und gib die Textdatei für die Operation 'Verkette' frei";
    POSITIONIERE(f,0);
  END;

PROCEDURE RESET(f :TEXT; ExtName :STRING);
  BEGIN
    "Ordne die externe Datei ExtName der internen Datei f zu und
    gib die Datei für die Operationen 'Hole' und 'Ersetze' frei".
    POSITIONIERE(f,0);
  END;

PROCEDURE WRITE(f :TEXT; p1,...,pn :UTEXT);
  VAR i,j :INTEGER;
      x   :STRING;
  BEGIN
    FOR i := 1 TO n DO
      BEGIN
        "Wandle den Wert von pi entsprechend dem Typ von pi in
        eine ASCII-Zeichenfolge x um";
        FOR j := 1 TO LENGTH(x) DO      (* Gib alle Zeichen *)
          BEGIN                         (* von x aus        *)
            f↑ := x[j];
            ÜBERTRAGE(f,'I->E'); POSITIONIERE(f,+1);
          END;
      END;
  END;
```

```
PROCEDURE WRITELN(f :TEXT; p1,...,pn :UTEXT);
  BEGIN
    WRITE(f,p1,...,pn);
    WRITE(f,"Zeilentrennzeichen");
  END;

PROCEDURE READ(f :TEXT; p1,...,pn :UTEXT);
  VAR i,j :INTEGER;
      x   :STRING;
  BEGIN
    i := 0;
    REPEAT
      i := i + 1;
      j := 0;
      REPEAT
        ÜBERTRAGE(f,'E->I');
        j := 1 + 1; x[j] := f↑;
        POSITIONIERE(f,+1);
      UNTIL "Trennzeichen für pi gefunden";
      "Konvertiere die gelesene Zeichenfolge x entsprechend dem
      Typ von pi und weise sie pi zu";
    UNTIL (i = n) OR EOLN(f) OR EOF(f);
  END;

PROCEDURE READLN(f :TEXT; p1,...,pn :UTEXT);
  BEGIN
    READ(f,p1,...,pn);
    READ(f,"Zeichenfolge einschließlich des nächsten
           Zeilentrennzeichens");
  END;

PROCEDURE CLOSE(f :TEXT; Option :STRING);
  BEGIN
    "Sperre die Operationen READ(LN) und WRITE(LN) bez. File f";
    IF "Bearbeitung durch REWRITE eröffnet" THEN
      IF "Option = 'LOCK'" THEN
        "Trage ExtName in das Inhaltsverzeichnis des
        Externspeichers ein";
  END;
```

```
FUNCTION EOF(f :F) :BOOLEAN; (* End of File *)
  BEGIN
    IF "Fenster wurde einem nicht zur Textdatei f gehörenden
       Zeichen zugeordnet"
      THEN EOF := TRUE
      ELSE EOF := FALSE;
  END;

PROCEDURE EOLN(f) :BOOLEAN; (* End of Line *)
  BEGIN
    IF "Fenster wurde einem Zeilentrennzeichen zugeordnet"
      THEN EOLN := TRUE
      ELSE EOLN := FALSE;
  END;
```

Die zulässigen Reihenfolgebeziehungen zwischen den Operatoren werden durch das Syntaxdiagramm in Abb. 6.2.2-3 veranschaulicht.

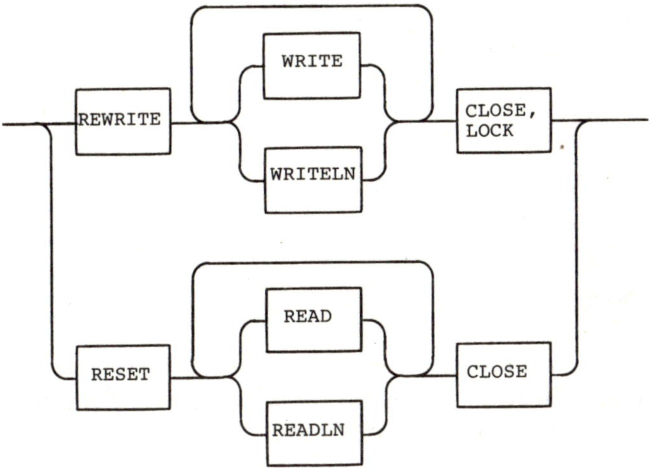

Abb. 6.2.2-3: Zulässige Reihenfolgebeziehungen zwischen den Operatoren von TextFile

Beispiel:

Das nachstehende Pascal-Programm liest die gezeigten Werte von einer Textdatei INP.TEXT und weist sie dem ARRAY a zu (Zeilentrennzeichen ist ".", Werttrennzeichen ist Space).

```
 13 453  43 123 .
323   7 645  65 .
  1  57  33   8 .
 87 403 552 400 .
 12  26 712  90 .

PROGRAM Beisp;
CONST max = 20;
VAR f : TEXT;
    i : INTEGER;
    a : ARRAY[1..max] OF INTEGER;
BEGIN
  RESET(f,'INP.TEXT');
  i := 0;
  WHILE NOT EOF(f) DO
    BEGIN
      WHILE (NOT EOLN(f)) AND (i < max) DO
        BEGIN
          i := i + 1;
          READ(f,a[i]);
        END;
      READLN(f);
    END;
END.
```

(Ende d. Beisp.)

6.2.3 Lineare Listen

Der Datenstrukturtyp **LIST** (lineare Liste) ist eine Erweiterung des Datenstrukturtyps FILE. Er hat große praktische Bedeutung bei der Realisierung von Datenverwaltungssystemen.

Ein Datenobjekt des Typs LIST heißt **lineare Liste** und ist ein Verbundobjekt über einer Folge von Basisobjekten des Typs T_B. Der Basistyp T_B kann ein Vereinigungstyp sein. Ein Basisobjekt wird als Element der linearen Liste bezeichnet. Eine lineare Liste wird entsprechend der Definition von Dateien rekursiv definiert als

- entweder die leere Folge von Elementen,
- oder die Verkettung eines Elements des Typs T_B mit einer Folge von Elementen.

Der Unterschied zwischen Dateien und linearen Listen liegt in den auf LIST definierten Operatoren. Bei Dateien besteht nur die Möglichkeit, Sätze am Ende der Folge anzufügen. Im Gegensatz dazu existieren bei linearen Listen Operatoren zum Einfügen und Entfernen von Elementen an beliebiger Stelle.

In einer linearen Liste besteht zwischen den einzelnen Elementen eine vollständige Ordnung in Form von Vorgänger-Nachfolgerbeziehungen. Bei Dateien wurde diese Ordnung durch die Positionsnummer der Elemente ausgedrückt. Wegen der Möglichkeit des Einfügens und Löschens von Werten ist in linearen Listen die Identifizierung eines Elements mit Hilfe seiner Positionsnummer jedoch nicht sinnvoll. Aus diesem Grund wird jedem Element ein identifizierendes Attribut (vgl. Kap. 6.3.1), das als **Schlüssel** (Key) bezeichnet wird, zugeordnet. Die Elemente werden aufsteigend nach Schlüsselwerten in die lineare Liste eingefügt. Eine lineare Liste hat z.B. folgende Gestalt

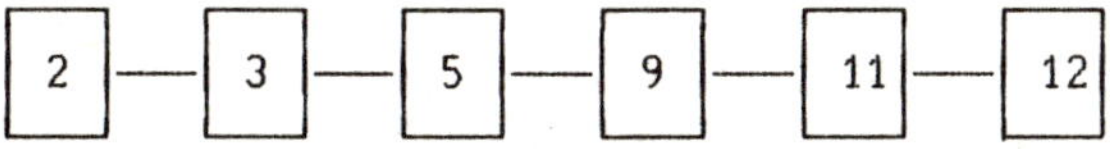

MODELL ZUR VERHALTENSBESCHREIBUNG VON LIST

Die Realisierungsstruktur linearer Listen ist gekennzeichnet durch die Möglichkeit des Einfügens und des Entfernens von Elementen. Diese Eigenschaft stellt hohe Anforderungen an die dynamische Speicherverwaltung. Der Spezifikation des Datenstrukturtyps LIST wird daher wiederum ein Strukturmodell vorangestellt, das eine mögliche Realisierungsform linearer Listen beschreibt. Weitere Realisierungsstrukturen werden unter Berücksichtigung von Anforderungen an die Speicherung und das Aufsuchen von Elementen in Kapitel 6.4 vorgestellt.

Das Strukturmodell verwendet das in den Programmiersprachen Pascal und Modula-2 für Internspeicher verfügbare Konzept zur dynamischen

Speicherverwaltung mit Hilfe von Zeigern und überträgt es auf Externspeicher. Ein **Zeigertyp** Tp und eine zugehörige Zeigervariable p werden in Modula-2 durch

```
TYPE Tp = POINTER TO T;   und   VAR p : Tp
```

vereinbart. Die Werte von Tp sind Zeiger zu Elementen des Typs T, sowie der spezielle Wert NIL, der besagt, daß p auf kein Element zeigt. Der Zeigertyp Tp ist an den **Elementtyp** T "gebunden". Mit p↑ wird das durch p referierte Element (**Elementvariable**) angesprochen.

Die Speicherverwaltung für Elemente des Typs T wird mit Hilfe der Operatoren NEW und DISPOSE durchgeführt (vgl. Kap. 3.3.3):

NEW(p) Es wird der Speicherbereich für ein Element des Typs T reserviert, ein Zeiger generiert, der auf dieses Element weist und der Zeiger der Zeigervariable p zugewiesen.

DISPOSE(p) Der durch das Element p↑ belegte Speicherplatz wird freigegeben.

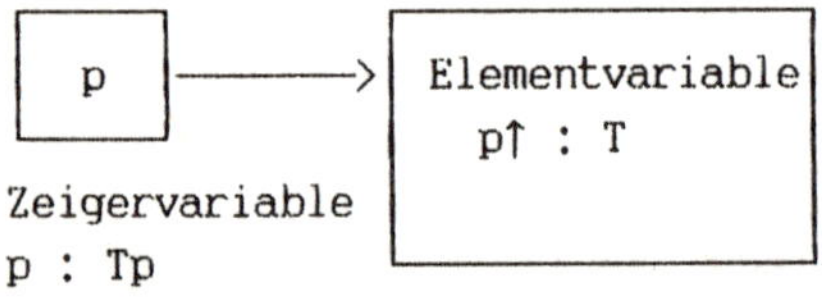

Abb. 6.2.3-1: Zeigervariable und Elementvariable

Zur Bildung von linearen Listen enthält die Vereinbarung des Elementtyps einen Zeigertyp (Next) auf die eigene Typvereinbarung, so daß von jeder Elementvariable aus die nachfolgende Elementvariable referiert werden kann.

```
TYPE T = RECORD
           Key  : KeyType;
           Next : POINTER TO T;
           ....
         END;
```

Dies führt zu nachstehend dargestellter Realisierung einer linearen Liste:

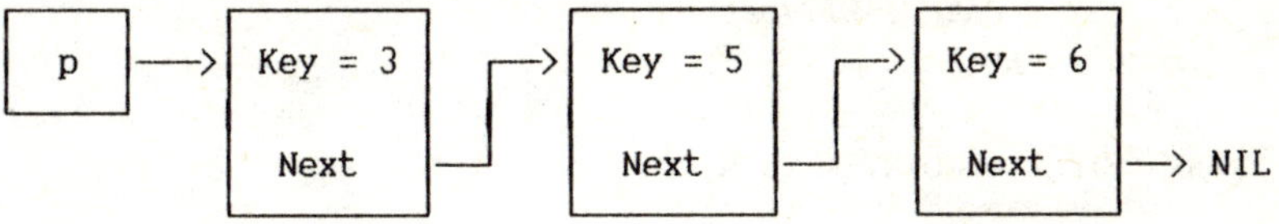

<u>Abb. 6.2.3-2:</u> Realisierung einer linearen Liste

<u>Beispiel:</u>

Unter Verwendung des Vereinigungstyps Kunde (vgl. Beisp. S. 177)

Kunde = UNION (NachnahmeKunde, LastschriftKunde)

kann ein Verbundtyp des Typs LIST aufgebaut werden. Als Key wird Kundennummer verwendet, die Typvereinbarung wird um einen Zeigertyp

Next :POINTER TO Kunde;

ergänzt. Neu aufzunehmende Elemente des Typs Kunde werden entsprechend ihrer Kundennummer eingefügt. Ebenso können Elemente aus der Liste wieder entfernt werden.

(Ende d. Beisp.)

SPEZIFIKATION VON LIST

Die Spezifikation des Datenstrukturtyps LIST erfolgt als generischer abstrakter Datentyp (vgl. S. 159), der durch Festlegung der Basistypen KeyType für den Schlüssel und ElType für das Basisobjekt parametrisiert werden kann.

Es wird unterstellt, daß genau eine lineare Liste des Typs LIST existiert, so daß die Reservierung der Zeigervariable First für den Listenanfang Bestandteil der Spezifikation ist. Die Typvereinbarung lautet:

```
TYPE L = RECORD
           Key  : KeyType;
           Next : POINTER TO L;
           Data : ElType;
         END;

VAR  First : POINTER TO L;
```

LIST wird durch folgende Operatoren definiert:

```
Find        (Suchen Element in Liste)
Insert      (Einfügen Element in Liste)
Delete      (Entfernen Element aus Liste)
Initialize  (Initiieren Liste mit null Elementen)
```

Bei den Operationen Find und Delete erfolgt die Auswahl eines Elements aufgrund des Wertes von Key. Ist ein entsprechendes Element nicht vorhanden, so liefern die Prozeduren den Wert FALSE. Ein Element kann durch Insert nur dann in die Liste eingefügt werden, wenn noch kein Element mit diesem Wert von Key vorhanden ist. Insert liefert den Wert FALSE, wenn ein Element nicht eingefügt werden kann.

<u>Anmerkung:</u> Die Modula-2-Prozeduren verwenden zum Durchlaufen einer linearen Liste die Zeigervariable Curr(ent), Insert und Delete verwenden außerdem Prev(ious). Curr zeigt auf das jeweils aktuelle Element, Prev auf dessen Vorgängerobjekt. Die Bedingung Curr = Prev zeigt an, daß Curr auf das erste Element der linearen Liste zeigt. Das neu einzufügende Element wird in Insert mit Hilfe der Zeigervariable NewEl(ement) benannt.

```
0-----0-----0-----0-----0-----0-----0-----0
↑           ↑     ↑
First       Prev  Curr -->

VAR First :POINTER TO L;

PROCEDURE Find(x :KeyType; VAR y :ElType) :BOOLEAN;
  VAR Curr :POINTER TO L;
  BEGIN
    Find := FALSE; Curr := First;
```

```
      WHILE (Curr <> NIL) AND (Curr↑.Key < x) DO
        Curr := Curr↑.Next
      END;
      IF (Curr <> NIL) AND (Curr↑.Key = x) THEN
        y := Curr↑.Data;
        Find := TRUE
      END;
    END Find;

  PROCEDURE Insert(x :KeyType; y :ElType) :BOOLEAN;
    VAR Curr,Prev,NewEl :POINTER TO L;
    BEGIN
      Insert := TRUE;
      NEW(NewEl); NewEl↑.Key := x; NewEl↑.Data := y;
      Curr := First; Prev := First;
      WHILE (Curr <> NIL) AND (Curr↑.Key < x) DO
        Prev := Curr;
        Curr := Curr↑.Next
      END;
      IF (Curr <> NIL) AND (Curr↑.Key = x) THEN
        Insert := FALSE
      ELSE
        IF Prev = Curr THEN  (* Einfuegen am Listenanfang *)
          IF Curr = NIL THEN (* - als einziges Element *)
            NewEl↑.Next := NIL;
            First := NewEl
          ELSE               (* - nicht als einziges Element *)
            NewEl↑.Next := First;
            First := NewEl
          END
        ELSE                 (* Einfuegen nicht am Listenanfang *)
          IF Curr = NIL THEN (* - als letztes Element *)
            NewEl↑.Next := NIL;
            Prev↑.Next := NewEl
          ELSE               (* - nicht als letztes Element *)
            NewEl↑.Next := Prev↑.Next;
            Prev↑.Next := NewEl
          END;
        END;
      END;
    END Insert;
```

```
PROCEDURE Delete(x :KeyType) :BOOLEAN;
  VAR Curr,Prev :POINTER TO L;
  BEGIN
    Delete := FALSE;
    Prev := First; Curr := First;
    WHILE (Curr <> NIL) AND (Curr↑.Key < x) DO
      Prev := Curr;
      Curr := Curr↑.Next
    END;
    IF (Curr <> NIL) AND (Curr↑.Key = x) THEN
      IF Prev = Curr THEN
        First := Curr↑.Next
      ELSE
        Prev↑.Next := Curr↑.Next
      END;
      DISPOSE(Curr);
      Delete := TRUE;
    END;
  END Delete;

PROCEDURE Initialize;
  BEGIN
    First := NIL;
  END Initialize;
```

6.2.4 Bäume

Der Datenstrukturtyp **TREE** (Baum) ist eine Erweiterung des Datenstrukturtyps LIST (vgl. Kap. 6.2.3). Er stellt den wichtigsten Datenstrukturtyp für die Realisierung von Datenverwaltungssystemen dar.

Ein Datenobjekt des Typs TREE heißt **Baum** und ist ein Verbundobjekt über Basisobjekten des Typs T_B. Der Basistyp T_B kann ein Vereinigungstyp sein. Ein Basisobjekt wird als **Knoten** des Baumes bezeichnet. Im Gegensatz zu linearen Listen kann jeder Knoten eines Baumes mehrere Nachfolger haben. Die Knotenmenge ist daher nicht vollständig geordnet. Ein Baum wird rekursiv definiert als

- entweder ein leerer Baum (ohne Knoten),
- oder ein Knoten des Typs T_B mit einer endlichen Anzahl voneinander verschiedener (Teil-) Bäume als Nachfolger.

In Abbildung 6.2.4-1 ist ein Baum mit seinen Vorgänger-Nachfolgerbeziehungen (von oben nach unten) dargestellt.

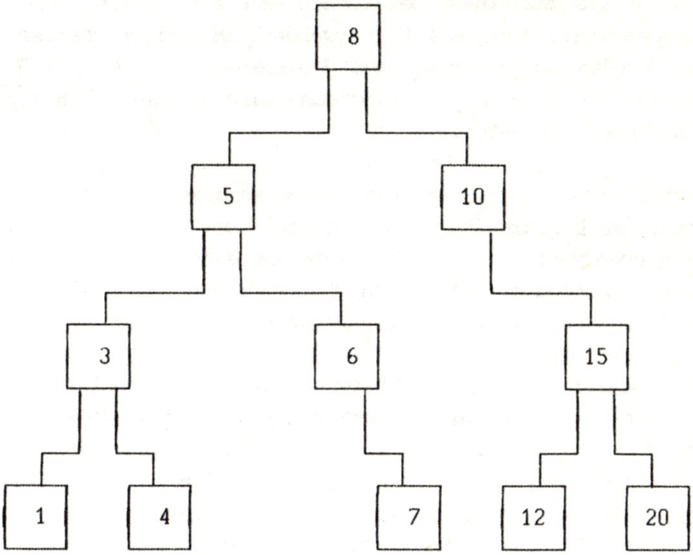

Abb. 6.2.4-1: Baumstruktur

Die Anzahl der möglichen unmittelbaren Nachfolger eines Knotens heißt **Grad** g des Baumes. Ein Baum mit g = 2 wird **Binärbaum**, ein Baum mit g = n (n > 2) wird **Vielwegbaum** genannt. Aus dieser Definition wird ersichtlich, daß eine lineare Liste ein entarteter Baum mit g = 1 ist.

In jedem Baum existiert genau ein Knoten, der keinen Vorgänger besitzt. Dieser wird als **Wurzel** des Baumes bezeichnet.

SUCHBAUM

Für den Datenstrukturtyp TREE existiert eine Fülle von praktischen Anwendungen. Im vorliegenden Zusammenhang werden Bäume zur Strukturierung einer Menge von Datenobjekten verwendet mit dem Ziel, jedes Datenobjekt aufgrund seines Schlüsselwertes mit einer minimalen Anzahl von Zugriffen auffinden zu können. Bäume mit dieser Eigenschaft werden als **Suchbäume** bezeichnet und zur Realisierung von Zugriffspfaden (vgl. Kap. 6.4.1) verwendet. Die Eigenschaften von Suchbäumen werden am Beispiel des Binärbaums von Abb. 6.2.4-1 erläutert. Ein Beispiel für Vielwegbäume wird in Kapitel 6.4.3 in Form von B-Bäumen vorgestellt.

Zum Aufsuchen eines Knotens wird der Baum ausgehend von der Wurzel durchlaufen. Die Durchlaufrichtung ist stets von Vorgänger zu Nachfolger (von oben nach unten). Die Folge der dabei berührten Knoten stellt einen bestimmten **Weg** durch den Baum dar. Die Anzahl der berührten Knoten ist die zugehörige **Weglänge.**

Bei einer linearen Liste mit n Elementen sind durchschnittlich n/2 Zugriffe erforderlich, um ein Element mit gewünschtem Schlüsselwert zu finden, bzw. festzustellen, daß dieses nicht existiert. Diese Anzahl von Zugriffen wird durch die Verwendung von Suchbäumen reduziert und beträgt höchstens die maximale Weglänge innerhalb des Baumes. In einem binären Suchbaum gilt für jeden Knoten mit Schlüsselwert x:

- Alle Knoten des nachfolgenden linken Teilbaums weisen Schlüsselwerte < x auf.
- Alle Knoten des nachfolgenden rechten Teilbaums weisen Schlüsselwerte > x auf.

Um in einem Baum einen Knoten mit Schlüsselwert y zu suchen, wird ausgehend von der Wurzel der Schlüsselwert x eines Knotens mit y verglichen und dann gegebenenfalls weiterverzweigt. Der Weg wird wie folgt bestimmt:

- x = y : Knoten ist gefunden,
- x < y : Im nachfolgenden rechten Teilbaum weitersuchen,
- x > y : Im nachfolgenden linken Teilbaum weitersuchen.

Ist der nachfolgende Teilbaum leer, so bedeutet dies, daß kein Knoten mit Schlüsselwert y existiert.

Beispiel:

Um in dem Suchbaum aus Abb. 6.2.4-1 einen Knoten mit Schlüsselwert y = 12, bzw. y = 9 zu suchen, sind folgende Aktionen erforderlich:

x		y	Aktion	x		y	Aktion
8	<	12 :	rechts suchen	8	<	9 :	rechts suchen
10	<	12 :	rechts suchen	10	>	9 :	links suchen
15	>	12 :	links suchen	NIL		:	Knoten nicht gefunden
12	=	12 :	Knoten gefunden				

(Ende d. Beisp.)

Beim Einfügen eines neuen Knotens in einen bestehenden Baum wird dieser zunächst analog zum Suchvorgang durchlaufen und der Knoten am Ende des Weges angefügt.

Beispiel:

Im Suchbaum aus Abb. 6.2.4-1 wird ein neuer Knoten mit Schlüsselwert 13 als rechter Nachfolger an den Knoten mit Schlüsselwert 12 angefügt. Ein weiterer Knoten mit Schlüsselwert 14 wird als rechter Nachfolger an den Knoten mit Schlüsselwert 13 angefügt.

(Ende d. Beisp.)

Das Beispiel verdeutlicht, daß beim Einfügen von Knoten in einen Baum die eingangs postulierte Eigenschaft von Suchbäumen, jeden Knoten aufgrund seines Schlüsselwertes durch eine minimale Anzahl von Zugriffen auffinden zu können, möglicherweise verlorengeht. In Abhängigkeit von der Ankunftsreihenfolge der Schlüsselwerte degeneriert der Baum immer mehr zu einer linearen Liste.

Die Anzahl der zum Auffinden eines Knotens erforderlichen Zugriffe ist offensichtlich dann minimal, wenn die Knoten möglichst gleichmäßig auf die Teilbäume verteilt sind. Dies führt zu folgenden Definitionen:

a) Ein Baum heißt **vollständig ausgeglichen**, wenn sich für jeden Knoten die Knotenzahlen in seinen nachfolgenden Teilbäumen um höchstens 1 unterscheiden.

b) Ein Baum heißt **ausgeglichen**, wenn sich für jeden Knoten die Höhen seiner nachfolgenden Teilbäume um höchstens 1 unterscheiden. Die **Höhe** eines Teilbaumes ist die Weglänge von seiner Wurzel bis zu seinem am weitesten entfernten Endknoten.

Die Ausgeglichenheit eines Baumes wird außer beim Einfügen auch beim Entfernen von Knoten verletzt. Aus diesem Grund sind als Bestandteil dieser Operationen Strukturänderungen (Änderungen von Vorgänger-Nachfolgerbeziehungen) im Baum vorzunehmen, die die Ausgeglichenheit wieder herstellen. Unter praktischen Gesichtspunkten ist es ausreichend, die schwächere Form der Ausgeglichenheit aus Definition (b) herzustellen (vgl. Wirth 1979, 289ff).

SPEZIFIKATION VON TREE

Die Spezifikation des Datenstrukturtyps TREE erfolgt wiederum operationell in Form eines generischen abstrakten Datentyps (vgl. S. 159), der durch Festlegung von KeyType und ElType parametrisiert werden kann.

```
TYPE B = RECORD
            Key                  :KeyType;
            Next1, ..., Nextn :POINTER TO T;
            Data                 :ElType;
          END;

VAR  Root :POINTER TO B;
```

Zur Beschreibung der Realisierungsstruktur des Datenstrukturtyps TREE kann das Strukturmodell von LIST verwendet werden. Der einzige Unterschied besteht darin, daß je nach Grad des Baumes n Zeigertypen für die Nachfolger in die Typvereinbarung eines Basisobjektes aufgenommen werden. Die Reservierung der Zeigervariable Root ist Bestandteil der Spezifikation. Ihr Wert verweist auf den Wurzelknoten des Baumes.

Analog zu LIST wird auch TREE durch die Operatoren

Find	(Suchen Knoten in Baum)
Insert	(Einfügen Knoten in Baum)
Delete	(Entfernen Knoten aus Baum)
Initialize	(Initiieren leeren Baum ohne Knoten)

definiert. Diese Operatoren sind nach dem Muster der Operatoren auf LIST realisiert. In Abhängigkeit vom Grad des Baumes und der zu erreichenden Ausgeglichenheit ist die Darstellung der Operatoren relativ aufwendig und wird hier nicht angegeben.

6.2.5 Relationen

Der Datenstrukturtyp **REL** (Relation) baut unmittelbar auf dem Datenstrukturtyp SET_G auf (vgl. Kap. 6.2.1). Werte von REL sind Mengen von Werten eines Basistyps T_B. Ein Wert von REL wird als **Relation** bezeichnet. REL unterscheidet sich von den Datenstrukturtypen FILE, LIST und TREE u.a. durch folgende Eigenschaften:

a) REL eignet sich mehr als andere Datenstrukturtypen zur Repräsentation von Daten aus der Sicht des Menschen. Relationen und die darauf definierten Operationen können in anschaulicher Form anhand von zweidimensionalen Tabellen dargestellt werden.

b) Die Operatoren auf REL bilden ein algebraisches System, die **Relationenalgebra**, die u.a. alle mathematischen Mengenoperationen enthält. Mit Hilfe der Relationenalgebra können präzise Aussagen über die Datenmodellierung mit Relationen (vgl. Kap. 6.3) abgeleitet werden.

c) Datenstrukturen des Typs REL gestatten durch die Operation "Sortieren" die Bildung beliebiger Vorgänger-Nachfolgerbeziehungen zwischen den Basistypen. Die Vorgänger-Nachfolgerbeziehungen sind im Gegensatz zu FILE, LIST und TREE nicht Bestandteil der Datenstrukturdefinition, wodurch die Bildung von Teilstrukturen erleichtert wird. Daraus resultiert ein hohes Maß an Datenunabhängigkeit (vgl. Kap. 6.3.1) des Datenstrukturtyps REL.

Der Datenstrukturtyp REL eignet sich somit gleichermaßen zur Modellierung, Beschreibung und Manipulation von Daten. REL wird in der Regel nicht im Rahmen von Programmiersprachen, sondern von speziellen Datenverwaltungssystemen bereitgestellt.

Eine Datenstruktur des Typs REL heißt **Relationstyp** RT. Der Relationstyp ist ein homogener Verbundtyp über einem einheitlichen Basistyp T_B, d.h. T_B darf kein Vereinigungstyp sein.

Der Basistyp T_B besteht aus einer **Attributmenge** A

$$A = \{A_i \mid i = 1..n\} ,$$

deren **Attribute** A_i beliebige Datenstrukturen sind. Ein Relationstyp RT wird durch Angabe eines Namens und einer Attributmenge A definiert

$$RT = \{\text{RT-Name}, A_1, A_2, \ldots, A_n\} .$$

Als Abkürzung wird auch folgende Schreibweise verwendet:

$$\text{RT-Name}(A_1, A_2, \ldots, A_n)$$

Zur Beschreibung der Datenobjekte des Typs RT eignet sich eine verhaltensorientierte Darstellungsform. Dazu wird der Wertebereich $W(A_i)$ eines Attributs A_i betrachtet. Ein Element $a_i \in W(A_i)$ heißt **Attributwert.** Der Wertebereich der Attributmenge A ist dann das kartesische Produkt über den Wertebereichen der Attribute A_i

$$W(A) = W(A_1) \times W(A_2) \times \ldots \times W(A_n) .$$

Ein Element aus W(A) heißt **Tupel** t

$$t = (a_1, a_2, \ldots, a_n);\ t \in W(A),\ a_i \in W(A_i)\ (i = 1..n) .$$

Der Wertebereich W(RT) eines Relationstyps RT ist damit die Menge aller Mengen von Tupeln t, d.h. die Potenzmenge über W(A)

$$W(RT) = P(W(A)) .$$

Ein Wert R ∈ W(RT), d.h. eine Teilmenge R ⊆ W(A), heißt (n-stellige) **Relation** R über den Wertebereichen $W(A_1)$ bis $W(A_n)$. n ist der **Grad** der Relation. Ein Element aus R ist wiederum ein Tupel t.

Ein Datenobjekt R(A) vom Typ RT heißt **Relationsvariable.** Sie enthält zu jedem Zeitpunkt t als Wert eine bestimmte Relation R^t. R(A) ist ein Verbundobjekt über einer Menge von Basisobjekten des Typs A.

EIGENSCHAFTEN VON RELATIONEN

Unter der Voraussetzung, daß alle Wertebereiche $W(A_i)$ (i=1..n) endlich sind, ist W(A), der Wertebereich der Attributmenge A, ebenfalls endlich. Da ein bestimmtes Tupel t in einer Relation R nicht mehrfach auftreten kann, ist auch W(RT) endlich.

Relationen lassen sich in anschaulicher Form als zweidimensionale Tabellen darstellen, deren Spalten aus Name, Typ und den Werten eines Attributs bestehen und deren Zeilen Tupel darstellen. Da die Zeilen Elemente einer Menge R sind, ist ihre Reihenfolge ohne Bedeutung. Ebenso lassen sich Spalten einer Relation vertauschen, da für die Attributnamen Eindeutigkeit gefordert ist. Mehrere Attribute können allerdings den gleichen Wertebereich besitzen. Die Eigenschaft der Vertauschbarkeit von Zeilen und Spalten wird von den Operatoren des Datenstrukturtyps REL genutzt.

SPEZIFIKATION VON REL

Zur Spezifikation von REL wird von zwei Relationstypen RT(A) und RT(B) über den Attributmengen A und B ausgegangen. R und S sind Relationen des Typs RT(A) bzw. RT(B). r ∈ R und s ∈ S sind Tupel (vgl. Schlageter/Stucky 1983, 139ff).

Operatoren auf Relationstypen RT können zwei unterschiedlichen Operatortypen Rop zugeordnet werden

Rop: RT --> RT   bzw.   Rop: RT x RT --> RT .

Da REL Mengen repräsentiert, sind alle mathematischen Mengenoperatoren ohne Einschränkung zugelassen. Voraussetzung für deren Anwendung ist, daß die zu verknüpfenden Relationen über der gleichen Attributmenge definiert sind.

Durchschnitt

Ermitteln der gemeinsamen Tupel der Relationen R(A) und S(A):

$$R(A) \cap S(A) \text{ --> } R(A)$$

Vereinigung

Einfügen der Tupel von S(A) in die Relation R(A):

$$R(A) \cup S(A) \text{ --> } R(A)$$

Differenz

Entfernen der Tupel von S(A) aus der Relation R(A):

$$R(A) - S(A) \text{ --> } R(A)$$

Neben diesen allgemeinen Operatoren sind spezielle Operatoren der Relationenalgebra verfügbar:

Projektion

Der Operator Projektion entfernt Spalten aus einer Relation, indem die verbleibenden Spalten angegeben werden. Entstehen dabei identische Tupel, so werden Duplikate aus der Relation entfernt. Es sei

$$L = (Ai_1, Ai_2, \ldots, Ai_m);\ i_k \in \{1..n\},\ (k = 1..m)$$

eine Folge von Attributen $Ai_k \in A$. Dann ist

$$r.Ai_k = ai_k \in r$$

der zugehörige Attributwert aus r und

$$r.L = (ai_1, ai_2, \ldots ai_m)$$

das Tupel der durch L aus r ausgewählten Attributwerte. Die Projektion R.L von R auf L ist dann

$$R.L = \{r.L \mid r \in R\} .$$

Der Operator "." entspricht dem gleichnamigen Selektionsoperator bei der Auswahl von Komponenten eines RECORD (vgl. Kap. 3.3.4).

Selektion

Der Operator Selektion wählt aus einer Relation R alle Tupel aus, die eine gegebene Bedingung bed erfüllen.

$$R[bed] = \{r \in R \mid bed(r) = true\}$$

Der Operator "[]" wird in ähnlicher Weise wie der gleichnamige Selektionsoperator für die Auswahl der Komponenten eines ARRAY (vgl. Kap. 3.3.4) verwendet.

Verbund (Join)

Der Operator (natürlicher) Verbund verknüpft zwei Relationen R(A) und S(B) zu einer Relation höheren Grades. Das Ergebnis der Operation ist eine Teilmenge des kartesischen Produkts $R(A) \times S(B)$. Die Operation wird anhand der Werte der Attributmenge $A \cap B$ durchgeführt, d.h. zur Konstruktion des Verbundes werden diejenigen Attribute verwendet, die in beiden Relationen R und S auftreten. In der Regel ist die Menge $A \cap B$ einelementig. Die Operation ist wie folgt definiert:

$$R(A) * S(B) = \{(r,s) \mid (r,s) \in R \times S,\ r \in R,\ s \in S,\ r.A{\cap}B = s.A{\cap}B\};$$

$$(r,s) = (a_1, \ldots, a_n, b_1, \ldots b_m)$$

Anschließend werden die redundanten Spalten $S.A{\cap}B$ aus der Ergebnisrelation entfernt.

Sortieren

Sortieren der Tupel einer Relation R(A) nach den Werten der Attribute $A_0 \subseteq A$.

Beispiel:

Gegeben seien drei Relationstypen Kunde, Artikel und Bestellung mit folgenden Attributen:

Kunde(Kd-Nr,Name,Plz,Ort)
Artikel(Ar-Nr,Bezeich,Preis)
Bestellung(Bestell-Nr,Kd-Nr,Ar-Nr,Menge)

Kd-Nr	Name	Plz	Ort	(Kunde)
103	Meier	8400	Regensburg	
117	Huber	8000	München	
163	Schmidt	7000	Stuttgart	

Ar-Nr	Bezeich	Preis	(Artikel)
2403	Schraube	1.30	
2602	Dichtung	2.10	
2605	Federring	0.15	
2750	Mutter	1.05	

Bestell-Nr	Kd-Nr	Ar-Nr	Menge	(Bestellung)
84-14-01	103	2602	20	
84-16-10	103	2403	12	
84-15-02	163	2602	10	

Auf diesen Relationen werden folgende Operationen durchgeführt:
a) Projektion Bestellung.{Ar-Nr,Menge}

Ar-Nr	Menge
2602	20
2403	12
2602	10

b) Selektion Kunde[Plz >= 8000]

Kd-Nr	Name	Plz	Ort
103	Meier	8400	Regensburg
117	Huber	8000	München

c) Verbund Artikel * Bestellung

Ar-Nr	Bezeich	Preis	Bestell-Nr	Kd-Nr	Menge
2403	Schraube	1.30	84-16-10	103	12
2602	Dichtung	2.10	84-14-01	103	20
2602	Dichtung	2.10	84-15-02	163	10

(Ende d. Beisp.)

6.3 Datenmodellierung

6.3.1 Ziele und Methodik der Datenmodellierung

Gegenstand der Datenmodellierung ist der Entwurf von Datenstrukturen für betriebliche Informationssysteme. Diese Tätigkeit ist auf eine Reihe von Sach- und Formalzielen ausgerichtet, die nachstehend skizziert werden.

SACHZIELE DER DATENMODELLIERUNG

Was bedeutet Datenmodellierung und wozu wird sie durchgeführt? Aus der Beantwortung dieser Fragen werden die Sachziele der Datenmodellierung abgeleitet:

a) Aufgabe der Datenmodellierung ist, Objekttypen des Basis- und Informationssystems der Unternehmung auf geeignete Datenstrukturen abzubilden. Datenobjekte sind nicht Gegenstand der Datenmodellierung.

b) An der Realisierung betrieblicher Informationssysteme sind personelle und maschinelle Aufgabenträger beteiligt. Die Datenmodellierung muß daher auf die Benutzung der Daten durch beide Gruppen von Aufgabenträgern ausgerichtet sein.

Die Datenobjekte der unter (a) genannten Datenstrukturen repräsentieren Inputs, Zustände, Zielgrößen und Outputs von Informations- und Entscheidungsaufgaben. Aus mehreren Gründen ist eine sorgfältige Planung der verwendeten Datenstrukturen erforderlich:

- Die Datenobjekte einer Datenstruktur belegen häufig ein Datenvolumen im Bereich von MByte bis GByte. Redundante Datenobjekte sind daher nach Möglichkeit zu vermeiden.

- Auf den Datenobjekten einer bestimmten Datenstruktur operieren eine Vielzahl von Informations- und Entscheidungsaufgaben. Da jede Aufgabe aus ihrer "speziellen Sicht" auf die Datenobjekte zugreift, entsteht dadurch die Gefahr, daß aus "globaler Sicht" widersprüchliche Werte der Datenobjekte auftreten. Widersprüche dieser Art ergeben sich aus nichtverträglichen Datenmanipulationen der verschiedenen Aufgaben.

- Im Gegensatz zu Informations- und Entscheidungsaufgaben, die bei fehlerhafter Durchführung mit den gleichen Input-Daten wiederholbar sind, können Fehler im Datenbestand, die aus verlorenen oder widersprüchlichen Daten resultieren, nur bedingt korrigiert werden. Sie werden außerdem häufig erst erkannt, wenn sie sich bereits auf nachfolgend durchgeführte Aufgaben ausgewirkt haben.

Beispiel:

Gegeben seien zwei Relationen

Kunde(KundNr,Name,Ort,DebitSaldo) und
Debitor(KundNr,RechNr,RechDatum,Betrag)

und folgende (Integritäts-) Bedingung: Für alle Tupel der Relationen Kunde und Debitor mit gleichem Wert von KundNr gilt, daß die Summe der Werte des Attributs Betrag in Debitor gleich dem Wert von DebitSaldo in Kunde ist.

Wird bei Durchführung der Aufgabe "Zahlungseingang" ein Tupel aus der Relation Debitor entfernt und nicht gleichzeitig eine Korrektur des zugehörigen Wertes von DebitSaldo vorgenommen, so entsteht ein Widerspruch im Datenbestand.

(Ende d. Beisp.)

FORMALZIELE DER DATENMODELLIERUNG

Womit und wie wird Datenmodellierung durchgeführt? Die Teilfrage "womit" zielt auf die zur Datenmodellierung zu verwendenden Datenstrukturtypen. Wie in Kapitel 6.2.5 ausgeführt wurde, eignet sich zur Datenmodellierung insbesondere der Datenstrukturtyp REL. Die folgenden Überlegungen beziehen sich daher auf REL, können aber analog auf die Datenstrukturtypen FILE, LIST und TREE (vgl. Kap. 6.2.2 bis 6.2.4) übertragen werden. Die Teilfrage "wie" umfaßt eine Reihe von Aspekten:

a) **Redundanzfreiheit**: Jedes Datum soll nach Möglichkeit nur einmal im Datenbestand gespeichert werden. Neben einer effektiven Ausnutzung des verfügbaren Externspeichervolumens stellt dieses Teilziel sicher, daß bei Änderung eines Datums nur der Wert eines Datenobjektes modifiziert werden muß (vgl. datenseitige Integration; Kap. 1.4).

b) **Integrität:** Die Daten sollen zu jedem Zeitpunkt frei von Widersprüchen sein und stets ein "korrektes" Abbild der zugrundeliegenden betrieblichen Realität darstellen. Dieses Ziel ist in realen Informationssystemen nur erfüllbar, wenn weitgehende Redundanzfreiheit gegeben ist.

c) **Datenseitige Integration:** Die typmäßige Beschreibung des Datenbestandes und des Datenflusses einer Unternehmung als Menge von Datenstrukturen und Beziehungen soll eine für alle Informations- und Entscheidungsaufgaben der Unternehmung verbindliche Gesamtsicht der Daten darstellen. Dies setzt die Erfüllbarkeit von Teilziel (b) voraus.

d) **Parallele Zugriffe:** Auf den Datenbestand soll von mehreren Aufgaben simultan lesend und schreibend zugegriffen werden können, wobei diese Zugriffe geeignet zu koordinieren sind.

e) **Datenunabhängigkeit:** Die Repräsentation von Daten aus der Sicht einer bestimmten Aufgabe soll unabhängig von dem auf globaler Ebene vereinbarten Aufbau der Datenstrukturen und unabhängig von der Implementierung der Daten und ihrer Operatoren sein (vgl. auch OSI-Modell Ebene 6; Kap. 2.3.2).

f) **Flexibilität:** Aufbau, Beziehungen und Implementierung der Daten, sowie die Implementierung der Operatoren soll in möglichst einfacher Weise an veränderte Bedingungen angepaßt werden können. Dies setzt die Erfüllbarkeit von Teilziel (e) voraus.

Die genannten Ziele sind in der Regel nicht vollständig erreichbar. Es ist daher fallweise ein geeigneter Zielerreichungsgrad anzustreben. Die Ziele Redundanzfreiheit, Integrität und datenseitige Integration sind Gegenstand von Kapitel 6.3.2 und 6.3.3. Datenunabhängigkeit und Flexibilität betreffen die Methodik der Datenmodellierung und die Konzeption von Datenverwaltungssystemen. Diese beiden Aspekte werden im folgenden behandelt.

DATENUNABHÄNGIGKEIT

Jedes reale Unternehmen ist zu laufenden Anpassungen seines Verhaltens an die sich ständig verändernden Umweltbedingungen gezwungen. Diese Anpassungen erfordern Verhaltensänderungen des betrieblichen Informationssystems, die häufig nur durch eine Modifizierung seiner Realisierungsstrukturen erreicht werden können.

Betreffen diese Anpassungen lediglich die Funktion einer Informations- oder Entscheidungsaufgabe, so sind sie durch Abänderung oder Neuerstellung entsprechender Programme verhältnismäßig leicht durchzuführen. Sind dagegen von der Anpassung Aufbau oder Implementierung von Datenstrukturen betroffen, so sind alle Programme anzupassen, die die entsprechenden Datenstrukturen benutzen. Abgesehen von den dabei anfallenden Kosten ist bei jeder dieser Änderungen die Funktionsfähigkeit des gesamten Informationssystems in Frage gestellt. Es ist daher erforderlich, die Beziehung zwischen dem Datenbestand und den darauf operierenden Programmen möglichst "lose" zu gestalten. Dies wird als **Datenunabhängigkeit** bezeichnet.

Datenunabhängigkeit wird erreicht, indem zwischen die zur Datenspeicherung eingesetzten Externspeicher und die Informations- und Entscheidungsaufgaben eine oder mehrere virtuelle Maschinen geschaltet werden (vgl. Kap. 4.1 und Abb. 6.1-1). Jede dieser Maschinen kann intern in mehrere, aufeinander aufbauende Teilmaschinen untergliedert werden. Erforderliche Strukturanpassungen werden durch Anpassungen der jeweils betroffenen Teilmaschine geleistet.

Es werden unterschiedliche Stufen der Datenunabhängigkeit unterschieden, die durch die Funktionsmerkmale der genannten Teilmaschinen charakterisiert werden. Datenunabhängigkeit von einer bestimmten Teilmaschine ist erreicht, wenn deren Realisierungsstruktur modifiziert werden kann, ohne daß Programme, die auf ihre Beschreibungsstruktur Bezug nehmen, davon berührt werden (vgl. abstrakter Datentyp; Kap. 4.3). Folgende Stufen werden betrachtet (vgl. Metzger 1984, 103ff):

a) **Unabhängigkeit von maschinellen Datenträgern.** Diese ist erfüllt, wenn Änderungen oder Austausch der zur Datenverwaltung eingesetzten Externspeicher keine Programmänderungen bedingen.

b) **Unabhängigkeit von verwendeten Datenspeicherungsverfahren.** Sie liegt vor, wenn der Wechsel zwischen Datenspeicherungsverfahren, z.B. der Übergang von indexsequentieller Speicherung zu B-Bäumen (vgl. Kap. 6.4) zu keinen Programmänderungen führt.

c) **Unabhängigkeit von vereinbarten Zugriffspfaden.** Sie liegt vor, wenn Vorgänger-Nachfolgerbeziehungen zwischen Datenobjekten (z.B. Kundenobjekte aufsteigend sortiert nach Kundennummern) nicht Bestandteil der Datenstrukturdefinition sind.

d) **Unabhängigkeit vom Aufbau der global gültigen Datenstrukturen.** Sie ist realisiert, wenn Änderungen in gemeinsamen Datenstrukturen, etwa die Hinzunahme von Attributen oder die Änderung von Beziehungen zwischen Datenstrukturen, nicht zu Programmänderungen führen.

Aus der Sicht der verwendeten Datenstrukturtypen sind die Stufen (a) und (b) auch mit Hilfe von FILE, LIST oder TREE erreichbar. Stufe (c) ist mit diesen Datenstrukturtypen nicht erreichbar, da der Zugriff auf ein bestimmtes Datenobjekt nur über die in der zugehörigen Datenstruktur vereinbarten Vorgänger-Nachfolgerbeziehungen erfolgen kann. Mit dem Datenstrukturtyp REL ist dagegen Stufe (c) erreichbar. Dies gilt insbesondere auch für Stufe (d), die durch Transformation von Relationen mit Hilfe der Operationen der Relationenalgebra realisiert wird.

Die Stufen (a) bis (c) werden als **physische Datenunabhängigkeit**, die Stufe (d) als **logische Datenunabhängigkeit** bezeichnet.

<u>Beispiel:</u>

Der Kundenbestand eines Unternehmens wird durch eine Datei mit nachstehender Typvereinbarung abgebildet:

```
TYPE KundFil = FILE OF RECORD
                  KundNr               :INTEGER;
                  Name, Strasse, Ort   :STRING[30];
                  Saldo                :REAL;
               END;
VAR  KundDat : KundFil;
```

Datenunabhängigkeit Stufe (a) liegt vor, da KundDat ohne Programmänderungen z.B. von Magnetplatte auf Diskette transferiert werden kann. Die Stufe (b) ist erfüllt, falls zur Anpassung an modifizierte Speicherungsverfahren lediglich der das Speicherungsverfahren realisierende Modul ausgetauscht werden muß. Stufe (c) ist nicht erreicht, da der Zugriffspfad fest vorgegeben ist. Ebenso wird Stufe (d) nicht erreicht, da z.B. die Hinzunahme des Attributs Postleitzahl die Änderung aller Programme bedingt, die KundDat benutzen.

Wird dagegen der Kundenbestand mit Hilfe einer Relation des Typs

Kund(KundNr,Name,Strasse,Plz,Ort,Saldo)

abgebildet, dann können durch Anwendung der Operation SORTIEREN unterschiedliche Ordnungsrelationen unabhängig von Zugriffspfaden und Speicherungsverfahren realisiert werden. Obwohl in die Relation KUND das Attribut PLZ nachträglich aufgenommen wurde, kann die ursprüngliche Relation durch die Operation PROJEKTION

Kund.{KundNr,Name,Strasse,Ort,Saldo}

für die unveränderten Programme abgeleitet werden (Stufe (d)).
(Ende d. Beisp.)

DREI-EBENEN-ARCHITEKTUR DER DATENVERWALTUNG

Das obige Beispiel zeigt, daß bereits physische Datenunabhängigkeit nur mit Hilfe des Datenstrukturtyps Relation erreichbar ist, der jedoch im allgemeinen von Programmiersprachen nicht unterstützt wird. Die Erreichung von logischer Datenunabhängigkeit stellt zusätzliche Anforderungen an die Datenverwaltung. Beide Formen der Datenunabhängigkeit sind gemeinsam daher nur mit Hilfe eines speziellen Datenverwaltungssystems erreichbar.

Für den Aufbau (Architektur) dieser Datenverwaltungssysteme wird durch das Modell der **Drei-Ebenen-Architektur** ein allgemeiner Gestaltungsrahmen vorgegeben. Danach wird ein Datenverwaltungssystem in eine Folge von drei aufeinander aufbauenden virtuellen Maschinen aufgelöst, deren Oberflächen unterschiedlich abstrahierte Verhaltensbeschreibungen der Daten eines betrieblichen Informationssystems darstellen. Die Abstraktionsebenen sind, geordnet nach absteigendem Abstraktionsgrad, nachfolgend aufgeführt:

- externe Ebene,
- konzeptionelle Ebene und
- interne Ebene.

Auf der **externen Ebene** ist die Beschreibung der Daten auf die Bedürfnisse einzelner Programme bzw. Benutzergruppen ausgerichtet. Dabei ist sowohl physische wie auch logische Datenunabhängigkeit erfüllt. Die zentrale Ebene ist die **konzeptionelle Ebene.** Hier wird die Integration der Gesamtdaten des betrieblichen Informationssystems, d.h. die logische Gesamtsicht der Daten beschrieben (vgl. Formalziel datenseitige Integration S. 209). Auf der konzeptionellen Ebene ist physische Datenunabhängigkeit gegeben. Die **interne Ebene** beschreibt die Daten aus Implementierungssicht. Diese Beschreibung bezieht Zugriffspfade und Speicherungsverfahren ein. Es besteht auf interner Ebene daher weder logische noch physische Datenunabhängigkeit.

Bei einer konkreten Datenmodellierung werden die externe und die konzeptionelle Ebene mit Hilfe von Relationstypen beschrieben. Zur Beschreibung der internen Ebene werden Datenstrukturen des Typs FILE, LIST und TREE verwendet. Eine Menge von miteinander in Beziehung stehenden Datenstrukturen heißt **Schema.** Es werden <u>mehrere</u> **externe Schemata**, <u>ein</u> **konzeptionelles Schema** und <u>ein</u> **internes Schema** unterschieden.

Das interne Schema ist Bestandteil der Verhaltensbeschreibung einer Basismaschine für das konzeptionelle Schema. Das konzeptionelle Schema ist wiederum Bestandteil einer Basismaschine, auf der mehrere Benutzermaschinen mit den unterschiedlichen externen Schemata realisiert sind. Die Realisierungsstrukturen dieser Maschinen, d.h. die Abbildungsbeziehungen zwischen den externen Schemata und dem konzeptionellen Schema, sowie zwischen dem konzeptionellen Schema und dem internen Schema werden durch **Transformationsregeln** beschrieben. Ihre Realisierung ist Aufgabe des Datenverwaltungssystems.

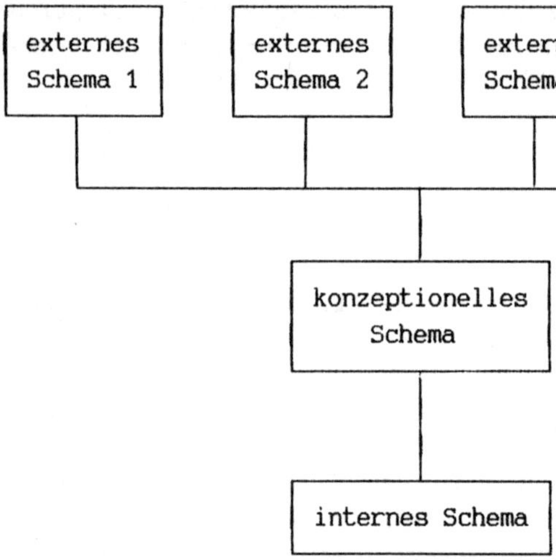

Abb. 6.3.1-1: Drei-Ebenen-Architektur der Datenverwaltung

Beispiel (vgl. Schlageter/Stucky 1983, 30f):

Betrachtet man das "Kursbuch der Bundesbahn", das alle Zugverbindungen der Bundesbahn beschreibt, als konzeptionelles Schema, dann lassen sich daraus u.a. folgende benutzerspezifischen externen Schemata ableiten:

- "Städteverbindungen", ein Taschenfahrplan mit IC- und D-Zugverbindungen zwischen den größeren Städten.
- "Abfahrts- und Ankunftsfahrplan" für eine bestimmte Stadt.
- "Karte des Streckennetzes" (ohne Abfahrts- und Ankunftszeiten).
- "Zugbegleiter", ein Fahrplan für einen bestimmten Zug mit Ankunfts- und Abfahrtszeiten für die einzelnen Bahnhöfe und Angabe der Anschlußverbindungen ("Sicht" des im Zug Sitzenden).
- "Örtliches Kursbuch" für eine bestimmte Region.

(Ende d. Beisp.)

Die einzelnen Relationstypen eines externen Schemas werden auch als **Views**, d.h. als benutzerspezifische Datensichten bezeichnet. Zu ihrer Ableitung aus den Relationstypen des konzeptionellen Schemas können alle Operatoren der Relationenalgebra verwendet werden. Insbesondere ist es möglich, bei einem aus mehreren Relationstypen bestehenden konzeptionellen Schema ein externes Schema als Verbund aus mehreren Relationstypen darzustellen.

Beispiel:

Betrachtet man die Relationstypen

Kunde(KundNr,Name,Strasse,Plz,Ort,Saldo)
Artikel(ArtNr,Bezeich,Preis)
Bestellung(BestellNr,KundNr,ArtNr,Menge)

als konzeptionelles Schema, dann können daraus durch Projektion bzw. Verbund z.B. die Views S1, S2 und S3 abgeleitet werden:

S1(KundNr,Name,Saldo) = Kunde.{KundNr,Name,Saldo}

S2(ArtNr,Bezeich,Preis,BestellNr,KundNr,Menge)
 = Artikel * Bestellung

S3(ArtNr,Bezeich,KundNr,Menge)
 = S2.{ArtNr,Bezeich,KundNr,Menge}

(Ende d. Beisp.)

Die Verwendung externer Schemata in Informations- und Entscheidungsaufgaben ist unproblematisch, solange auf die zugehörigen Relationen nur lesend zugegriffen wird. Schreibender Zugriff bedingt eine aufwendige und häufig nicht eindeutige Rücktransformation der Relationen eines externen Schemas in die Relationen des konzeptionellen Schemas. Diese wird zusätzlich erschwert, wenn auf mehrere externe Schemata simultan zugegriffen werden kann. Aus diesem Grund wird schreibender Zugriff auf externe Schemata von den meisten Datenverwaltungssystemen nicht unterstützt.

6.3.2 Relationales Datenmodell

Die Aufgabe der Datenmodellierung besteht in der Aufstellung des konzeptionellen Schemas unter Berücksichtigung der eingangs genannten Formalziele (vgl. S. 208f). Dabei sind insbesondere folgende Fragen zu klären:

- Welcher Datenstrukturtyp und welche Operatoren sollen zur Beschreibung und Manipulation des Schemas verwendet werden?

- Wie sollen die Beziehungen zwischen den einzelnen Datenstrukturen des Schemas dargestellt werden?

Die Beantwortung dieser Fragen liefert einen formalen Gestaltungsrahmen für die Datenmodellierung, der als Datenmodell bezeichnet wird. Die bekanntesten Datenmodelle sind das Netzwerk-Datenmodell, das hierarchische Datenmodell und das relationale Datenmodell. Wegen seiner Anschaulichkeit, seiner zunehmenden praktischen Bedeutung und seiner umfassenden theoretischen Basis wird im folgenden ausschließlich das **relationale Datenmodell** betrachtet. Für die anderen Datenmodelle wird auf die Literatur über Datenbanksysteme verwiesen (vgl. Bastian 1982, Schlageter/Stucky 1983, Ullman 1980).

Ein gemäß dem relationalen Datenmodell dargestelltes konzeptionelles Schema besteht ausschließlich aus Relationstypen. Auch die Beziehungen zwischen den Datenstrukturen werden durch Relationstypen dargestellt. Im einzelnen ist das relationale Datenmodell durch folgende Kriterien charakterisiert:

a) Das Schema besteht aus einer Menge benannter Relationstypen RT(A).

b) Zu jedem Relationstyp RT(A) existiert genau eine Relationsvariable R(A). Ihr Wert ist eine zeitlich veränderliche Relation $R^t(A)$.

c) Zu jedem Relationstyp wird eine Teilmenge seiner Attribute angegeben, deren Wertkombination ein Tupel der zugehörigen Relation eindeutig identifiziert.

SCHLÜSSEL EINES RELATIONSTYPS

Die identifizierenden Attribute eines Relationstyps bedürfen einer näheren Untersuchung. Betrachtet man einen Relationstyp

$$RT(A),\ A = \{A_i \mid i = 1..n\},$$

dann ist jedes Tupel der zugehörigen Relation durch die Kombination der Werte

$$(a_1, a_2, \ldots a_n), a_i \in W(A_i)$$

identifiziert. In der Regel sind jedoch zur Identifizierung bereits die Werte einer Teilmenge von Attributen $S \subseteq A$ ausreichend. Ist S minimal in dem Sinne, daß kein Attribut aus S wegelassen werden kann, ohne daß die identifizierende Eigenschaft von S verloren geht, dann wird S als **Schlüssel** des Relationstyps bezeichnet. Die Attribute aus S heißen **Schlüsselattribute.** Ein Relationstyp kann mehrere Schlüssel besitzen. Attribute, die in keinem Schlüssel auftreten, werden als **Nichtschlüsselattribute** bezeichnet.

Existieren mehrere Schlüssel, so wird einer von ihnen als **Primärschlüssel** ausgezeichnet. Der Wert des Primärschlüssels identifizert ein Tupel über dessen gesamte Lebensdauer, er kann daher nicht abgeändert werden. Auf die Bedeutung des Primärschlüssels für die Datenmodellierung wird in Kapitel 6.3.4 eingegangen. Bei der Angabe des Relationstyps werden die Attribute des Primärschlüssels durch Unterstreichen gekennzeichnet, z.B.

ARTIKEL(<u>BEZEICHNUNG</u>,BESTAND,EK-PREIS,VK-PREIS).

In vielen Fällen wird zur Identifizierung der Tupel ein zusätzliches Attribut als Primärschlüssel in den Relationstyp aufgenommen. Die Werte dieses Attributs sind meist fortlaufende oder klassifizierende Nummern. Das Attribut wird durch das Zeichen "#" gekennzeichnet, z.B.

KUNDE(KUNDEN-NR#,NAME,STRASSE,PLZ,ORT,SALDO).

Aus Gründen der Minimierung von Redundanz und aus Gründen der integren Verwaltung ist es in der Regel nicht möglich, ein Schema in Form eines einzigen Relationstyps darzustellen. Wird jedoch ein Schema in mehrere Relationstypen zerlegt, dann müssen zwischen den einzelnen Relationstypen Beziehungen hergestellt werden können. Zu diesem Zweck wird häufig der Primärschlüssel eines Relationstyps in die Attributmenge eines anderen Relationstyps aufgenommen. Der Schlüssel dient dort der Identifizierung eines Tupels einer "fremden" Relation und wird daher als **Fremdschlüssel** bezeichnet.

Betrachtet man ausschließlich die konzeptionelle Ebene der Datenmodellierung, dann ist die Herstellung von Beziehungen zwischen Relationstypen der eigentliche Grund für die Einführung von Primärschlüsseln. Bezieht man jedoch die Implementierung der konzeptionellen Ebene durch die interne Ebene in die Betrachtung ein, dann kommt den Primärschlüsseln eine weitere Aufgabe zu: Sie dienen auf interner Ebene der Definition von Zugriffspfaden, wie sie z.B. zur effizienten Durchführung der Operation SELEKTION benötigt werden.

Häufig besteht aber der Wunsch, auch über andere Attribute als die des Primärschlüssels effiziente Selektionen durchführen zu können. Dies wird durch die Definition eines oder mehrerer **Sekundärschlüssel** erreicht. Der Wert eines Sekundärschlüssels darf innerhalb der Lebensdauer des Tupels abgeändert werden und muß nicht notwendigerweise eindeutig sein, sondern kann vielmehr eine mehrelementige Menge von Tupeln identifizieren. Sekundärschlüssel müssen daher nicht notwendigerweise Schlüssel gemäß der obengenannten Definition sein, trotzdem ist dieser Begriff gebräuchlich. Zur Definition eines Sekundärschlüssels kann jedes Attribut oder jede Attributkombination mit Ausnahme des Primärschlüssels verwendet werden. Ein Beispiel für einen Sekundärschlüssel ist die Kombination der Attribute NAME und PLZ des Relationstyps KUNDE.

ERSTE NORMALFORM

Ausgangspunkt der Datenmodellierung ist eine Menge von Attributen, die Eigenschaften von Objekttypen eines betrieblichen Basis- bzw. Informationssystems benennen. Ziel ist es, mit Hilfe dieser Attribute ein Datenmodell in Form einer Menge von Relationstypen zu bilden, so daß die Ziele der Datenmodellierung (vgl. Kap. 6.3.1) erfüllt sind.

Bei der Entwicklung von Datenmodellen wird vorausgesetzt, daß alle Attribute elementar sind. Ein Attribut A_0 heißt elementar, wenn es keine anderen Attribute B_1 .. B_n gibt, aus deren Werten ein Wert von A_0 zusammengesetzt werden kann. Dadurch wird ausgeschlossen, daß der Wertebereich eines Attributs als Teil des kartesischen Produkts $(W(A_0 = W(B_1) \times W(B_2) \times \ldots \times W(B_n))$ über einfacheren Wertebereichen dargestellt werden kann. Eine Relation R(A), deren

Attributmenge A diese Eigenschaft aufweist, befindet sich in **erster Normalform** oder abgekürzt **1NF.**

Die erste Normalform ist rein definitorischer Natur. Betrachtet man z.B. den Wert 5 aus dem Wertebereich {0..9} der Dezimalziffern, so kann dieser Wert aus Werten des einfacheren Wertebereichs {0..1} der Dualziffern in Form des Polynoms 101 zusammengesetzt werden. Ebenso ist der Wertebereich einer Zeichenfolge aus dem Wertebereich eines Zeichens konstruierbar und dieser wiederum aus dem Wertebereich der Dualziffern.

Die Zerlegung von Wertebereichen bis zur informationstheoretischen Untergrenze ist im allgemeinen sehr unanschaulich. Als Kriterium dafür, ob ein Attribut elementar ist, wird daher dessen Semantik herangezogen. Ein Attribut A_0 mit einem Wertebereich $W(A_0)$ ist demnach elementar, wenn die durch A_0 abgebildeten Objekteigenschaften nicht weiter detailliert werden. Z.B. ist ein Attribut ANSCHRIFT als elementar zu betrachten, wenn seine Werte stets als eine Zeichenfolge betrachtet werden und nie auf Teilfolgen (Strasse, Plz, Ort) einzeln referiert wird. Dagegen ist ein Attribut LIEFERT, dessen Werte Mengen von Artikelnummern sind, nicht elementar.

Durch diese Vereinbarung wird gleichzeitig sichergestellt, daß alle Tupel einer Relation die gleiche Anzahl an Attributwerten aufweisen. Relationen, deren Tupel eine variable Anzahl von Werten beinhalten, sind nicht in erster Normalform.

Elementare Attribute sind meist vom Typ INTEGER, REAL, BOOLEAN, CHAR und STRING. Attribute des Typs RECORD, ARRAY und SET sind in der ersten Normalform ausgeschlossen.

REDUNDANZEN UND ANOMALIEN

Bei die Zuordnung von Attributen zu Relationstypen können unter Umständen Probleme auftreten, die den Formalzielen der Datenmodellierung entgegenstehen. Dazu wird als Beispiel ein Schema aus drei Relationen betrachtet.

Beispiel:

Gegeben seien die drei Relationstypen

LIEFERANT (LIEF-NR,NAME,ANSCHRIFT)
ARTIKEL (ART-NR,BEZEICHNUNG,VK-PREIS,EK-PREIS,BESTAND)
BESTELLUNG(LIEF-NR,ART-NR,TELEFON,MENGE,TERMIN) .

Die Attribute haben folgende Bedeutung:

LIEF-NR	Lieferantennummer
NAME	Name des Lieferanten
ANSCHRIFT	Anschrift des Lieferanten
ART-NR	Artikelnummer
BEZEICHNUNG	Artikelbezeichnung
VK-PREIS	Verkaufspreis des Artikels
EK-PREIS	Einkaufspreis des Artikels
BESTAND	aktuelle Bestandsmenge des Artikels
TELEFON	Telefonnummer des Lieferanten
MENGE	Bestellmenge
TERMIN	geforderter Liefertermin

(Ende d. Beisp.)

In diesem Beispiel wurde das Attribut TELEFON in den Relationstyp BESTELLUNG aufgenommen, um bei Rückfragen zu einer Bestellposition den zugehörigen Lieferanten bequem erreichen zu können. Dadurch entstehen allerdings mehrere Probleme, bei denen die eingangs genannten Formalziele Redundanzfreiheit und Integrität verletzt werden.

a) Wird ein neuer Lieferant in die Relation LIEFERANT aufgenommen, so kann dessen Telefonnummer noch nicht eingetragen werden. Dies kann erst dann erfolgen, wenn für diesen Lieferanten eine Bestellung generiert und ein Tupel in die Relation BESTELLUNG aufgenommen wird. Dieses Problem wird als **Einfügeanomalie (insertion anomaly)** bezeichnet.

b) Angenommen, bei einem bestimmten Lieferanten sind mehrere Artikelpositionen bestellt und die entsprechenden Tupel in die Relation BESTELLUNG eingetragen. Ändert sich nun die Telefonnummer dieses Lieferanten, dann muß die gesamte Relation BESTELLUNG durchsucht und in den Tupeln mit der entsprechenden Ausprägung von LIEF-NR der Wert des Attributs TELEFON abgeändert werden, obwohl sich nur ein einziger Tatbestand geändert hat. Es liegt daher eine **Änderungsanomalie (update anomaly)** vor.

c) Mit dem Eingang der bei einem bestimmten Lieferanten bestellten Artikelpositionen werden die entsprechenden Tupel aus der Relation BESTELLUNG entfernt. Sind alle Bestellpositionen eines Lieferanten ausgeliefert, dann verschwindet damit auch die Information über seine Telefonnummer. Es liegt eine **Löschanomalie (deletion anomaly)** vor.

d) Für den Fall, daß bei einem Lieferanten mehrere Artikelpositionen bestellt sind, ist dessen Telefonnummer mehrfach gespeichert. Dadurch werden **Redundanzen** in das Schema eingeführt, die eine Verschwendung von Speicherkapazität darstellen und außerdem die integre Verwaltung des Schemas behindern.

FUNKTIONALE UND MEHRWERTIGE ABHÄNGIGKEITEN

Die geschilderten Probleme können durch eine geeignete Zuordnung von Attributen zu Relationstypen weitgehend vermieden werden. Im genannten Beispiel muß dazu das Attribut TELEFON aus dem Relationstyp BESTELLUNG entfernt und dem Relationstyp LIEFERANT zugeordnet werden.

Problematisch ist dagegen die Zuordnung des Attributs EK-PREIS zum Relationstyp ARTIKEL. Wird ein Artikel von allen Lieferanten zum gleichen Preis geliefert, so ist die getroffene Zuordnung korrekt. Um dagegen lieferantenspezifische Einkaufspreise abbilden zu können, müßte das Attribut EK-PREIS dem Relationstyp BESTELLUNG zugeordnet werden. Der Grund dafür ist, daß im ersteren Fall das Attribut EK-PREIS ausschließlich von ART-NR abhängt, während im letzteren Fall eine Abhängigkeit von ART-NR und LIEF-NR besteht.

Bei der Zuordnung von Attributen zu Relationstypen sind somit Abhängigkeiten der Attribute untereinander zu berücksichtigen. Die wichtigste Abhängigkeit zwischen Attributmengen ist die **funktionale Abhängigkeit**. Zur formalen Darstellung des Problems betrachte man einen Relationstyp RT(A) und zwei Attributmengen X und Y ($X,Y \subseteq A$). Y ist funktional abhängig von X

X --> Y ,

wenn für die Relation R(A) des Typs RT(A) in jedem Zeitpunkt gilt: Tupel, die in den X-Werten übereinstimmen, stimmen auch in den Y-Werten überein.

Umgekehrt sind Tupel mit gleichen Y-Werten, aber unterschiedlichen X-Werten zugelassen. Die funktionale Abhängigkeit ist also eine n:1-Beziehung zwischen X- und Y-Werten einer Relation. Die Zuordnung von Y- zu X-Werten nicht konstant, sondern zeitlich veränderlich. Es kann daher nur eine zeitabhängige Funktion f^t angegeben werden, die Projektionen der Relation R(A) im Zeitpunkt t aufeinander abbildet:

$$f^t\text{: } R(A)^t.X \text{ --> } R(A)^t.Y$$

Ist X Schlüssel, dann ist die funktionale Abhängigkeit in trivialer Weise dadurch gegeben, daß Tupel mit gleichen X-Werten nicht auftreten können.

Beispiel:

Nachstehend sind die abgeänderten Relationstypen des Beispiels auf S. 220 aufgeführt. Gleichzeitig wurde für jeden Relationstyp ein Primärschlüssel festgelegt. Die Schlüsselattribute sind gegenüber den Nichtschlüsselattributen durch Unterstreichen gekennzeichnet.

LIEFERANT (LIEF-NR,NAME,ANSCHRIFT,TELEFON)
ARTIKEL (ART-NR,BEZEICHNUNG,VK-PREIS,BESTAND)
BESTELLUNG(LIEF-NR,ART-NR,MENGE,TERMIN,EK-PREIS)

Zwischen Nichtschlüsselattributen und Schlüsselattributen bestehen in den einzelnen Relationstypen folgende funktionale Abhängigkeiten:

{LIEF-NR} --> {NAME,ANSCHRIFT,TELEFON}
{ART-NR} --> {BEZEICHNUNG,VK-PREIS,BESTAND}
{LIEF-NR,ART-NR} --> {MENGE,TERMIN,EK-PREIS}

Zwischen den Nichtschlüsselattributen NAME und ANSCHRIFT des Relationstyps LIEFERANT kann eine funktionale Abhängigkeit

{NAME} --> {ANSCHRIFT,TELEFON}

vermutet werden, da jedem Lieferanten genau eine Anschrift zugeordnet ist. Da aber nicht ausgeschlossen werden kann, daß mehrere Lieferanten mit gleichem Namen auftreten, ist diese nicht gegeben. Im Relationstyp ARTIKEL gilt dagegen eine funktionale Abhängigkeit

{BEZEICHNUNG} --> {VK-PREIS,BESTAND} ,

sofern sichergestellt ist, daß für die Artikel eindeutige Bezeichnungen verwendet werden.

(Ende d. Beisp.)

Neben den funktionalen Abhängigkeiten sind auch nichtfunktionale Abhängigkeiten von Interesse. Nichtfunktionale Beziehungen sind 1:n- oder m:n-Beziehungen zwischen X- und Y-Werten einer Relation, wobei jeder X-Wert mit einer Menge von Y-Werten in Beziehung steht. Diese Form von Abhängigkeit wird als **mehrwertige Abhängigkeit** (**multivalued dependency**) bezeichnet. Betrachtet man wiederum einen Relationstyp RT(A) und zwei Attributmengen X und Y (X, Y $\subseteq$ A), dann ist Y von X mehrwertig abhängig,

X ->> Y

wenn jedem X-Wert eine (leere oder nichtleere) Menge von Y-Werten zugeordnet ist <u>und</u> zwischen den Y-Werten und den Werten der übrigen Attribute A - X - Y <u>keine</u> Abhängigkeiten bestehen.

<u>Beispiel:</u>

Gegeben sei ein Relationstyp SORTIMENT(KAT-NR und KAT-SEITE sind die Katalognummer und die Katalogseite zu einem Artikel mit der Nummer ART-NR):

SORTIMENT({ART-NR,LIEF-NR,KAT-NR,KAT-SEITE})

Hier besteht eine mehrwertige Abhängigkeit

ART-NR ->> LIEF-NR ,

da jeder Artikelnummer eine Menge von Lieferantennummern zugeordnet ist und gleichzeitig zwischen den Lieferantennummern und der Katalognummer bzw. Katalogseite des jeweiligen Artikels keine Abhängigkeit besteht.
(Ende d. Beisp.)

Funktionale und mehrwertige Abhängigkeiten sind für die Datenmodellierung von entscheidender Bedeutung. Sie sind aus der Attributmenge eines Relationstyps nicht formal ableitbar, sondern stellen zusätzliche Informationen über die Bedeutung (**Semantik**) der Attribute dar. Im folgenden werden Relationstypen daher um die Beschreibung der Abhängigkeiten ihrer Attributmenge erweitert. Relationstypen mit angegebenen Abhängigkeiten werden mit RT(A;F) bezeichnet, wobei gilt

$$F = \{(X \dashrightarrow Y) \text{ oder } (X \twoheadrightarrow Y) \mid X,Y \subseteq A\} .$$

DEFINITION DES RELATIONALEN DATENMODELLS

Unter Berücksichtigung der obigen Ausführungen kann nun das relationale Datenmodell genauer charakterisiert werden (vgl. Bastian 1982, 39). Ein Schema entspricht dem relationalen Datenmodell, wenn gilt:

a) Es gibt eine Menge von benannten Relationstypen RT(A;F) in erster Normalform.

b) Jeder Relationstyp besitzt einen Primärschlüssel.

c) Zu jedem Relationstyp RT(A;F) existiert eine Relation R(A), die zeitlich veränderlich ist, jedoch zu jedem Zeitpunkt den Abhängigkeiten F genügt.

MODELLIERUNGSEIGENSCHAFTEN DES RELATIONALEN DATENMODELLS

Das relationale Datenmodell dient zur Konstruktion des konzeptionellen Schemas und der externen Schemata. Die Beschreibung des internen Schemas im relationalen Datenmodell ist aus formalen Gründen problematisch, da die auftretenden Datenstrukturen in der Regel nicht in erster Normalform sind. In letzter Zeit wird jedoch versucht, mit einer speziellen Normalform (NF^2) das relationale Datenmodell auch auf das interne Schema anzuwenden (vgl. Schek 1984).

6.3.3 Normalisierung

Es wurde gezeigt, daß das Auftreten von Redundanzen und Anomalien von der Zuordnung von Attributen zu Relationstypen abhängt. Im folgenden wird eine formale Vorgehensweise gezeigt, die es gestattet, ausgehend von Relationstypen in erster Normalform mit bekannten Abhängigkeiten ein Schema zu erzeugen, das weitgehend frei von Redundanzen und Anomalien ist. Der Prozeß heißt **Normalisierung** und wird in mehreren Schritten durchgeführt, wobei mit jedem Schritt ein höherer Normalisierungsgrad erreicht wird. Durch die Umstrukturierung von Relationstypen darf im Schema kein Informationsverlust eintreten.

Für den Normalisierungsprozeß werden als Ausgangsbasis Relationstypen in erster Normalform (1NF) vorausgesetzt. Obwohl die 1NF nicht Ergebnis eines Normalisierungsschrittes ist, wird die Bezeichnung aus historischen Gründen beibehalten. Die weiteren Normalformen (2NF bis 4NF) bauen aufeinander auf, d.h. ein Schema in 4NF ist gleichzeitig in 3NF und 2NF.

ZWEITE NORMALFORM (2NF)

Die **zweite Normalform (2NF)** fordert volle funktionale Abhängigkeit zwischen einem Nichtschlüsselattribut und einem aus mehreren Attributen zusammengesetzten Schlüssel. Sie wird verletzt, wenn ein Nichtschlüsselattribut bereits von einer (echten) Teilmenge der Attribute des Schlüssels funktional abhängig ist. Volle funktionale Abhängigkeit bedeutet damit, daß kein Attribut des Schlüssels entfernt werden kann, ohne daß dabei die funktionale Abhängigkeit jedes Nichtschlüsselattributs vom Schlüssel verloren geht.

<u>Beispiel:</u>

Gegeben sei ein Relationstyp BESTELLUNG mit funktionalen Abhängigkeiten. Die Bedeutung der Attribute ist analog zu Beispiel S. 220.

```
BESTELLUNG({LIEF-NR,ART-NR,NAME,ANSCHRIFT,MENGE,EK-PREIS};
           {(LIEF-NR,ART-NR --> NAME,ANSCHRIFT,MENGE,
                                EK-PREIS),
            (LIEF-NR        --> NAME,ANSCHRIFT)})
```

Für den Relationstyp BESTELLUNG ist (LIEF-NR,ART-NR) Schlüssel, da keines der beiden Attribute weggelassen werden kann, ohne daß die identifizierende Eigenschaft für die Gesamtrelation verloren geht. In bezug auf jedes einzelne Nichtschlüsselattribut ist das Tupel (LIEF-NR,ART-NR) jedoch nicht in allen Fällen Schlüssel. Wie aus den funktionalen Abhängigkeiten ersichtlich ist, sind NAME und ANSCHRIFT bereits von LIEF-NR funktional abhängig. Somit ist (LIEF-NR,ART-NR) für die Attribute NAME und ANSCHRIFT nicht Schlüssel.

In BESTELLUNG bestehen bezüglich der Attribute NAME und ANSCHRIFT die beschriebenen Einfüge-, Änderungs- und Löschanomalien sowie Redundanzen. Für den Übergang in die 2NF wird daher BESTELLUNG aufgespalten:

```
BESTELLUNG({LIEF-NR,ART-NR,MENGE,EK-PREIS};
           {(LIEF-NR,ART-NR --> MENGE,EK-PREIS)})

LIEFERANT ({LIEF-NR,NAME,ANSCHRIFT};
           {(LIEF-NR --> NAME,ANSCHRIFT)})
```

(Ende d. Beisp.)

DRITTE NORMALFORM (3NF)

Die **dritte Normalform** (**3NF**) verhindert transitiv funktionale Abhängigkeiten zwischen einem Nichtschlüsselattribut C und einem Schlüssel A. Sie wird verletzt, wenn das Nichtschlüsselattribut C von einem weiteren Nichtschlüsselattribut B, sowie B vom Schlüssel A funktional abhängig ist.

Beispiel:

Gegeben sei ein Relationstyp ARTIKEL (LAGER-NR = Lagernummer des Artikels; LAGERORT = Lagerort des Artikels):

```
ARTIKEL({ART-NR,BEZEICHNUNG,VK-PREIS,BESTAND,LAGER-NR,
         LAGERORT};
        {(ART-NR    --> BEZEICHNUNG,VK-PREIS,BESTAND,LAGER-NR,
                        LAGERORT),
         (LAGER-NR --> LAGERORT)})
```

In ARTIKEL besteht eine transitiv funktionale Abhängigkeit der Form ART-NR --> LAGER-NR --> LAGERORT. Diese führt zu Anomalien und Redundanzen bezüglich des Attributs LAGERORT. Durch Aufspaltung des Relationstyps wird 3NF erreicht.

```
ARTIKEL({ART-NR,BEZEICHNUNG,VK-PREIS,BESTAND,LAGER-NR};
        {(ART-NR --> BEZEICHNUNG,VK-PREIS,BESTAND,LAGER-NR)})

LAGER  ({LAGER-NR,LAGERORT};
        {(LAGER-NR --> LAGERORT)})
```

In ARTIKEL stellt das Attribut LAGER-NR einen Fremdschlüssel dar.
(Ende d. Beisp.)

VIERTE NORMALFORM (4NF)

Die **vierte Normalform (4NF)** bezieht sich auf mehrwertige Abhängigkeiten innerhalb eines zusammengesetzten Schlüssels eines 3NF-Relationstyps. Die 4NF wird verletzt, wenn der Relationstyp zwei oder mehrere, voneinander unabhängige mehrwertige Abhängigkeiten enthält.

Durch die Voraussetzung von 3NF-Relationstypen ist sichergestellt, daß mehrwertige Abhängigkeiten nur innerhalb eines Schlüssels auftreten können. Durch die 4NF wird also versucht, die Anzahl der Schlüsselattribute in einem Schlüssel zu minimieren.

Beispiel:
Gegeben sei folgender, nur aus einem Schlüssel bestehender Relationstyp:

ART-LIEF-LAG({ART-NR,LIEF-NR,LAGER-NR};
{(ART-NR ->> LIEF-NR),
(ART-NR ->> LAGER-NR)})

Die beiden mehrwertigen Abhängigkeiten besagen, daß ein Artikel von mehreren Lieferanten bezogen werden und ein Artikel in mehreren Lägern geführt werden kann.

Diese mehrwertigen Abhängigkeiten sind voneinander unabhängig, wenn keine direkte Beziehung zwischen Lieferanten und Lägern besteht, d.h. die Vereinbarung gilt, daß jeder Artikel bei einer bestimmten Menge von Lieferanten bestellt werden kann, unabhängig davon, in welchen Lägern er geführt wird. Dadurch entstehen Anomalien und Redundanzen bezüglich eines der Schlüsselattribute. Zu ihrer Vermeidung wird ART-LIEF-LAG in die beiden Relationstypen ART-LIEF und ART-LAG zerlegt, die jeweils genau eine mehrwertige Abhängigkeit enthalten.

ART-LIEF({ART-NR,LIEF-NR}; {(ART-NR ->> LIEF-NR)})

ART-LAG ({ART-NR,LAGER-NR}; {(ART-NR ->> LAGER-NR)})

Gilt dagegen die Vereinbarung, daß ein Artikel bei einem Lieferanten für ein bestimmtes Lager bestellt wird, dann sind die mehrwertigen Abhängigkeiten nicht voneinander unabhängig. In diesem Fall befindet sich ART-LIEF-LAG in 4NF.
(Ende d. Beisp.)

Die vierte Normalform stellt, abgesehen von einigen Spezialfällen, die höchste Normalform eines Relationstyps dar, die durch ein formales Vorgehen auf der Grundlage von Abhängigkeiten erreicht werden kann.

WEITERE REDUNDANZEN UND ANOMALIEN

Ausgangspunkt der folgenden Überlegungen sind Relationstypen in 4NF. Bestimmte Redundanzen können auch durch Umstrukturierung von Relationstypen nicht beseitigt werden. So kann z.B. in einer Relation des Typs

KUNDE({<u>KUND-NR</u>,NAME,ANSCHRIFT})

nicht verhindert werden, daß Werte von NAME mehrfach auftreten. Diese redundanten Werte werden als **natürliche Redundanzen** bezeichnet. Neben redundanten Werten sind auch redundante Attribute nicht vollständig vermeidbar. Ist bei der Aufspaltung eines Relationstyps die Einführung eines Fremdschlüssels erforderlich, z.B.

ARTIKEL(<u>ART-NR</u>,BEZEICHNUNG,VK-PREIS,BESTAND,LAGER-NR]
LAGER (<u>LAGER-NR</u>,LAGERORT)

so entstehen nicht vermeidbare **Schlüsselredundanzen** (Attribut LAGER-NR). Diese nehmen mit dem Detaillierungsgrad eines Schemas, d.h. mit weiteren Zerlegungen von Relationstypen, zu.

Eine andere Menge von Redundanzen und Anomalien ist durch eine weitere Umstrukturierung von Relationstypen in 4NF eliminierbar. Z.B. weisen bestimmte Attribute in vielen Tupeln den Wert "unbesetzt" auf. Durch solche dünn besetzten Attribute können erhebliche Redundanzen verursacht werden. Betrachtet man etwa einen Relationstyp

KUNDE({<u>KUND-NR</u>,NAME,SALDO,KREDITLIMIT}) ,

für den die Bedingung gilt, daß ein Wert zu KREDITLIMIT nur für bestimmte Kunden eingetragen wird, die nicht im Lastschrift- oder Nachnahmeverfahren beliefert werden. In diesem Fall führt die Zerlegung

KUNDE ({<u>KUND-NR</u>,NAME,SALDO})
KREDIT({<u>KUND-NR</u>,KREDITLIMIT})

zu einer Verringerung redundanter Werte des Attributs KREDITLIMIT, was allerdings durch eine höhere Schlüsselredundanz erkauft wird. Eine weitere Redundanz wird anhand des Relationstyps

KUNDE({<u>KUND-NR</u>,NAME,ANSCHRIFT,SALDO,BANK})

deutlich. Werte des Attributs BANK sind Name und Anschrift des Geldinstituts, mit dem der jeweilige Kunde zusammenarbeitet. Da i.d.R. mehrere Kunden mit der gleichen Bank zusammenarbeiten werden und die Werte relativ lange Zeichenfolgen darstellen, könnte durch eine Zerlegung unter Verwendung des Attributs BLZ (Bankleitzahl) als Schlüssel eine Redundanzreduzierung erreicht werden:

KUNDE({KUND-NR,NAME,ANSCHRIFT,SALDO,BLZ})

BANK ({BLZ,BANK})

Unter Berücksichtigung der zusätzlichen Vereinbarung, daß Bezeichnungen und Anschriften von Geldinstituten auch unabhängig von der Existenz entsprechender Kunden abbildbar sein sollen, dient die gewählte Zerlegung außerdem der Beseitigung von Anomalien.

VERARBEITUNGSTECHNISCHE ASPEKTE DER GESTALTUNG VON RELATIONSTYPEN

Die Aufstellung von Relationstypen des konzeptionellen und der externen Schemata kann in realen Anwendungen nicht völlig unabhängig von deren Implementierung im internen Schema erfolgen. Es sind daher verarbeitungstechnische Aspekte und besonders Anforderungen an die Antwortzeit bei der Durchführung relationaler Operationen zu berücksichtigen. Diese Überlegungen führen möglicherweise zu einem Verzicht auf vollständige Normalisierung bis zu 4NF.

Je detaillierter die Relationstypen eines Schemas sind, desto häufiger muß die Operation VERBUND durchgeführt werden, um eine gewünschte Antwortmenge zu erzeugen. Da diese Operation sehr aufwendig ist, soll die Anzahl der Relationstypen eines Schemas nicht unnötig groß sein. Relationstypen gleichen Schlüssels können häufig zusammengefaßt werden, wie z.B. die Relationstypen

KUND-ADRESSE({KUND-NR,NAME,ANSCHRIFT})
KUND-ZAHLUNG({KUND-NR,SALDO,BANK,KREDITLIMIT}) ,

die ohne Verletzung von 4NF zu

KUNDE({KUND-NR,NAME,ANSCHRIFT,SALDO,BANK,KREDITLIMIT})

vereinigt werden können. Häufig führt die Tatsache, daß bestimmte Attribute stets gemeinsam benötigt werden, zu einer Vereinigung von Relationstypen unter bewußter Aufgabe der Normalisierung und damit unter gleichzeitiger Inkaufnahme von Anomalien. Werden z.B. zur Erstellung von Gutschriften die Attribute BLZ und BANK stets gemeinsam benötigt, dann ist ein Relationstyp

KUNDE({<u>KUND-NR</u>,NAME,ANSCHRIFT,SALDO,BLZ,BANK})

sinnvoll, obwohl dadurch die 3NF verletzt wird.

Unter der Voraussetzung, daß die Tupel der Relationen des konzeptionellen Schemas auf genau ein Datenobjekt des internen Schemas abgebildet werden, kann umgekehrt auch eine weitere Zerlegung eines Relationstyps sinnvoll sein. Werden z.B. bestimmte Nichtschlüsselattribute eines Relationstyps in zeitkritischen Anwendungen besonders häufig benötigt, dann führt eine geeignete Zerlegung zu einer Reduzierung des Datentransports zwischen Extern- und Internspeicher.

6.3.4 Entwurf von Datenmodellen

In den letzten Kapiteln wurden die Grundlagen des relationalen Datenmodells und die Darstellung des konzeptionellen Schemas im relationalen Datenmodell behandelt. Nun wird untersucht, wie zu einem realen betrieblichen Sachverhalt in systematischer Vorgehensweise ein konzeptionelles Schema entwickelt werden kann, das auf die Sach- und Formalziele der Datenmodellierung ausgerichtet ist.

Ein konzeptionelles Schema, das einen bestimmten Ausschnitt der betrieblichen Realität in eine Menge von Datenstrukturen abbildet, heißt **betriebliches Datenmodell.** Dieses ist ein 3-Tupel (R,D,f_M), bestehend aus der betrieblichen Realität R, den Datenstrukturen D und einer Abbildung f_M: R --> D (zu den Eigenschaften von f_M vgl. Sinz 1983, 79ff). Aus der Sicht des betrieblichen Informationssystems ist das betriebliche Datenmodell Teil einer Basismaschine für die Informations- und Entscheidungsaufgaben des Informationssystems.

An dieser Stelle ist anzumerken, daß das relationale Datenmodell kein Datenmodell im obengenannten Sinn, sondern ein formales System bildet, dem keine Realsphäre zugeordnet ist. Der Begriff relationales Datenmodell ist jedoch allgemein gebräuchlich und soll deshalb auch hier verwendet werden.

Der Entwurf eines betrieblichen Datenmodells gliedert sich in drei Grobphasen:

1. Die erste Phase umfaßt die "kreative Vorarbeit" der Datenmodellierung. Ausgehend von der zugrundeliegenden betrieblichen Realsphäre und der gegebenen Problemstellung werden Attribute gesammelt und benannt, sowie die zugehörigen funktionalen Abhängigkeiten aufgestellt. Voraussetzung zur Durchführung dieser Tätigkeit sind detaillierte Kenntnisse über die Bedeutung der Attribute und ihrer Beziehungen in der Realsphäre.

   Für den Fall, daß im jeweiligen Problem die Aufgaben bereits spezifiziert sind, kann aus den Aufgaben die benötigte Attributmenge abgeleitet werden. Die zur Durchführung einer Aufgabe benötigten Attribute beschreiben in diesem Fall ein (ggf. unnormalisiertes) externes Schema. Die Vereinigung aller externen Schemata ergibt die Gesamtmenge der Attribute.

2. In der zweiten Phase wird aus den gesammelten Attributen und Abhängigkeiten ein optimiertes konzeptionelles Schema abgeleitet. Zur Unterstützung dieser Tätigkeit wurden eine Reihe von formalen Verfahren entwickelt. Ein Verfahren zur Synthese von Relationstypen wird nachfolgend beschrieben.

3. In der dritten Phase werden speicherungs- und verarbeitungstechnische Aspekte der Datenmodellierung in das konzeptionelle Schema aus Phase 2 einbezogen (vgl. Kap. 6.3.3).

Die Tätigkeit der Phase 1 beruht ausschließlich auf der Kreativität des Systemkonstrukteurs. Formale Verfahren können lediglich zur Entdeckung von Widersprüchen und für Plausibilitätsprüfungen eingesetzt werden. In der Phase 2 tritt das Problem auf, daß bei einigen Schritten des Syntheseverfahrens Entscheidungsspielraum besteht, so daß aus einer Menge von zulässigen Alternativen die bez. der Ziele von Phase 3 günstigste Alternative auszuwählen ist. Phase 3 stellt ebenfalls hohe Anforderungen an den Systemkonstrukteur, da an dieser Stelle das Mengengerüst, die Zugriffshäufigkeiten und damit das Benutzerverhalten bezüglich des betrieblichen Datenmodells zu berücksichtigen sind. Der Planungsvorgang erfolgt bei realen Anwendungen in mehreren Schritten, bei denen die Phasen 1 bis 3 ggf. mehrfach wiederholt werden.

PHASE 1: ERFASSUNG ELEMENTARER FUNKTIONALER ABHÄNGIGKEITEN

Ausgangspunkt ist eine gegebene Attributmenge A, zu der nun eine möglichst vollständige Menge von funktionalen Abhängigkeiten ermittelt werden soll. Die Beschränkung auf funktionale Abhängigkeiten wird später begründet.

Die funktionalen Abhängigkeiten können nur anhand der Bedeutung der einzelnen Attribute aufgestellt werden. Eine sinnvolle Vorgehensweise ist es, zu jedem Attribut $Y_i \in A$ $(i = 1..n)$ eine Menge X $(X \subset A)$ von Attributen anzugeben, von denen Y_i funktional abhängt. Dabei ist es möglich, daß die Menge X leer ist oder daß mehrere Mengen X_1, X_2, ... gefunden werden. Sind mehrere Attribute Y_i von derselben Attributmenge X abhängig, so werden sie zu einer Menge Y zusammengefaßt.

Das Ergebnis dieser Vorgehensweise ist eine Menge F von funktionalen Abhängigkeiten

$$F = \{(X \dashrightarrow Y) \mid X, Y \subseteq A;\ X \cap Y = \emptyset\} ,$$

die gemeinsam mit der Attributmenge A den Ausgangspunkt der Phase 2 bilden.

DIE UNIVERSALRELATION

Die Attributmenge A und die Menge der funktionalen Abhängigkeiten F können zusammen als ein globaler Relationstyp RT(A;F) angesehen werden. Das zu entwickelnde konzeptionelle Schema stellt dann eine geeignete Zerlegung von RT dar, durch die insbesondere eine Normalisierung von RT erreicht werden soll.

$$RT(A;F) = \{RT_i(A_i;F_i) \mid i = 1..n\}$$

Die Relation U des Typs RT heißt **Universalrelation.** Sie enthält alle Informationen des betrieblichen Informationssystems, die durch Attribute aus A erfaßt werden. Jede Relation R_i des Typs RT_i entsteht aus U durch die Projektion

$$R_i = U.A_i \ .$$

Umgekehrt wird von den Relationen R_i (i = 1..n) gefordert, daß sie zusammen die Universalrelation U "repräsentieren". Das bedeutet im einzelnen:

1. Die Vereinigung der Attributmengen A_i (i = 1..n) ergibt wiederum die gesamte Attributmenge A.

2. Der Verbund aller durch Projektionen $U.A_i$ entstandenen Relationen R_i ergibt wiederum die Universalrelation U. Diese Eigenschaft wird als **verlustfreie Zerlegung** bezeichnet. Sie soll sicherstellen, daß durch die Projektionen auf U keine Informationen verlorengehen. Die verlustfreie Zerlegung bedingt u.a.,

daß der Durchschnitt aller Attributmengen A_i nicht leer ist und stellt somit keine disjunkte Zerlegung der Attributmenge A dar.

3. Die Vereinigung aller Mengen F_i von Abhängigkeiten entspricht der Menge F. Diese Eigenschaft heißt **Äquivalenz der Abhängigkeiten.** Die genannte Forderung kann nur für funktionale Abhängigkeiten erhoben werden. Diese sind im Gegensatz zu mehrwertigen Abhängigkeiten umgebungsunabhängig, d.h. ihre Gültigkeit in einer Relation wird durch Projektion oder durch Verbund mit anderen Relationen nicht aufgehoben.

Die meisten theoretischen Untersuchungen im Bereich der Datenmodellierung setzen die Existenz einer Universalrelation U voraus. Die von U zu fordernden Eigenschaften und die sich daraus ergebenden Implikationen sind allerdings derzeit Gegenstand einer kontroversen Diskussion.

Auch die praktische Relevanz der Universalrelation ist sehr umstritten. Jedes Tupel von U stellt eine bestimmte Aussage über die modellierte Realität dar. Der semantische Gehalt einer solchen Aussage ist allerdings zweifelhaft, da auch Werte von Attributen miteinander verknüpft werden, die in der Realität in keiner Beziehung zueinander stehen. Diese Überlegung betrifft insbesondere die Eigenschaft der verlustfreien Zerlegung, die gerade darin besteht, jedes Tupel aus U rekonstruieren zu können.

Im folgenden wird daher ein an praktischen Erfordernissen orientiertes, pragmatisches Vorgehen gewählt: Der globale Relationstyp RT wird als Sammlung von Attributen und Abhängigkeiten betrachtet, die das Ergebnis der ersten Entwurfsphase beschreiben. Vom daraus durch Zerlegung erzeugten konzeptionellen Schema wird die Eigenschaft der verlustfreien Zerlegung nicht gefordert, die Forderung nach globaler Gültigkeit von Abhängigkeiten beschränkt sich auf funktionale Abhängigkeiten.

PHASE 2: SYNTHESE VON RELATIONSTYPEN

Nachstehend wird eine Variante des von BERNSTEIN (1976) vorgeschlagenen Verfahrens zur Synthese von Relationstypen vorgestellt (vgl. Bastian 1982, 105f und Schlageter/Stucky 1983, 215f). Die

Modifikation gegenüber dem Originalverfahren besteht darin, daß auf die Eigenschaft der verlustfreien Zerlegung verzichtet wird. Außerdem wird eine nichtformalisierte Darstellungsform gewählt.

Gegeben: Ein Relationstyp RT(A;F), wobei F ausschließlich funktionale Abhängigkeiten enthält.

Gesucht: Eine Zerlegung $\{RT_i(A_i;F_i) \mid i = 1..n\} = RT(A;F)$, mit 3NF für alle RT_i sowie Äquivalenz zwischen F und der Vereinigung aller F_i (i=1..n).

Das Syntheseverfahren wird in mehreren Schritten durchgeführt:

1. Schritt:
   Entwickle aus F eine äquivalente Menge F′ von funktionalen Abhängigkeiten durch folgende Aktivitäten:

   a) Löse alle Abhängigkeiten, deren rechte Seite mehr als ein Attribut enthält, in einzelne Abhängigkeiten auf.
   b) Entferne alle redundanten Abhängigkeiten.
   c) Entferne alle überflüssigen Attribute aus den linken Seiten der Abhängigkeiten.

   Bezeichne F′ als F.

2. Schritt:
   Fasse Abhängigkeiten mit übereinstimmender linker Seite zu einer Abhängigkeit F_i zusammen.

3. Schritt:
   Bilde aus jeder Abhängigkeit F_i einen Relationstyp $RT_i(A_i;F_i)$, wobei A_i die Menge der an F_i beteiligten Attribute darstellt.

Anschließend ist das entwickelte Schema hinsichtlich des erreichten Normalisierungsgrades zu überprüfen und gegebenenfalls zu modifizieren. So können z.B. Fehler in Phase 1 des Syntheseverfahrens oder in Schritt 1 der Phase 2 zu einer Verletzung der 3NF führen. Falls 4NF verletzt ist, kann eine weitere Umstrukturierung des konzeptionellen Schemas angebracht sein.

PHASE 3: BERÜCKSICHTIGUNG SPEICHERUNGS- UND VERARBEITUNGSTECHNISCHER ASPEKTE

In Phase 3 werden speicherungs- und verarbeitungstechnische Aspekte in das Schema einbezogen. Dadurch werden u.a. Anforderungen, die sich bei der Implementierung des konzeptionellen Schemas im internen Schema ergeben, berücksichtigt. Die einzelnen Aspekte wurden in Kapitel 6.3.3 dargestellt.

Beispiel:

Im Rahmen der Entwicklung eines Informationssystems für den Absatzbereich eines Handelsunternehmens ist ein geeignetes betriebliches Datenmodell zu entwerfen. Die Informations- und Entscheidungsaufgaben des Informationssystems liegen bereits vor (vgl. Abb. 1.1-8; Kap. 1.1):

1. Erfassung eingehender Aufträge (**Auftragserfassung**).

2. Erstellung von Rechnungen für ausgelieferte Auftragspositionen, Bestandsführung der Artikel und Erzeugung von Debitorenposten (**Fakturierung**).

3. Erfassen und Verbuchen von Zahlungseingängen (**Zahlungseingang**).

4. Verwaltung von kundenspezifischen Daten (**Kundenverwaltung**).

5. Verwaltung von artikelspezifischen Daten (**Artikelverwaltung**).

Die Aufgaben operieren auf Attributmengen, die in ihrer Gesamtheit das konzeptionelle Schema bilden. Die Attributwerte sind Inputs, Outputs und Zustände der einzelnen Aufgaben.

1. **Auftragserfassung**: Zur Erfassung eines Auftrags werden die Attribute Kundennummer (KUND-NR) und die vom Kunden vergebene Bestellnummer (BEST-NR) herangezogen. Je Auftragsposition werden die Attribute Artikelnummer (ART-NR) und Bestellmenge (MENGE) benötigt. Es wird unterstellt, daß kein Kunde einen bestimmten Artikel unter einer Bestellnummer mehrfach bestellt und daß ein Kunde eine Bestellnummer nicht mehrfach verwendet.

KUND-NR	BEST-NR	ART-NR	MENGE
21704	24-A-84	120-12	50
		120-14	15
		130-01	120
		115-04	40

2. **Fakturierung:** Lieferbare Auftragspositionen eines Kunden werden zu einer Sendung zusammengestellt und durch eine Rechnung fakturiert. Eine Auftragsposition ist lieferbar, wenn der Artikelbestand (BESTAND) die Bestellmenge abdeckt. Die Rechnungen haben folgenden Aufbau:

NAME:	Hans Meier KG	KUND-NR:	21704
ANSCHRIFT:	Bachgasse 4	RECH-NR:	00023
	8400 Regensburg	RECH-DAT:	15.05.84

BEST-NR	ART-NR	BEZEICHNUNG	MENGE	VK-PREIS	
27-A-84	120-12	Diskette	50	5.00	250.00
27-A-84	120-14	Farbband	15	8.00	120.00
30-B-84	115-06	Karton Papier	10	22.00	220.00
				BETRAG:	590.00

Daneben wird zur Verwaltung der Forderungen an einen Kunden das Attribut Debitorensaldo (SALDO) benötigt. Es gilt die Vereinbarung, daß die Werte des Attributs Rechnungsnummer (RECH-NR) global eindeutig sind.

3. **Zahlungseingang:** Unter der Annahme, daß mit jeder Zahlung genau eine Rechnung ausgeglichen wird, sind zur Durchführung der Aufgabe die Attribute KUND-NR, BETRAG, RECH-NR und SALDO erforderlich.

4. **Kundenverwaltung:** Außer KUND-NR werden die Attribute NAME und ANSCHRIFT benötigt.

5. **Artikelverwaltung:** Es sind die Attribute ART-NR, BEZEICHNUNG und VK-PREIS erforderlich.

Die von jeder Aufgabe benötigten Attribute beschreiben deren spezifisches externes Schema in Form eines 1NF-Relationstyps. Die Attributmengen der einzelnen Schemata sind nachfolgend zusammengestellt:

A_1 = {KUND-NR,BEST-NR,ART-NR,MENGE}

A_2 = {KUND-NR,NAME,ANSCHRIFT,RECH-NR,RECH-DAT,
BEST-NR,ART-NR,BEZEICHNUNG,MENGE,VK-PREIS,BESTAND,
BETRAG,SALDO}

A_3 = {KUND-NR,RECH-NR,BETRAG,SALDO}

A_4 = {KUND-NR,NAME,ANSCHRIFT}

A_5 = {ART-NR,BEZEICHNUNG,VK-PREIS}

Da alle Attribute eindeutige Namen aufweisen, kann durch Vereinigung von A_1 bis A_5 die globale Attributmenge A aufgestellt werden.

A = {KUND-NR,BEST-NR,ART-NR,MENGE,NAME,ANSCHRIFT,
RECH-NR,RECH-DAT,BEZEICHNUNG,VK-PREIS,BESTAND,
BETRAG,SALDO}

In der ersten Phase der Datenmodellierung wird zur Attributmenge A eine Menge F von funktionalen Abhängigkeiten abgeleitet. Dazu werden für jedes Attribut die determinierenden Attribute ermittelt, falls diese existieren. Die Aufstellung der Abhängigkeiten erfolgt aufgrund der Bedeutung der Attribute.

```
F = {(KUND-NR,ART-NR,BEST-NR --> MENGE),
    (KUND-NR --> NAME),
    (KUND-NR --> ANSCHRIFT),
    (ART-NR  --> BEZEICHNUNG),
    (ART-NR  --> VK-PREIS),
    (KUND-NR,RECH-NR --> BETRAG),
    (KUND-NR,RECH-NR --> RECH-DAT),
    (KUND-NR --> SALDO),
    (ART-NR  --> BESTAND),
    (RECH-NR --> KUND-NR),
    (RECH-NR --> BETRAG)}
```

Ausgehend von RT(A;F) wird nun in der zweiten Phase das Syntheseverfahren durchgeführt.

Schritt 1a ist bereits erledigt, da alle Abhängigkeiten einfach sind, d.h. auf der rechten Seite nur ein Attribut enthalten. In Schritt 1b wird die Abhängigkeit (KUND-NR,RECH-NR --> BETRAG) als redundant erkannt, da (RECH-NR --> BETRAG) gilt. In Schritt 1c wird das Attribut KUND-NR in (KUND-NR, RECH-NR --> RECH-DAT) als redundant erkannt und zur Herstellung der vollen funktionalen Abhängigkeit entfernt.

Die Durchführung von Schritt 2 führt schließlich zu folgender Menge F:

```
F = {(KUND-NR,ART-NR,BEST-NR --> MENGE),
     (KUND-NR --> NAME,ANSCHRIFT,SALDO),
     (ART-NR  --> BEZEICHNUNG,VK-PREIS,BESTAND),
     (RECH-NR --> BETRAG,RECH-DAT,KUND-NR)}
```

Die Durchführung von Schritt 3 bei gleichzeitiger Vergabe von semantisch sinnvollen Namen führt zu nachstehenden Relationstypen in 3NF, in denen die entsprechenden Abhängigkeiten aus F gelten:

AUFTRAG({<u>KUND-NR</u>,<u>ART-NR</u>,<u>BEST-NR</u>,MENGE})
KUNDE ({<u>KUND-NR</u>,NAME,ANSCHRIFT,SALDO})
ARTIKEL({<u>ART-NR</u>,BEZEICHNUNG,VK-PREIS,BESTAND})
DEBITOR({<u>RECH-NR</u>,BETRAG,RECH-DAT,KUND-NR})

Eine Überprüfung der mehrwertigen Abhängigkeiten ergibt, daß das Schema auch in 4NF ist. Der Relationstyp AUFTRAG enthält zwar mehr als eine mehrwertige Abhängigkeit, z.B. (KUND-NR ->> ART-NR) und (KUND-NR ->> BEST-NR), jedoch sind diese <u>nicht</u> voneinander unabhängig.

Aus speicherungs- und verarbeitungstechnischer Sicht erfordert das entwickelte konzeptionelle Schema keine weiteren Modifikationen, so daß Phase 3 entfällt.

(Ende d. Beisp.)

6.3.5 Abbildung der Realität in Datenmodelle

In Kapitel 6.3.4 wurde ein formales Syntheseverfahren zur Konstruktion betrieblicher Datenmodelle vorgestellt. Input des Verfahrens ist eine Menge von Attributen und eine Menge elementarer funktionaler Abhängigkeiten zwischen den einzelnen Attributen. Output ist ein konzeptionelles Schema, bestehend aus einer Menge von Relationstypen. Zur Realisierung der Beziehungen zwischen den einzelnen Relationstypen enthalten die Relationstypen geeignete Fremdschlüssel. Wesentlich ist, daß weder die Relationstypen noch deren Beziehungen Gegenstand der Erfassung sind, sondern bei der Durchführung des Syntheseverfahrens abgeleitet werden.

Obwohl diese Vorgehensweise eine wichtige theoretische Grundlage der Datenmodellierung bildet, können betriebliche Datenmodelle zu realen Informationssystemen nicht ausschließlich auf diese Weise entworfen werden. Gründe hierfür sind:

a) Betriebliche Datenmodelle relevanter Größe umfassen häufig mehrere tausend Attribute. Wegen der begrenzten Fähigkeit des Menschen zur Komplexitätsbewältigung können diese Attribute nicht in einem einzigen Schritt gesammelt und anschließend die zugehörigen funktionalen Abhängigkeiten aufgestellt werden. Vielmehr muß eine Vorgehensweise gewählt werden, die in einem mehrstufigen Top-Down-Verfahren eine schrittweise Konkretisierung ermöglicht.

b) Das formale Syntheseverfahren geht davon aus, daß die in das betriebliche Datenmodell aufzunehmenden Attribute feststellbar sind. Dies setzt wiederum voraus, daß die externen Schemata der Informations- und Entscheidungsaufgaben bereits definiert sind. Im Gegensatz dazu erfordert der Umfang realer betrieblicher Informationssysteme einen simultanen Entwurf von Aufgaben und Datenstrukturen (vgl. Zerlegungsmethodik; Kap. 1.4).

ENTITY-RELATIONSHIP-MODELL

Im folgenden wird nun ein informales Verfahren vorgestellt, das den beschriebenen Anforderungen Rechnung trägt. Das Verfahren führt zu einem konzeptionellen Schema gemäß dem relationalen Datenmodell. Dieses Schema kann mit Hilfe des Syntheseverfahrens in bezug auf die Formalziele der Datenmodellierung weiter verbessert werden. Die Durchführung des Verfahrens besteht aus drei Schritten:

1. Im ersten Schritt werden Objekte der Realität identifiziert und Beziehungen zwischen diesen Objekten erfaßt. Gleichartige Objekte werden bezüglich ihres Objekttyps, gleichartige Beziehungen bezüglich ihres Beziehungstyps klassifiziert. Objekte oder Beziehungen heißen gleichartig, wenn sie durch die gleiche Menge von relevanten Eigenschaften abgegrenzt werden. Die Ausprägungen einer Eigenschaft werden durch ein Attribut klassifiziert. Die einzelnen Attribute werden den Objekttypen und Beziehungstypen zugeordnet.

2. Im zweiten Schritt werden Objekttypen und Beziehungstypen in anschaulicher Weise graphisch dargestellt.

3. Im dritten Schritt werden Objekttypen und Beziehungstypen auf geeignete Relationstypen abgebildet, die gemeinsam das gesuchte betriebliche Datenmodell in Form eines konzeptionellen Schemas beschreiben.

Zur Durchführung der Datenmodellierung ist wiederum ein geeigneter Gestaltungsrahmen erforderlich, der angibt, in welcher Weise Objekte und Beziehungen dargestellt werden sollen. Im Gegensatz zum relationalen Datenmodell (vgl. Kap. 6.3.2), das zur Klasse der formalen Datenmodelle gehört, ist der hier beschriebene Gestaltungsrahmen ein **semantisches Datenmodell**. Dadurch wird betont, daß die Objekte und die Beziehungen aufgrund ihrer Bedeutung in der Realität modelliert werden.

In der Literatur wurden eine Reihe von semantischen Datenmodellen vorgeschlagen (vgl. Vinek/Rennert/Tjoa 1982, 188). Das bekannteste ist das von CHEN (1976) vorgeschlagene **Entity-Relationship-Modell** (E-R-Modell), das nachfolgend dargestellt wird (vgl. Bastian 1982, 18ff und Ullman 1980, 10ff). Das E-R-Modell besteht aus folgenden Komponenten:

a) Entities:

Ein **Entity** e ist ein abgrenzbares Objekt des zu modellierenden

Ausschnitts der betrieblichen Realität. Eine Menge gleichartiger Entities heißt **Entity Set** E. Die Menge aller Mengen von gleichartigen Entities, d.h. die Potenzmenge über der Menge aller gleichartigen Entities beschreibt einen **Entity-Typ** ET.

b) Relationships:
Eine **Relationship** rs ist eine Folge beliebiger Entities, die miteinander in Beziehung stehen

$$rs = (e_1, e_2, \ldots, e_n);\ e_i \in E_i,\ (i = 1..n)\ .$$

Eine Menge gleichartiger Relationships heißt **Relationship Set** RS. Die Potenzmenge über der Menge aller gleichartigen Relationships beschreibt einen **Relationship-Typ** RST

$$RST = ET_1 \times ET_2 \times \ldots \times ET_n\ .$$

Zu jedem Relationship-Typ wird angegeben, mit wievielen Entities des Typs ET_i ein Entity des Typs ET_j in einem konkreten Relationship Set in Beziehung stehen kann und umgekehrt. Folgende Beziehungstypen werden unterschieden:

1:1 (bijektiv funktionale Beziehung)
n:1 (funktionale Beziehung)
n:m (nichtfunktionale Beziehung)

Beispiel 6.3.5-1:
Die verschiedenen Beziehungstypen werden durch nachstehende Relationship Sets veranschaulicht:

1:1		n:1		n:m	
ET_i	ET_j	ET_i	ET_j	ET_i	ET_j
e_{i1}	e_{j1}	e_{i1}	e_{j1}	e_{i1}	e_{j1}
e_{i2}	e_{j3}	e_{i2}	e_{j1}	e_{i2}	e_{j1}
e_{i3}	e_{j2}	e_{i3}	e_{j2}	e_{i2}	e_{j2}

(Ende d. Beisp.)

Der Aufbau eines Entity-Typs oder Relationship-Typs wird durch eine Menge A von Attributen A_i (i = 1..n) beschrieben. Ein Entity e bzw. eine Relationship rs ist ein Tupel von Werten aus den Wertebereichchen der zugehörigen Attributmenge.

ENTITY-RELATIONSHIP-DIAGRAMME

Die Datenmodellierung gemäß dem E-R-Modell wird durch **Entity-Relationship-Diagramme** (E-R-Diagramme) graphisch unterstützt. Die Diagramme bestehen aus drei Grundelementen:

a) **Rechtecke** symbolisieren Entity-Typen.

b) **Rauten** symbolisieren Relationship-Typen. Rauten und Rechtecke sind entsprechend der Zusammensetzung eines Relationship-Typs aus Entity-Typen durch Kanten verbunden. Der Beziehungstyp eines Relationship-Typs wird durch Beschriftung der Kanten mit 1, n oder m angegeben. Die Kanten können zusätzlich mit der Funktion gekennzeichnet sein, die ein Entity-Typ im jeweiligen Relationship-Typ besitzt. Diese Funktion wird als **Rolle** bezeichnet und muß angegeben werden, wenn ein Entity-Typ mehrfach in einem Relationship-Typ auftritt.

c) **Kreise** symbolisieren Attribute. Sie werden den Entity-Typen und Relationship-Typen zugeordnet und sind mit diesen durch ungerichtete Kanten verbunden.

Beispiel:

Nachstehend sind einige wichtige Strukturelemente von Entity-Relationship-Diagrammen dargestellt. Attribute sind aus Gründen einer übersichtlichen Darstellung nur im Fall (b) angegeben.

a) Die Entity-Typen KUNDE und ARTIKEL sind durch den Relationship-Typ "Kauft" verknüpft. Die n:m-Beziehung besagt, daß ein Kunde einen oder mehrere Artikel kauft und umgekehrt ein Artikel von einem oder mehreren Kunden gekauft wird.

b) Hier ist das Entity-Relationship-Diagramm einer Stückliste dargestellt. Im Relationship-Typ "BestehtAus" tritt der Entity-Typ ARTIKEL zweifach auf. Die Kanten werden deshalb durch die Rollennamen "Baugruppe" und "Bauteil" gekennzeichnet. Die 1:n-Beziehung besagt, daß eine Baugruppe aus einem oder mehreren Bauteilen besteht. Bei mehrstufiger Montage kann eine Baugruppe wiederum als Bauteil verwendet werden.

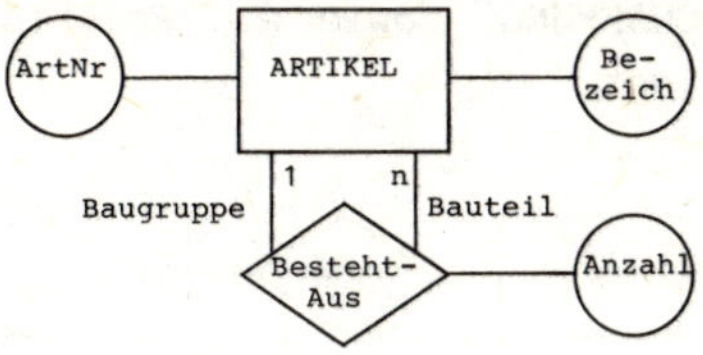

c) Der Relationship-Typ "liefert" mit einer n:m:1-Beziehung zwischen ARTIKEL, LIEFERANT und LAGER besagt, daß Lieferanten bestimmte Artikel an unterschiedliche Läger liefern.

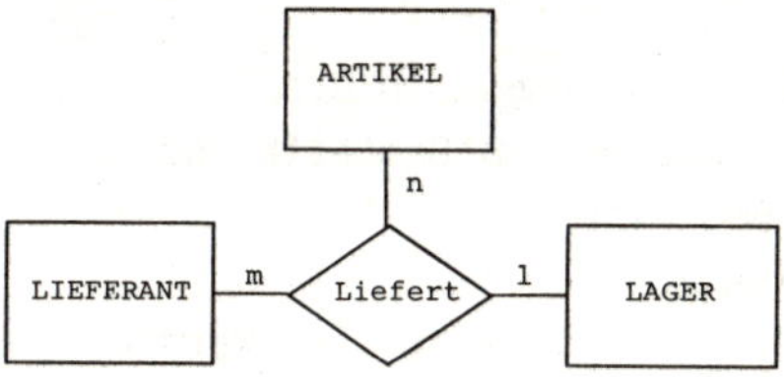

(Ende d. Beisp.)

SCHRITTWEISE VERFEINERUNG BETRIEBLICHER DATENMODELLE

Das E-R-Modell eignet sich zur schrittweisen Konkretisierung betrieblicher Datenmodelle. Die Konkretisierung kann parallel zum Entwurf der Aufgaben eines betrieblichen Informationssystems stattfinden.

Die schrittweise Verfeinerung besteht in einer Zerlegung von Entity-Typen und Relationship-Typen. Zerlegungsprodukte beider Komponenten sind wiederum Entity-Typen und Relationship-Typen.

Beispiel (vgl. Sinz 1983, 130ff):

Es soll das betriebliche Datenmodell zu einem Handelsunternehmen entwickelt werden. Ausgangspunkt ist der nicht näher spezifizierte Entity-Typ DATMOD.

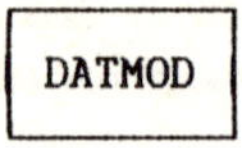

In einer ersten Zerlegung wird DATMOD in die Entity-Typen ABSATZ, WARENLAGER und BESCHAFFUNG, sowie die Relationship-Typen Nachfrage und Angebot zerlegt.

Auf der nächsten Stufe werden folgende Zerlegungen durchgeführt:

ABSATZ	::=	KUNDE, Forderungen, DEBITOR
Nachfrage	::=	NachfragerVon, HatBestellt, AUFTRAG, WurdeBestellt
WARENLAGER	::=	ARTIKEL
Angebot	::=	AnbieterVon, SollGeliefertWerden, BESTELLUNG, SollLiefern
BESCHAFFUNG	::=	LIEFERANT, Verbindlichkeiten, KREDITOR

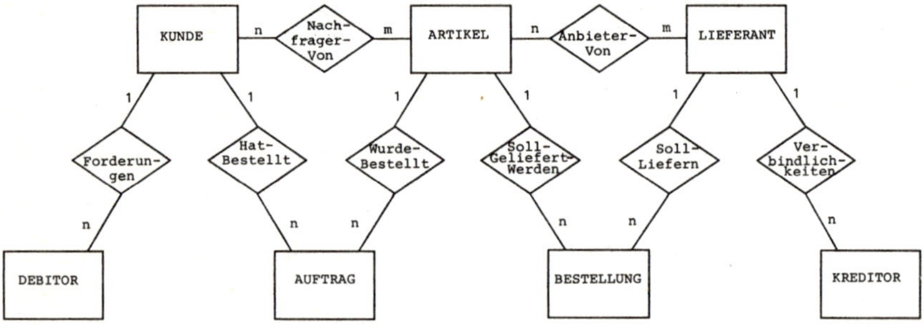

(Ende d. Beisp.)

Als Kriterium dafür, ob ein Entity-Typ oder Relationship-Typ weiter zerlegt werden soll, kann die zugehörige Attributmenge herangezogen werden. Verletzt diese die dritte Normalform (vgl. Kap. 6.3.3), so ist zu vermuten, daß durch geeignete Aufspaltung semantisch sinnvolle Teilobjekte bzw. Beziehungen erkannt werden können. Diese

Vorgehensweise kann damit begründet werden, daß auch bei der Durchführung des formalen Syntheseverfahrens in der Regel Relationstypen entstehen, die mit realen Objekttypen identifizierbar sind. So besteht das konzeptionelle Schema in Beispiel S. 240 aus den Relationstypen AUFTRAG, KUNDE, ARTIKEL und DEBITOR.

ÜBERFÜHRUNG EINES BETRIEBLICHEN DATENMODELLS VOM E-R-MODELL IN DAS RELATIONALE DATENMODELL

Im dritten Modellierungsschritt werden nun die Entity-Typen und Relationship-Typen des E-R-Modells durch Relationstypen des relationalen Datenmodells dargestellt. Dabei gelten folgende Beziehungen:

Entity-Relationship-Modell		Relationales Datenmodell
Entity	Relationship	Tupel
Entity Set	Relationship Set	Relation
Entity-Typ	Relationship-Typ	Relationstyp
Attribut	Attribut	Attribut

Aus der Sicht der Datenstrukturen kann das E-R-Modell damit als Spezialisierung des relationalen Datenmodells betrachtet werden, bei der zwischen **Entity-Relationstypen** und **Relationship-Relationstypen** unterschieden wird. Jeder Relationstyp wird durch die Aufzählung seiner Attribute und durch Angabe eines Primärschlüssels beschrieben.

Beispiel (Fortsetzung):

Das Entity-Relationship-Diagramm aus obigem Beispiel führt z.B. zu folgenden Entity-Relationstypen:

KUNDE(KUND-NR,NAME,ANSCHRIFT,SALDO)
DEBITOR(KUND-RECH-NR,BETRAG,KUND-RECH-DAT)
ARTIKEL(ART-NR,BEZEICHNUNG,VK-PREIS,EK-PREIS,BESTAND)
AUFTRAG(KUND-BEST-NR,KUND-NR,ART-NR,MENGE)
BESTELLUNG(LIEF-BEST-NR,MENGE)
LIEFERANT(LIEF-NR,NAME,ANSCHRIFT,SALDO)
KREDITOR(LIEF-RECH-NR,LIEF-NR,BETRAG,LIEF-RECH-DAT)

Außerdem existieren nachstehende Relationship-Relationstypen:

NachfragerVon(KUND-NR,ART-NR)
Forderungen(KUND-NR,KUND-RECH-NR)
HatBestellt(KUND-NR,ART-NR)
WurdeBestellt(ART-NR,KUND-NR)
SollGeliefertWerden(ART-NR,LIEF-NR)
AnbieterVon(LIEF-NR,ART-NR)
SollLiefern(LIEF-NR,ART-NR)
Verbindlichkeiten(LIEF-NR,LIEF-RECH-NR)

(Ende d. Beisp.)

OPTIMIERUNG DES KONZEPTIONELLEN SCHEMAS

Das auf diese Weise abgeleitete konzeptionelle Schema kann durch Anwendung des Syntheseverfahrens (vgl. Kap. 6.3.4) optimiert werden. In der Regel wird dadurch eine Verringerung der Anzahl an Relationstypen erreicht. Gleichzeitig besteht die Möglichkeit, den erreichten Normalisierungsgrad zu überprüfen.

Beispiel (Fortsetzung):

Der Relationship-Typ Forderungen verkörpert eine Beziehung des Typs 1:n zwischen den Entity-Typen KUNDE und DEBITOR. Bei diesem Beziehungstyp bewirkt das Syntheseverfahren die Vereinigung der Attributmenge von Forderungen mit der von DEBITOR. DEBITOR wird dabei um das Attribut KUND-NR erweitert.

Eine analoge Überlegung gilt für den Relationship-Typ Verbindlichkeiten zwischen LIEFERANT und KREDITOR. In diesem Fall enthält KREDITOR bereits alle Attribute des Relationstyps Verbindlichkeiten. Zu den resultierenden Relationstypen siehe auch das Beispiel S. 240.

(Ende d. Beisp.)

6.3.6 Sprachen für das relationale Datenmodell

Bei der Datenmodellierung (vgl. Kap. 6.3) für ein betriebliches Informationssystem werden Beschreibungen des konzeptionellen Schemas und der verschiedenen externen Schemata entwickelt. Für jeden

Relationstyp eines Schemas wird außerdem festgelegt, welche Zugriffspfade durch das interne Schema unterstützt werden sollen (vgl. Kap. 6.4.1). Bei Verwendung eines Datenverwaltungssystems, das auf das relationale Datenmodell ausgerichtet ist, werden

a) die einzelnen Relationstypen gegenüber dem Datenverwaltungssystem beschrieben und

b) Anfragen und Manipulationen auf den zugehörigen Relationen mit Hilfe der Funktionen des Datenverwaltungssystems durchgeführt.

Die Funktionen eines Datenverwaltungssystems werden in Form eines generischen abstrakten Datentyps beschrieben, der als **Sprache** bezeichnet wird. Entsprechend der Teilaufgaben (a) und (b) wird zwischen einer **Datenbeschreibungssprache** (Data Description Language, DDL) und einer **Datenmanipulationssprache** (Data Manipulation Language, DML) unterschieden.

Zu den wichtigsten Sprachen für das relationale Datenmodell gehört die Sprache **SEQUEL-2** (Structured English Query Language), die von einer Reihe von Datenverwaltungssystemen, unter anderem vom Datenbanksystem System R (IBM), unterstützt wird. SEQUEL-2 vereinigt DDL und DML und dient sowohl der interaktiven Kommunikation zwischen einem Benutzer und dem Datenverwaltungssystem, als auch der Kommunikation zwischen einem Programm und dem Datenverwaltungssystem. Die wichtigsten Funktionen von SEQUEL-2 werden anhand des nachfolgenden konzeptionellen Schemas dargestellt (zu weiteren Sprachen und einer Klassifizierung von Sprachtypen vgl. Schlageter/Stucky 1983, 138ff):

Kunde(KundNr,Name,Strasse,Plz,Ort)
Artikel(ArtNr,Bezeich,Preis)
Bestellung(BestellNr,KundNr,ArtNr,Menge)

SEQUEL-2: BESCHREIBUNG VON RELATIONSTYPEN

Die folgende Vereinbarung definiert den Relationstyp Kunde. Die Spezifikation NONNULL besagt, daß in jedem Tupel ein Attributwert zu KundNr (Primärschlüssel) angegeben sein muß. Relationen werden in SEQUEL-2 als TABLEs bezeichnet.

```
CREATE TABLE Kunde
   (KundNr(INTEGER,NONNULL),
   Name(CHAR(30),
   Strasse(CHAR(30),
   Plz(CHAR(4),
   Ort(CHAR(25))
```

Ein Zugriffspfad Kund1 für das Attribut KundNr des Relationstyps Kunde wird durch

```
CREATE IMAGE Kund1 ON Kunde(KundNr)
```

vereinbart. In System R werden Zugriffspfade mit Hilfe von B-Bäumen realisiert.

```
DEFINE VIEW Kunden8 AS
   SELECT KundNr,Name,Strasse
   FROM   Kunde
   WHERE  Plz = '8000'
```

Diese Vereinbarung definiert eine Relation eines externen Schemas (View), bestehend aus den Werten der Attribute KundNr, Name und Strasse aller Tupel mit Postleitzahl 8000 (Die SELECT-Anweisung wird nachstehend erläutert).

SEQUEL-2: ANFRAGEN UND MANIPULATIONEN AUF RELATIONEN

Anfragen werden in SEQUEL-2 mit Hilfe des Sprachelements SELECT formuliert. SELECT realisiert aus der Sicht der Relationenalgebra die Operationen Selektion, Projektion und Verbund.

```
SELECT Name,Plz,Ort
FROM   Kunde
WHERE  Plz = '8000'
```

In der obigen Anfrage beschreibt die Attributfolge (Name,Plz,Ort) eine Projektion, die Bedingung (Plz = '8000') dient der Selektion. Eine Selektionsbedingung kann auch mit Hilfe der Mengenoperation IN (ElementAus) formuliert werden, wobei einer der Operanden wiederum durch das Ergebnis einer weiteren Selektion gebildet werden kann.

```
SELECT KundNr,Name
FROM   Kunde
WHERE  KundNr IN
   SELECT KundNr
   FROM   Bestellung
   WHERE  ArtNr = '120-10'
```

Die Anfrage hat folgende Bedeutung: Ermittle KundNr und Name aller Kunden, die Artikel '120-10' bestellt haben.

Das Zeichen "*" nach der SELECT-Klausel bedeutet, daß alle Attribute des Relationstyp in die Antwortmenge einbezogen werden sollen (keine Projektion). Mit Hilfe der Spezifikation ORDER wird die Operation Sortieren in eine Selektion einbezogen.

```
SELECT *
FROM Bestellung
WHERE ArtNr = '120-10'
ORDER BY Menge
```

Die nachstehende Anfrage enthält die Operation Verbund zwischen den Relationen Kunde und Bestellung. Attributnamen, die in beiden Relationstypen auftreten, sind dabei zu qualifizieren.

```
SELECT Kunde.KundNr,Name,ArtNr,Menge
FROM   Kunde,Bestellung
WHERE  Kunde.KundNr = Bestellung.KundNr
```

Mit INSERT werden Tupel in eine Relation eingefügt, mit DELETE werden Tupel aus einer Relation entfernt. UPDATE dient der Veränderung von Attributwerten.

```
INSERT INTO Kunde (KundNr,Name,Plz,Ort);
   <1015,'Müller Peter','8400','Regensburg'>

DELETE Kunde
WHERE  KundNr = 1015

UPDATE Artikel
SET    Preis = Preis * 1.1
WHERE  ArtNr >= '120-00' AND ArtNr < '130-00'
```

6.4 Datenspeicherung

Ausgangspunkt der Datenspeicherung ist die konzeptionelle Ebene der in Kapitel 6.3 vorgestellten Drei-Ebenen-Architektur der Datenverwaltung. Aufgabe der Datenspeicherung ist die Implementierung der konzeptionellen Ebene auf einem geeigneten Externspeicher. Die dieser Implementierung zugrundeliegende Abbildung wird in mehreren Schritten durchgeführt und bezieht die interne Ebene der Drei-Ebenen-Architektur ein.

Die einzelnen Ebenen werden durch ein oder mehrere Schemata repräsentiert. Ein Schema beschreibt eine Menge von Datenstrukturen sowie die Beziehungen zwischen diesen Datenstrukturen. Zusammen mit den darauf definierten Operatoren stellt das Schema einen abstrakten Datentyp dar. Folgende Schemata werden betrachtet:

a) Konzeptionelles Schema,
b) Schema aus linearen Listen,
c) Internes Schema und
d) Externspeicher.

Die Realisierungsstrukturen der Ebenen (a), (b) und (c) sind Bestandteile eines Datenverwaltungssystems (vgl. Abb. 6.1-1).

6.4.1 Methodische Grundlagen der Datenspeicherung

Das konzeptionelle Schema ist das Ergebnis der Datenmodellierung, die auf der Basis des Entity-Relationship-Modells (vgl. Kap. 6.3.5) oder direkt auf der Basis des relationalen Datenmodells (vgl. Kap. 6.3.4) durchgeführt werden kann. Datenstrukturen zur Darstellung des konzeptionellen Schemas sind in beiden Fällen Relationstypen.

Das interne Schema beschreibt die speicherungs- und zugriffstechnische Organisation der Datenstrukturen des konzeptionellen Schemas. Im Hinblick auf eine leistungsfähige Implementierung sind bei der Festlegung des internen Schemas das Mengengerüst der Daten und die Zugriffshäufigkeiten auf die einzelnen Datenobjekte zu berücksichtigen. Dazu sind folgende Fragen zu klären:

a) Wie sollen die Tupel der Relationen des konzeptionellen Schemas auf Datenobjekte des internen Schemas abgebildet werden?

Diese in der Datenbankliteratur als **Segmentierungsproblem** bezeichnete Frage kann im Rahmen dieses Buches nicht näher untersucht werden. Es wird vereinfachend davon ausgegangen, daß jedes Tupel auf genau ein Datenobjekt des internen Schemas abgebildet wird. Unter verarbeitungstechnischen Gesichtspunkten kann auch eine Aufteilung eines Tupels auf mehrere Datenobjekte oder die Zusammenfassung von Attributwerten unterschiedlicher Tupel zu einem Datenobjekt sinnvoll sein (vgl. Schlageter/Stucky 1983, 221ff).

b) Welche Zugriffspfade sollen im internen Schema zur Unterstützung von Selektionen eingerichtet werden?

Bei der Durchführung der Operation SELEKTION (z.B. Kunde[KundNr = 2010]) ist es aus verarbeitungstechnischen Gründen nicht vertretbar, alle Tupel einer Relation (Kunde) bezüglich der Werte eines oder mehrerer Attribute (KundNr = 2010) zu untersuchen. Besonders häufig werden die Attribute eines Schlüssels in Selektionen verwendet. Das Auffinden eines Datenobjektes aufgrund eines Schlüsselwertes, sowie das Auffinden des zugehörigen Datenobjektes mit dem nächsthöheren Schlüsselwert ist daher im internen Schema durch geeignete Zugriffspfade zu unterstützen. Ein **Zugriffspfad** enthält die Vorgänger-Nachfolger-Beziehungen der Datenobjekte bezüglich <u>eines</u> Schlüssels. Im folgenden wird davon ausgegangen, daß für jeden im konzeptionellen Schema vereinbarten Primär- und Sekundärschlüssel (vgl. S. 217f) ein Zugriffspfad eingerichtet wird.

Zur Implementierung von Relationen unter Einbeziehung von Zugriffspfaden sind lineare Listen geeignet. Die Relationen des konzeptionellen Schemas werden daher unter Berücksichtigung des Segmentierungsproblems in ein Schema von linearen Listen überführt. Da für jeden Primär- und Sekundärschlüssel ein Zugriffspfad eingerichtet wird, erfolgt die Realisierung einer Relation gegebenenfalls durch mehrere lineare Listen über <u>einer</u> Menge von Datenobjekten, d.h. durch mehrere Mengen von Vorgänger-Nachfolger-Beziehungen über derselben Menge von Datenobjekten.

EIN ABSTRAKTER DATENTYP ZUR VERWALTUNG LINEARER LISTEN

Als gemeinsamer Ausgangspunkt für unterschiedliche Realisierungsformen interner Schemata wird ein abstrakter Datentyp zur Verwaltung linearer Listen definiert. Dieser ist eine Erweiterung der Spezifikation des Datenstrukturtyps LIST (vgl. Kap. 6.2.3). Der abstrakte Datentyp umfaßt folgende Operatoren:

a) **FindKey**: Suche und lies ggf. ein Objekt mit einer bestimmten Ausprägung eines Primär- oder Sekundärschlüssels.

b) **FindNext**: Suche und lies ggf. ein Objekt mit dem nächsthöheren Wert eines Primär- oder Sekundärschlüssels.

c) **FindSucc** (Find Successor): Suche und lies ggf. das nächste Objekt gemäß einer beliebigen Nachfolgerelation. Nachfolgerelation ist z.B. die Ordnung der Speicherplatzadressen der Datenobjekte.

d) **Insert**. Füge ein Objekt unter gleichzeitiger Aktualisierung der vereinbarten Zugriffspfade in den Datenbestand ein. Zur Lokalisierung der Einfügestelle wird FindKey oder FindNext verwendet.

e) **Delete**. Entferne ein mit FindKey oder FindNext lokalisiertes Objekt aus dem Datenbestand und aktualisiere die Zugriffspfade.

Die Operatoren (a), (b) und (c) dienen zur Realisierung des Operators SELEKTION auf der Ebene des konzeptionellen Schemas. Ist die Selektionsbedingung mit Hilfe von Schlüsselattributen formuliert, so wird die Selektion mit Hilfe von FindKey und FindNext durchgeführt. Bei Nichtschlüsselattributen wird FindSucc verwendet.

Die Abbildung dieses abstrakten Datentyps zur Verwaltung linearer Listen auf die Ebene des internen Schemas kann mit Hilfe unterschiedlicher Realisierungsstrukturen erfolgen. Jede Realisierungsstruktur führt zu einer bestimmten Speicherungsform linearer Listen und heißt **Speicherungsverfahren**. Elementare Speicherungsverfahren werden in Kapitel 6.4.2, zusammengesetzte (hybride) Speicherungsverfahren in Kapitel 6.4.3 vorgestellt.

SPEICHERMODELL DES EXTERNSPEICHERS

Die verschiedenen Speicherungsverfahren bauen auf einem Externspeicher als Basismaschine auf. Zu ihrer Beschreibung wird die vereinfachte Darstellung eines allgemein verwendbaren Externspeichers verwendet. Diese wird als **Speichermodell** bezeichnet. Demnach ist ein Externspeicher eine fortlaufende Folge von Speicherplätzen.

```
TYPE ADR            = 0..max;
     Externspeicher = ARRAY[ADR] OF Speicherplatz;
```

```
      +----------------+
    0 | Speicherplatz  |
    1 | Speicherplatz  |
      | ...            |
      | ...            |
  max | Speicherplatz  |
      +----------------+
```

Das Intervall ADR heißt **Adreßraum**, ein Element aus ADR heißt **(Speicher-) Adresse**. Auf jeden Speicherplatz kann mit Hilfe seiner Adresse direkt zugegriffen werden. Das bedeutet, daß auf Externspeichern Operatoren definiert sind, die mit den auf TypedFile definierten Operatoren SEEK, GET und PUT vergleichbar sind (vgl. Kap. 6.2.2). Ein Speicherplatz besteht aus einer oder mehreren Speicherzellen (vgl. Kap. 2.3.1) und dient der Aufnahme eines Datenobjektes.

PRIMÄRORGANISATION

Jedes der hier betrachteten Speicherungsverfahren besteht aus zwei Funktionen. Die erste Funktion realisiert die Primärorganisation der Datenobjekte, die zweite Funktion realisiert die vereinbarten Zugriffspfade.

Die Primärorganisation betrifft die Festlegung einer Zuordnung f_S zwischen den Werten S eines Schlüssels der zu speichernden Datenobjekte und den Speicheradressen ADR. Die Primärorganisation realisiert somit die Operatoren Insert und Delete des abstrakten Datentyps zur Verwaltung linearer Listen. Die Zuordnung f_S hängt ggf.

auch von der Menge der bereits gespeicherten Datenobjekte O ab und wird allgemein als zustandsabhängige **Speicherfunktion**

$$f_s: S \times O \dashrightarrow ADR$$

angegeben. Diese Zuordnung induziert eine weitere Abbildung

$$adr: S \dashrightarrow ADR ,$$

die mit f_s bezüglich S und ADR übereinstimmt. adr(s) ist die Speicherplatzadresse eines Objektes mit dem Schlüsselwert $s \in S$. Da die Funktion f_s Datenobjekte auf Speicherplätze verteilt, wird hierbei gleichzeitig eine Vorgänger-Nachfolgerrelation der Datenobjekte bezüglich aufsteigender Speicheradressen festgelegt. Diese bildet die **Primärorganisation** der Datenobjekte. Als Schlüssel S wird in der Regel der Primärschlüssel der Datenobjekte verwendet. Die durch die Primärorganisation festgelegte Vorgänger-Nachfolgerrelation (i.d.R. keine Ordnungsrelation) ist Grundlage des Operators FindSucc. Die Vorgänger-Nachfolgerrelation wird durch die Operationen Insert und Delete verändert.

ZUGRIFFSPFADE

Ein **Zugriffspfad** dient zur Realisierung der Operationen FindKey und FindNext unter Umgehung einer seriellen Untersuchung der Datenobjekte gemäß aufsteigender Speicheradressen mit Hilfe des Operators FindSucc. Dazu sind grundsätzlich folgende Funktionen geeignet:

a) Speicherfunktion $f_s: S \times O \dashrightarrow ADR$, $adr(s_i) = f_s(s_i,o)$

   In bestimmten Fällen (Hashing) ist FindKey durch erneute Berechnung der Speicherfunktion realisierbar.

b) Suchbaumfunktion $f_b: ADR \dashrightarrow ADR \times ADR$,
   $(adr(s_a),adr(s_b)) = f_b(adr(s_i))$

   Wird zur Realisierung des Zugriffspfades ein Suchbaum (vgl. Kap. 6.2.4) verwendet, dann besteht FindKey aus der wiederholten Berechnung der Suchbaumfunktion f_b.

Bei Binärbäumen (Grad = 2) besteht jeder Knoten aus einem Tupel (s_i,adr(s_i)). adr(s_a) bezieht sich auf den linken Nachfolger, adr(s_b) auf den rechten Nachfolger.

Bei Vielwegbäumen (Grad > 2) besteht jeder Knoten aus einer Folge von Tupeln (s_i,adr(s_i)) mit der maximalen Länge (Grad - 1). Zu jedem Tupel gehört ein linker und ein rechter Nachfolger, wobei der rechte Nachfolger eines Tupels mit dem linken Nachfolger des ihm nachfolgenden Tupels identisch ist. adr(s_a) bezieht sich auf den linken Nachfolger eines Tupels, adr(s_b) auf das nachfolgende Tupel innerhalb der Folge. Beim letzten Tupel der Folge bezieht sich adr(s_b) auf den rechten Nachfolger.

Ein spezieller Suchbaum (Grad = 1) ist eine Folge von Tupeln (s_i, adr(s_i)). Dieser wird als **Index** bezeichnet und durch Datenstrukturen der Form

```
TYPE IndMax = 0..max;
     Index  : ARRAY[IndMax] OF RECORD
                                   Key     :KeyType;
                                   Address :IndMax;
                               END;
VAR  Indx   : Index;
```

dargestellt. Die Tupel heißen **Indexeinträge**. Auf Index wird ein Suchverfahren durchgeführt, das dem Suchen in einem ausgeglichenen Binärbaum entspricht und **Binärsuchen** heißt (Wirth 1979, 33):

```
i := 0; j := max;
REPEAT k := (i+j) DIV 2;
  IF s > Indx[k].Key THEN i := k+1 ELSE j := k-1
UNTIL (s = Indx[k].Key) OR (i > j)
```

Das Verfahren beruht auf der wiederholten Halbierung derjenigen Folge von Indexeinträgen, die den gesuchten Indexeintrag enthalten muß, falls er existiert. Existiert es nicht, so endet der Algorithmus mit i > j. In jedem Suchschritt bezieht sich adr(s_a) auf den mittleren Indexeintrag der linken Teilfolge, adr(s_b) auf den mittleren Indexeintrag der rechten Teilfolge.

c) Nachfolgefunktion f_n: ADR --> ADR, $adr(s_{i+1}) = f_n(adr(s_i))$

Die Nachfolgefunktion f_n dient der Realisierung des Operators FindNext und liefert die Adresse des Datenobjektes mit dem bezüglich der Schlüsselordnung auf s_i folgenden Schlüsselwert s_{i+1}. f_n wird mit Hilfe von Indizes, Bäumen oder Zeigern realisiert.

6.4.2 Elementare Speicherungsverfahren

Nahezu alle bekannten, in Datenverwaltungssystemen verwendeten Speicherungsverfahren können auf vier elementare Grundformen zurückgeführt werden:

- Sequentielle Speicherung,
- Indizierte Speicherung,
- Hashing und
- Verkettete Speicherung.

Nachstehend werden die einzelnen Speicherungsverfahren anhand des Objekttyps Kunde mit den Schlüsseln Name und KundNr beschrieben:

Kunde(Name,Vorname,KundNr,...)

SEQUENTIELLE SPEICHERUNG

Bei der **sequentiellen Speicherung** werden den Datenobjekten in der Reihenfolge der Schlüsselordnung des Primärschlüssels (Key) Speicherplätze zugeordnet. Die Primärorganisation ist daher gleichzeitig als Index verwendbar und realisiert die Funktionen f_b und f_n für den Zugriffspfad bezüglich des Primärschlüssels. Weitere Zugriffspfade sind nicht darstellbar.

	Key		
0	Bauer	Josef	020 ...
1	Huber	Franz	015 ...
2	Meier	Hans	110 ...
3	Schmidt	Max	035 ...
4	Schulze	Georg	081 ...
5			
6			

1. **FindKey.** Finde das Datenobjekt mit einem vorgegebenen Primärschlüsselwert in der Folge der Datenobjekte durch Binärsuchen.

2. **FindNext.** Finde **seriell**, d.h. nach aufsteigenden Speicheradressen, das nächste Datenobjekt.

3. **FindSucc.** Finde seriell das nächste Datenobjekt.

4. **Insert.** Ermittle mit FindKey die Speicheradresse, an der das neue Datenobjekt eingefügt werden soll. Verschiebe die nachfolgenden Datenobjekte um eine Adresse auf die jeweils nächsthöhere Adresse. Bei n Datenobjekten sind durchschnittlich n/2 Verschiebevorgänge erforderlich. Z.B. sind zum Einfügen des Datenobjektes (Müller,Peter,075,...) die Datenobjekte mit den Schlüsselwerten "Schulze" und "Schmidt" zu verschieben.

5. **Delete:** Ermittle das zu entfernende Datenobjekt mit FindKey, gib den Speicherplatz frei und schließe die entstandene Lücke durch Verschieben der nachfolgenden Datenobjekte auf die jeweils nächstniedrigere Adresse.

Der Vorteil der sequentiellen Speicherung liegt in der einfachen Realisierbarkeit. Von Nachteil sind die zeitaufwendigen Umspeicherungen und die Tatsache, daß nur ein Zugriffspfad darstellbar ist.

INDIZIERTE SPEICHERUNG

Bei der **indizierten Speicherung** werden die Datenobjekte in der Reihenfolge ihrer Ankunft freien Speicherplätzen zugewiesen. Die

Primärorganisation bildet daher keinen Zugriffspfad ab. Zugriffspfade werden durch Indizes realisiert, wobei die Funktionen f_b (Binärsuchen) und f_n zur Verfügung stehen. Jeder Index wird durch das Verfahren der sequentiellen Speicherung verwaltet.

Index(Key-1)

Bauer	4
Huber	3
Meier	1
Schmidt	2
Schulze	0

Index(Key-2)

015	3
020	4
035	2
081	0
110	1

	Key-1		Key-2
0	Schulze	Georg	081 ...
1	Meier	Hans	110 ...
2	Schmidt	Max	035 ...
3	Huber	Franz	015 ...
4	Bauer	Josef	020 ...
5			
6			

1. **FindKey:** Finde durch Binärsuchen im jeweiligen Index den gewünschten Indexeintrag und lies anhand der dort angegebenen Speicheradresse das gesuchte Datenobjekt.

2. **FindNext:** Finde seriell den nächsten Indexeintrag im jeweiligen Index. Lies das zugehörige Datenobjekt anhand der dort angegebenen Speicheradresse.

3. **FindSucc:** Finde seriell das nächste Datenobjekt. Unbelegte Speicherplätze sind zu überlesen.

4. **Insert:** Weise dem Datenobjekt den ersten freien Speicherplatz zu. Aktualisiere die Indizes gemäß dem sequentiellen Speicherungsverfahren.

5. **Delete:** Kennzeichne den Speicherplatz des Datenobjektes als unbelegt und entferne die Indexeinträge des Datenobjektes aus den Indizes gemäß dem sequentiellen Speicherungsverfahren.

Der Vorteil der indizierten Speicherung von Datenobjekten im Vergleich zur sequentiellen Speicherung besteht in der Realisierbarkeit mehrerer Zugriffspfade und in der Vermeidung aufwendiger Umspeicherungen. Die Indizes können, da sie nur zwei Attribute enthalten, in einfacher Weise durch sequentielle Speicherung verwaltet werden.

HASHING

Beim **Hashing-Verfahren** wird die Speicheradresse eines aufzunehmenden Datenobjektes aufgrund des Schlüsselwertes s mit Hilfe einer Funktion f berechnet. Eine häufig verwendete Funktion ist

adr(s) = f(s) = ord(s) MOD (max + 1) ,

wobei ord(s) die Ordnungszahl des Schlüsselwertes und max die höchste Speicheradresse ist. Um die Datenobjekte möglichst gleichmäßig auf den verfügbaren Adreßraum zu verteilen (to hash) sollte (max+1) eine Primzahl sein. Es ist genau ein Zugriffspfad realisierbar, der ausschließlich die Speicherfunktion f_s unterstützt. Die Funktion f liefert für unterschiedliche Schlüsselwerte ggf. übereinstimmende Speicheradressen. Dieser Fall wird als **Kollision** der Schlüsselwerte bezeichnet.

				Key
35 MOD 7 = 0 -->	0	Schmidt	Max	035 ...
15 MOD 7 = 1 -->	1	Huber	Franz	015 ...
	2			
	3			
81 MOD 7 = 4 -->	4	Schulze	Georg	081 ...
110 MOD 7 = 5 -->	5	Meier	Hans	110 ...
20 MOD 7 = 6 -->	6	Bauer	Josef	020 ...

1. **FindKey**: Finde die Adresse des gesuchten Datenobjektes durch Berechnen der Speicherfunktion f(s) und lies das Datenobjekt.

2. **FindNext**: Diese Operation ist nicht realisierbar.

3. **FindSucc**: Finde seriell das nächste Datenobjekt. Unbelegte Speicherplätze sind zu überlesen.

4. **Insert**: Berechne mit Hilfe der Speicherfunktion f(s) eine Adresse zur Speicherung des aufzunehmenden Datenobjektes. Ist dieser Speicherplatz bereits belegt, so weise das Datenobjekt zurück.

5. **Delete:** Kennzeichne den Speicherplatz des Datenobjektes als unbelegt.

Hashing ist in der Grundform kein vollständiges Speicherungsverfahren, da die Operation Insert aufgrund von Kollisionen möglicherweise nicht durchführbar ist, obwohl freie Speicherplätze zur Verfügung stehen. Kollisionen treten auf, wenn mehrere Datenobjekte mit gleichem (Sekundär-) Schlüsselwert existieren (**gewollte Kollision**) und wenn für unterschiedliche Schlüsselwerte aufgrund der Speicherfunktion gleiche Adressen berechnet werden (**ungewollte Kollision**).

Ein weiterer Nachteil von Hashing ist, daß nur für genau einen Schlüssel ein Zugriffspfad eingerichtet werden kann. Dieser gestattet außerdem keinen Zugriff auf nachfolgende Datenobjekte, so daß die Operation FindNext nicht realisierbar ist. Hashing ist damit kein Speicherungsverfahren für lineare Listen. Die Hauptanwendung von Hashing ist die effiziente Realisierung der Operation FindKey.

VERKETTETE SPEICHERUNG

Bei der **verketteten Speicherung** werden die Datenobjekte in der Reihenfolge ihrer Ankunft beliebigen freien Speicherplätzen zugewiesen. Die Zugriffspfade unterstützen ausschließlich die Nachfolgefunktion f_n. Die Pfade werden als **Ketten** bezeichnet und mit Hilfe von Zeigerattributen Next-i und Zeigervariablen First-i realisiert (vgl. Spezifikation der linearen Liste; Kap. 6.2.3). Daneben kann in einer weiteren Kette die Freispeicherliste der unbelegten Speicherplätze verwaltet werden. Die Freispeicherverwaltung wird z.B. in Form einer Stack-Verwaltung mit dem Stack-Pointer Free und dem Attribut Next-1 zur Verkettung der unbelegten Speicherplätze durchgeführt.

	Key-1		Key-2	Next-1	Next-2
0	Schulze	Georg	081 ...	NIL	1
1	Meier	Hans	110 ...	2	NIL
2	Schmidt	Max	035 ...	0	0
3				5	
4	Huber	Franz	015 ...	1	6
5				NIL	
6	Bauer	Josef	020 ...	4	2

First-1	First-2	Free
6	4	3

1. **FindKey:** Finde das Datenobjekt mit dem gewünschten Schlüsselwert durch wiederholte Anwendung der Nachfolgefunktion f_n (ausgehend von First-i und weiter anhand von Next-i in der jeweiligen Kette).

2. **FindNext:** Finde das nächste Datenobjekt mit Hilfe der in Next-i angegebenen Speicheradresse.

3. **FindSucc:** Lies seriell das nächste Datenobjekt. Unbelegte Speicherplätze sind zu überlesen.

4. **Insert:** Ermittle durch die Operation POP bezüglich der Freispeicherliste einen freien Speicherplatz, weise das Datenobjekt diesem Speicherplatz zu und aktualisiere die Zugriffspfade.

5. **Delete:** Gib den Speicherplatz des Datenobjektes durch die Operation PUSH bezüglich der Freispeicherliste frei und aktualisiere die Zugriffspfade.

Die gekettete Speicherung vermeidet die bei sequentieller und indizierter Speicherung erforderlichen Verschiebungen sowie die Kollisionen des Hashing. Von Nachteil ist, daß für die Realisierung der Operation FindKey kein Binärsuchen durchgeführt werden kann. Außerdem ist zur Aktualisierung der Zugriffspfade ein Zugriff auf "unbeteiligte" Datenobjekte erforderlich, deren Zeiger verändert werden.

6.4.3 Hybride Speicherungsverfahren

Praxisrelevante Speicherungsverfahren stellen eine Kombination der vorgestellten elementaren Speicherungsverfahren unter gleichzeitiger Berücksichtigung der spezifischen Eigenschaften von Externspeichern dar. Die wichtigsten Vertreter dieser **hybriden Speicherungsverfahren** werden im folgenden kurz skizziert (ausführliche Darstellungen finden sich bei Denert/Franck 1977, Härder 1978, Wirth 1979 und Wiederhold 1980).

INDEXSEQUENTIELLE SPEICHERUNG

Die **indexsequentielle Speicherung** ist eine Kombination aus sequentieller und indizierter Speicherung. Die Speicherung des Datenbestandes erfolgt sequentiell. Zusätzlich wird ein (unvollständiger) Index bezüglich einer Teilmenge der gespeicherten Datenobjekte angelegt. Diese Organisationsform entspricht der einer Kartei mit sequentiell abgelegten Karteikarten, wobei einige Karten mit beschrifteten Reitern (Index) versehen sind. Entsprechend wird bei der Operation FindKey zunächst im Index der zugehörige Einstiegspunkt ermittelt und anschließend in der Folge der Datenobjekte sequentiell weitergesucht.

Index

Bauer	0
Meier	5
Schmidt	9

Key

0	Bauer	Josef	020 ...
1	Ferstl	Otto	165 ...
2	Huber	Franz	015 ...
3	Kurtz	Armin	034 ...
4			
5	Meier	Hans	110 ...
6	Müller	Peter	075 ...
7			
8			
9	Schmidt	Max	035 ...
10	Schulze	Georg	081 ...
11	Sinz	Elmar	044 ...

Vor jedem Einstiegspunkt können Speicherplätze für neu hinzukommende Datenobjekte reserviert werden. Dadurch wird die Anzahl der erforderlichen Verschiebungen reduziert. Zusätzlich werden in der Regel spezielle "Überlaufbereiche" für Datenobjekte angelegt. Der zum Einstieg verwendete Index kann bei großen Datenbeständen mehrstufig angelegt sein.

Zur Anpassung der indexsequentiellen Speicherung an die spezifischen Eigenschaften von Externspeichern können Index und Speicherbereich der Datenobjekte in Blöcke unterteilt werden, die der Blockgröße des Externspeichers oder einem Vielfachen davon entsprechen. Dadurch werden die Datenübertragungsvorgänge zwischen Extern- und Internspeicher reduziert.

HASHING MIT KOLLISIONSBEHANDLUNG

Wegen der fehlenden Kollisionsbehandlung ist Hashing in der elementaren Form kein vollständiges Speicherungsverfahren. Zur Kollisionsbehandlung bieten sich insbesondere zwei Verfahren an:

a) **Linear Probing** ist ein Verfahren zur Kollisionsbehandlung durch eine spezielle Form der sequentiellen Speicherung. Ist die berechnete Adresse belegt, so werden sukzessive die nachfolgenden Adressen überprüft, bis ein freier Speicherplatz gefunden ist oder feststeht, daß der Adreßraum vollständig belegt ist. Nachfolgeadresse von max ist dabei die Adresse 0.

   Hashing: $adr(s)_0$ = ord(s) MOD (max + 1)
   Linear Probing: $adr(s)_i$ = ($adr(s)_0$ + i) MOD (max + 1);
   i = 1..max

   Der Nachteil des Verfahrens ist eine Ballung von Datenobjekten im Anschluß an Kollisionsadressen.

b) **Double Hash** ist ein zweistufiges Hashing. Ist die berechnete Adresse belegt, so wird die Adresse um den Wert von Double Hash erhöht usw. Die Modulodivision bewirkt die Einhaltung des Adreßraums. Um alle Adressen des Adreßraums erreichen zu können muß (max+1) eine Primzahl sein.

Hashing: $adr(s)_0$ = ord(s) MOD (max + 1)
Double Hash: dist(s) = ord(s) MOD p, p < (max + 1), p prim
Probing: $adr(s)_i$ = (i * dist(s) + $adr(s)_0$) MOD (max + 1); i = 1..max

Das Verfahren liefert in der Regel eine zufriedenstellende Verteilung der kollidierenden Datenobjekte auf den gesamten Adreßraum.

SPEICHERUNG MIT B-BÄUMEN

Das nachfolgend beschriebene Speicherungsverfahren realisiert Zugriffspfade mit Hilfe spezieller Vielwegbäume (vgl. Kap. 6.2.4). Diese werden als Indizes verwendet und durch eine Kombination aus sequentieller und verketteter Speicherung verwaltet. Der im folgenden beschriebene Vielwegbaumtyp wurde von R. BAYER und E.M. McCREIGHT (1970) vorgeschlagen und heißt **B-Baum** (Balanced Tree).

Ein schwieriges Problem bei der Verwendung von Bäumen für Zugriffspfade ist die Wiederherstellung der Ausgeglichenheit nach dem Einfügen und Entfernen von Schlüsselwerten. Diese Operationen bewirken ein Degenerieren der Bäume in Richtung von sequentiell/verkettet gespeicherten linearen Listen (vgl. Kap. 6.2.4). B-Bäume sind stets ausgeglichen (balanced), da die Operationen Insert und Delete so durchgeführt werden, daß die Ausgeglichenheit nicht verletzt und damit keine Reorganisation der Baumstruktur erforderlich wird. Die Operationen weisen außerdem eine einfach zu implementierende Realisierungsstruktur auf.

B-Bäume berücksichtigen in besonderer Weise die Eigenschaften von Externspeichern und sind das derzeit wichtigste Speicherungsverfahren zur Organisation großer Datenbestände. Nahezu alle neueren Datenverwaltungssysteme beruhen auf der Verwendung von B-Bäumen.

Zur Darstellung von B-Bäumen wird noch einmal die Technik des Binärsuchens in einem Index betrachtet. Diese Technik ist vergleichbar mit dem Durchlaufen eines ausgeglichenen binären Suchbaums (vgl. Kap. 6.4.1). Ein Suchbaum stellt einen speziellen Index mit der Eigenschaft dar, daß beim Einfügen und Entfernen von Indexeinträgen nicht alle nachfolgenden Indexeinträge verschoben werden müssen. Statt dessen kann ein neuer Indexeintrag an den Baum angefügt werden, Verschiebungen sind nur zur Wiederherstellung der Ausgeglichenheit erforderlich.

Ein Nachteil des Binärsuchens in einem Index ist die abwechselnde Referenz auf hohe und niedere Indexeinträge. Dadurch wird eine große Anzahl von Datentransporten zwischen Extern- und Internspeicher erforderlich. Bei einem Suchbaum werden im Gegensatz dazu nur die Knoten entlang eines Weges gelesen. Da mit jedem Lesevorgang ein Block zwischen Extern- und Internspeicher übertragen wird, ist es wünschenswert, diesen möglichst vollständig für den Suchprozeß zu nutzen. Eine Lösung hierfür ist der Übergang von Binärbäumen zu Vielwegbäumen. Diese fassen mehrere Indexeinträge zu einem Knoten zusammen und reduzieren dadurch auch die Höhe des Suchbaumes.

Diese Überlegungen führen zum nachstehend beschriebenen B-Baum. Ein Knoten des B-Baums heißt **Seite**, n heißt **Ordnung** des B-Baums. Es gilt:

- Jede Seite enthält höchstens 2*n Schlüsselwerte.
- Jede Seite, mit Ausnahme der Wurzelseite, enthält mindestens n Schlüsselwerte.
- Eine Seite ist entweder eine **Blattseite** (Endknoten) und hat keine Nachfolger oder sie hat m+1 Nachfolger, wobei m die Anzahl der in ihr gespeicherten Schlüsselwerte ist ($n \leq m \leq 2*n$).
- Alle Wege von der Wurzelseite bis zu einer Blattseite weisen die gleiche Länge (Anzahl der gelesenen Seiten) auf.

Im nachfolgenden B-Baum der Ordnung 2 (vgl. Wirth 1979, 327) sind nur die Schlüsselwerte dargestellt, nicht die Speicheradressen der zugehörigen Datenobjekte:

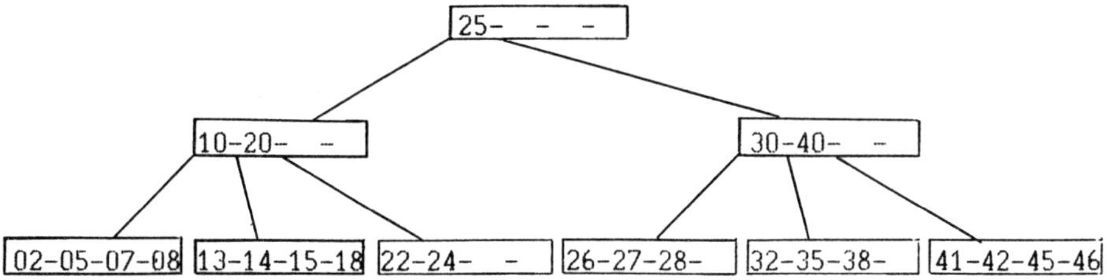

Das Suchverfahren in einem B-Baum ist eine Erweiterung des Suchverfahrens in einem Binärbaum. Für die Suche nach einem Schlüsselwert y in einer Seite mit m Schlüsselwerten x_i (i = 1..m) gilt:

$y = x_i,\ i \in \{1..m\}$: Schlüsselwert ist gefunden
$y < x_1$: Suche in Nachfolgeseite 1 weiter
$xi < y < x_{i+1},\ i \in \{1..m-1\}$: Suche in Nachfolgeseite i+1 weiter
$y > x_m$: Suche in Nachfolgeseite m+1 weiter

Jede Seite kann als abgeschlossener Teilbereich eines Index betrachtet werden, auf dem zur Schlüsselsuche die Technik des Binärsuchens verwendet wird.

Die Durchführung der Operation Insert wird ausgehend von einem B-Baum dargestellt, der nur aus einer Wurzelseite besteht.

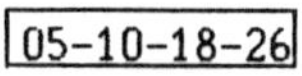

In diese Seite kann kein weiterer Schlüsselwert aufgenommen werden. Zur Aufnahme des Schlüsselwertes 20 wird daher die Folge der Schlüsselwerte auf mehrere Seiten aufgeteilt, wobei der mittlere Schlüsselwert der Wurzelseite zugeordnet wird.

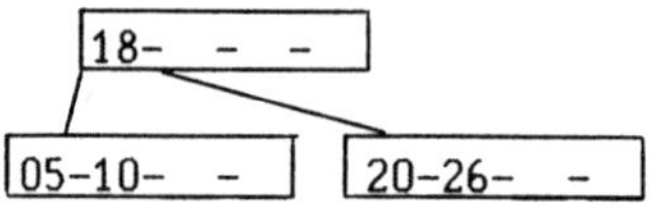

In diesen Baum können die Schlüsselwerte 23 und 28 ohne weitere Aufteilung eingefügt werden.

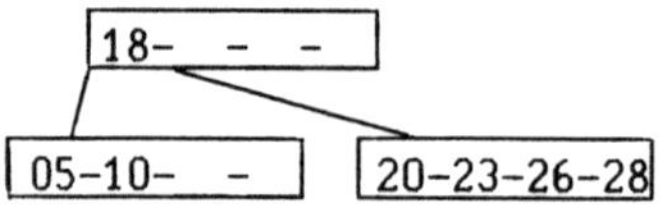

Das Einfügen von Schlüsselwert 30 bewirkt eine weitere Aufteilung.

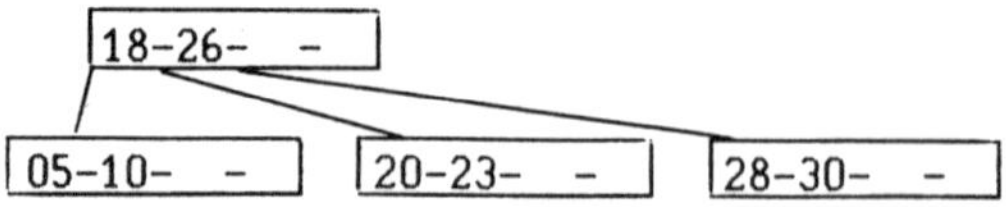

Zur Durchführung der Operation Delete vgl. WIRTH (1979, 332ff).

7. Benutzerkommunikation

Informations- und Entscheidungsaufgaben betrieblicher Informationssysteme werden bezüglich der eingesetzten Aufgabenträger in automatisierbare und nichtautomatisierbare Teilaufgaben zerlegt. Nichtautomatisierbare, d.h. nichtfunktionale Teilaufgaben (NF) werden von personellen Aufgabenträgern ausgeführt und bilden den **Benutzer-Aufgabenteil** einer Aufgabe. Automatisierbare, d.h. funktionale, parametrisiert funktionale oder stochastisch funktionale Teilaufgaben (F, F_p, F_s) werden durch Programme beschrieben und von Rechnern ausgeführt (vgl. Kap. 1.3.1).

Kennzeichnend für Programme von Aufgaben betrieblicher Informationssysteme ist eine Aufteilung in einen Problemteil, einen Datenverwaltungsteil und einen Kommunikationsteil. Diese Dreiteilung bestimmt u.a. den Aufbau des vorliegenden Buches.

- Der **Problemteil** enthält die aufgabenspezifischen Teile betrieblicher Informations- und Entscheidungsaufgaben. Die zugehörigen Modelle und Methoden sind in Kapitel 1,3 und 4 dargestellt.

- Der **Datenverwaltungsteil** umfaßt die Verwaltung der Datenbestände eines betrieblichen Informationssystems. Modelle und geeignete Methoden der Datenverwaltung sind Gegenstand von Kapitel 6.

- Die Schnittstelle zwischen einem Benutzer-Aufgabenteil und einem Problemteil bzw. einem Datenverwaltungsteil wird durch Programmteile realisiert, die den **Kommunikationsteil** eines Programms bilden.

Die drei Programmteile sind virtuelle Maschinen (vgl. Kap. 4), die unter Verwendung des Betriebssystems (vgl. Kap. 5) auf einem geeigneten Rechner oder Rechnerverbundsystem (vgl. Kap. 2) implementiert werden.

Abb. 7-1 zeigt die einzelnen Programmteile, ihre Beziehungen untereinander und die Beziehungen zum Benutzer-Aufgabenteil. Daraus ist erkennbar, daß sowohl der Problemteil wie auch der Datenverwaltungsteil über einen Kommunikationsteil verfügen kann.

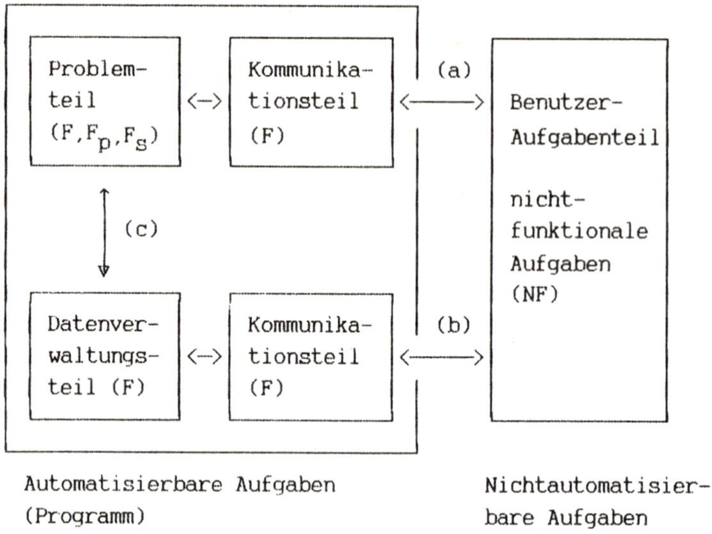

Abb. 7-1: Benutzerkommunikation

Der Kommunikationsteil des Datenverwaltungsteils ist Bestandteil des Datenverwaltungssystems und wird als **Dialogprozessor** bezeichnet. Die Benutzerkommunikation (b) wird mit der interaktiven Form einer Datenbeschreibungs- und Datenmanipulationssprache (vgl. SEQUEL-2; Kap. 6.3.6) durchgeführt. Der gleiche Sprachumfang steht in Form eines abstrakten Datentyps zur Kommunikation mit dem Problemteil zur Verfügung. Fehlt der Kommunikationsteil des Datenverwaltungssystems, so wird eine Benutzerkommunikation mit dem Datenverwaltungsteil auf dem Umweg über den Problemteil durchgeführt (a). Dies gilt auch dann, wenn der Zugriff auf die Datenbestände nur innerhalb der Funktionen des Problemteils erfolgen soll (c).

7.1 Kommunikationsformen

An der Durchführung einer teilautomatisierbaren Aufgabe sind aufgrund ihrer Zerlegung in automatisierbare und nichtautomatisierbare Teilaufgaben maschinelle und personelle Aufgabenträger beteiligt. Dadurch werden mindestens zwei parallele Prozesse erzeugt. Abhängig von der Zerlegung der Gesamtaufgabe existieren zwischen Operatoren der unterschiedlichen Teilaufgaben Datenflüsse und Reihenfolgebeziehungen in Form von Wartebeziehungen, zu deren Realisierung die Prozesse geeignet zu synchronisieren sind.

BENUTZERKOMMUNIKATION

Datenflüsse und Reihenfolgebeziehungen zwischen den Teilaufgaben werden durch Kommunikation zwischen den Aufgabenträgern Mensch und Rechner realisiert. Diese Art der Kommunikation wird als **Benutzerkommunikation** oder **Mensch-Maschine-Kommunikation** bezeichnet.

Beispiel:

Gegeben sei folgende Aufgabe: Ermittle zwei Zahlen A,B und addiere sie zu einer Zahl C. Diese Aufgabe wird in einen Benutzerteil (Ermittle A,B) und einen Problemteil (Addiere A,B) zerlegt. Die Datenübertragung zwischen den Teilaufgaben wird vom Kommunikationsteil übernommen. Die Teilaufgaben erzeugen drei parallele Prozesse.

Rechner (Aufgabentyp F, F_p, F_s)		Mensch (Aufgabentyp NF)
Problemteil	Kommunikationsteil	Benutzerteil
		Ermittle A
		Eingeben A
	Lesen A	
Speichern A		
		Ermittle B
		Eingeben B
	Lesen B	
Speichern B		
C := A + B		
	Schreiben C	
		Empfangen C

(Ende d. Beisp.)

Die Benutzerkommunikation wird in Form eines wechselseitigen Datenaustausches zwischen Mensch und Rechner durchgeführt (vgl. Abb. 7.1-1) und wird als **Dialog** bezeichnet (vgl. Kap. 3.4.4). Die an einem Dialog beteiligten parallelen Prozesse werden zeitlich überlappend oder im wechselseitigen Ausschluß durchgeführt.

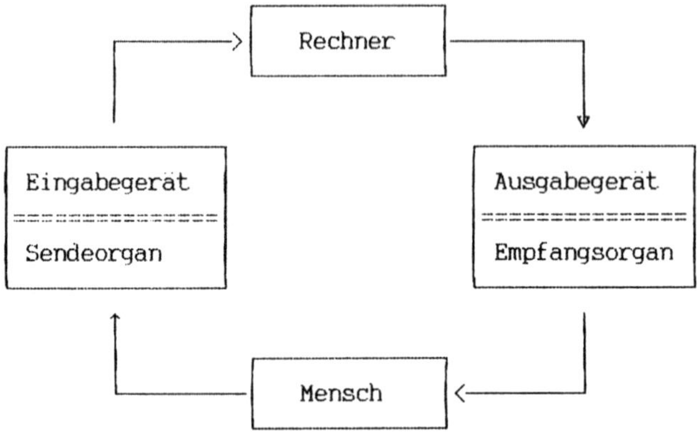

Abb. 7.1-1: Datenaustausch zwischen Mensch und Rechner

Der Datenaustausch zwischen Mensch und Rechner bedingt die Verfügbarkeit geeigneter Ein- und Ausgabegeräte des Rechners, die mit entsprechenden Sende- und Empfangsorganen des Menschen kompatibel sind. Die derzeit wichtigste Form der Benutzerkommunikation ist die interaktive Kopplung unter Verwendung eines Datensichtgeräts (**Terminal**) auf der Rechnerseite und der Hände/Augen des Menschen. Weitere Kommunikationsformen unter Einbeziehung des Sprechorgans und des Gehörorgans des Menschen sind noch nicht allgemein verfügbar oder befinden sich in Entwicklung.

Für die weiteren Erläuterungen werden stellvertretend folgende Geräte und Organe betrachtet:

- Eingabegeräte: Tastatur, Lichtstift, Maus
- Ausgabegerät: Bildschirm (Zeichen- und Graphikbildschirm)
- Sendeorgan: Hände
- Empfangsorgan: Augen

Die Tastatur dient zur Eingabe von Zeichen. Spezielle Tasten sowie Lichtstift und Maus dienen zur Manipulation eines Zeigers auf dem Bildschirm, der als **Cursor**, **Schreibmarke** oder **Fadenkreuz** bezeichnet wird. Sie realisieren Manipulationsoperatoren zum Verschieben des

Cursor und zum "Aktivieren" des Cursor. Aktivieren heißt "Deuten" auf die Bildschirmstelle, an der sich der Cursor befindet.

Beispiel:

Es wird eine Funktionsliste (Menü) auf dem Bildschirm gezeigt. Durch Bewegen des Cursor und Deuten auf den Cursor wird eine Funktion ausgewählt.

(Ende d. Beisp.)

Der Lichtstift wird in der Weise verwendet, daß der Benutzer damit eine von ihm ausgewählte Stelle der Bildröhre berührt. Diese kann vom Terminal identifiziert werden. Die **Maus** (**Mouse**) ist ein handtellergroßes Gerät, das über eine ebene Fläche bewegt wird. Diese Bewegung wird mit Hilfe einer "Rollkugel" in eine (relative) Cursor-Bewegung umgesetzt. Mit Lichtstift und Maus werden am Bildschirm Linienzüge erzeugt und Funktionen angewählt.

MODELL DER BENUTZERKOMMUNIKATION

Als Hilfsmittel für die Standardisierung der Kommunikation zwischen Rechnern wurde in Kapitel 2.3.2 das OSI-Referenzmodell vorgestellt. Es definiert sieben Ebenen von aufeinander aufbauenden Kommunikationsfunktionen. Das OSI-Referenzmodell bildet eine Folge von abstrakten Datentypen (vgl. Kap. 4.3), d.h. jede Ebene benutzt die Funktionen der darunterliegenden Ebene, nimmt aber keinen Bezug auf deren Realisierungsstruktur.

Bei der Benutzerkommunikation können ebenfalls unterschiedliche Ebenen von Kommunikationsfunktionen unterschieden werden. Es erweist sich daher als hilfreich, das OSI-Referenzmodell auch für eine standardisierte Gestaltung der Benutzerkommunikation heranzuziehen und dafür geeignet zu interpretieren.

1) **Physikalische Ebene**

Die physikalische Ebene beschreibt die zur Benutzerkommunikation verwendeten realen Geräte des Rechners und die zugehörigen Organe des Menschen. Das wichtigste reale Gerät ist im vorliegenden Zusammenhang das Datensichtgerät mit Bildschirm, Tastatur, Lichtstift und Maus. Die korrespondierenden Organe des Menschen sind Augen und Hände. Zur Verbindung zwischen Geräten und Organen werden **ergonomische** Parameter vereinbart, wie z.B. Helligkeit, Farbe, Zeichendarstellung und Blendfreiheit des Bildschirms, sowie Menge und Anordnung der Tasten auf der Tastatur.

2) **Streckenebene**
Die Streckenebene realisiert Funktionen der Protokollabwicklung zwischen Mensch und Rechner. Dazu gehört das Protokollieren eingegebener Zeichen am Bildschirm mit entsprechender Korrekturmöglichkeit durch den Menschen, der Schutz vor unbeabsichtigter Funktionsauswahl ("Wollen Sie wirklich alle Dateien löschen? (J/N)") und das Quittieren von Eingaben ("Sind alle Änderungen korrekt? (J/N)"). Eine weitere Protokollform wird bei der Funktionsauswahl mit Hilfe von Lichtstift oder Maus verwendet.

3) **Netzwerkebene**
Analog zu Rechnernetzen stehen auch bei der Benutzerkommunikation häufig alternative Kommunikationswege für die Datenübertragung zur Verfügung. Z.B. kann bei entsprechender Geräteausstattung die Funktion "Positioniere Cursor" mit Hilfe der Cursor-Tasten der Tastatur, des Lichtstifts oder der Maus durchgeführt werden. Ein weiteres Beispiel ist ein Funktionsaufruf, der alternativ durch Eingabe des Funktionsnamens über die Tastatur oder durch Auswahl aus einem Menü mit Hilfe des Cursor veranlaßt wird. Innerhalb der Netzwerkebene wird somit von jedem Kommunikationspartner ein bestimmter Kommunikationsweg ausgewählt.

4) **Transportebene**
Die der Benutzerkommunikation zugrundeliegenden Reihenfolgebeziehungen und Datenflüsse verbinden Funktionen der Aufgabenträger Mensch und Rechner. In der Transportebene erhalten diese Funktionen eindeutige Funktionsbezeichnungen, die unabhängig von ihrer Darstellung in den Ebenen 1 bis 3 sind. Z.B. kann bei einem Textverarbeitungssystem die vom Rechner durchzuführende Funktion "Lösche Zeichen" durch eine Funktionstaste, mit Hilfe der Maus oder durch den Lichtstift veranlaßt werden.

5) **Sitzungsebene**
Gegenstand der Sitzungsebene ist die Eröffnung, Überwachung und Beendigung des Dialogs während der Durchführung einer Aufgabe des betrieblichen Informationssystems. Dazu gehört u.a. die Prüfung von Durchführungsberechtigungen.

6) **Präsentationsebene**
Aufgabe der Präsentationsebene ist die Transformation von Datenobjekten des Rechners in Objekte, die vom Menschen erkannt und verarbeitet werden können (z.B. Texte, graphische Objekte). Eine weitere Aufgabe dieser Ebene ist die Definition virtueller Terminals (vgl. Kap. 7.2).

7) **Anwendungsebene**
Die Anwendungsebene zielt auf den Kommunikationsablauf aus der Sicht einer Informations- oder Entscheidungsaufgabe des betrieblichen Informationssystems. Hier werden, ausgehend von der Aufteilung der Aufgabe in automatisierbare und nichtautomatisierbare Teilaufgaben, die Reihenfolgebeziehungen und Datenflüsse zwischen den Teilaufgaben festgelegt, die zur Benutzerkommunikation führen. Aus der Sicht der Aufgaben werden dabei die Komponenten Mensch und Rechner **rückgekoppelt**, d.h. Aktionen des Menschen führen zu entsprechenden Aktionen des Rechners und umgekehrt.

7.2 Virtuelle und reale Terminals

Aus funktionaler Sicht ist ein Terminal eine (reale oder virtuelle) Maschine (vgl. Kap. 4), deren Funktionen in Form zweier abstrakter Datentypen beschrieben werden. Diese enthalten unterschiedliche Mengen von Operatoren, die auf demselben Objekttyp definiert sind. Dieser Objekttyp ist eine zwei- oder dreidimensionale Matrix, die als **Bildraum** bezeichnet wird und aus Elementen eines bestimmten Basistyps zusammengesetzt ist (ARRAY[Bildadreßraum] OF Basistyp). Auf dem Bildraum sind folgende Klassen von Operatoren definiert, die Bestandteile von beiden abstrakten Datentypen sind:

- Lesen Teilobjekt des Bildraums,
- Schreiben Teilobjekt des Bildraums,
- Positionieren Cursor.

Darüber hinaus existieren Funktionen, die ausschließlich vom Rechner ausgeführt werden können, z.B. "Einstellen Helligkeitsstufe".

REALE TERMINALS

Die Funktionen eines **realen Terminals** werden durch real abgrenzbare Betriebsmittel realisiert. Das bedeutet z.B., daß für den Objekttyp Bildraum entsprechende Betriebsmittel in Form von Bildröhre und Bildwiederholspeicher zur Verfügung stehen, deren Größe mit dem Bildraum korrespondiert. Bezüglich des Basistyps des Bildraums wird zwischen Zeichen-Terminal und Graphik-Terminal unterschieden.

Bei einem **Zeichen-Terminal** ist das Matrixelement vom Typ Zeichen. Der Typ Zeichen ist ebenfalls eine zweidimensionale Matrix aus Elementen des Typs Punkt. Folgende Typvereinbarung beschreibt einen Standard für Zeichen-Terminals:

```
TYPE Zeichen    = ARRAY [1..9,1..7]   OF Punkt;
     Bildraum   = ARRAY [1..25,1..80] OF Zeichen;
```

Der Bildraum besteht somit aus 25 Zeilen je 80 Spalten. Die Objekte des Typs Zeichen werden vom Zeichengenerator des Terminals erzeugt und durch eine Matrix von 9 x 7 Punkten dargestellt. Die Funktionen der beiden abstrakten Datentypen sind bei Zeichen-Terminals ausschließlich auf "Zeichen", nicht auf "Punkt" definiert.

Bei einem **Graphik-Terminal** ist das Matrixelement vom Typ Punkt. Die Funktionen der beiden abstrakten Datentypen sind auf "Punkt" und "Zeichen" definiert. Ein Graphik-Terminal mittlerer Auflösung besitzt folgende Matrix (z.B. IBM PC):

```
TYPE Bildraum = ARRAY[1..640,1..400] OF Punkt;
```

Die beschriebenen abstrakten Datentypen werden durch unterschiedliche Mengen von Betriebsmitteln realisiert:

a) Blickrichtung Mensch-Rechner:
   Der Bildraum wird mit Hilfe der Bildröhre realisiert. Zur Realisierung der Operatoren Schreiben und Positionieren werden Tastatur, Lichtstift und Maus verwendet. Der Operator Lesen wird ausschließlich vom menschlichen Auge realisiert.

b) Blickrichtung Rechner-Mensch:
   Der Bildraum wird mit Hilfe des Bildwiederholspeichers reali-

siert, dessen Inhalt ca. 50mal pro Sekunde auf die Bildröhre projiziert wird. Die Operatoren werden in Form von Prozeduren innerhalb von Programmiersprachen oder Fachprogrammiersprachen bereitgestellt.

VIRTUELLE TERMINALS

Virtuelle Terminals dienen zur Verallgemeinerung der Funktionen realer Terminals für die Kommunikation der Ebenen 4 bis 7 des obengenannten OSI-Modells. Sie werden ebenfalls als abstrakte Datentypen beschrieben. Im Gegensatz zu realen Terminals werden die Funktionen eines virtuellen Terminals nicht nur durch korrespondierende, real abgrenzbare Betriebsmittel, sondern auch durch virtuelle Betriebsmittel realisiert. Letztere werden mit Hilfe der realen Betriebsmittel der zugrundeliegenden Basismaschine, d.h. einem realen Terminal, nachgebildet.

Der Bildraum des virtuellen Terminals wird als zwei- bzw. dreidimensionale Matrix beliebiger Größe definiert. Die Matrixelemente können wiederum vom Typ Zeichen oder vom Typ Punkt (2D- bzw. 3D-Graphik-Terminal) sein. Der Bildraum (Objekt) und die zugehörigen Operatoren werden wie folgt realisiert:

a) Blickrichtung Mensch-Rechner:
   Zu jedem Zeitpunkt werden ein oder mehrere Ausschnitte des Bildraums des virtuellen Terminals auf dem Bildraum des realen Terminals dargestellt. Die Ausschnitte werden als **Fenster (Windows)** bezeichnet. Für den Fall eines 3D-Bildraums werden die darzustellenden Objekte in den 2D-Bildraum projiziert.

   - **Starre Fenster** beruhen auf einer konstanten Zuordnung von Ausschnitten des virtuellen Bildraums auf Teilbereiche des realen Bildraums.

   - **Flexible Fenster** beruhen auf einer variablen Zuordnung von Ausschnitten des virtuellen Bildraums auf beliebig wählbare Teilbereiche des realen Bildraums (**Windowing**). Dabei können mehrere flexible Fenster überlagert werden.

Zur Realisierung der Operatorenmenge eines virtuellen Terminals steht eine virtuelle Tastatur, bestehend aus realen und graphischen Tasten, zur Verfügung:

- **Reale Tasten** sind Teil der realen Tastatur. Diese besteht aus alphanumerischen Tasten und ggf. aus Funktionstasten. Die Zuordnung zwischen realen Tasten und den Operatoren des virtuellen Terminals ist frei wählbar.

- **Graphische Tasten** werden im Bildraum des realen Terminals als Zeichenfolgen (Zeichen-Terminal) oder als graphische Symbole (Graphik-Terminal), genannt **Icons**, dargestellt. Eine graphische Taste wird durch Deuten auf den Cursor z.B. mit Hilfe von Lichtstift oder Maus "gedrückt".

  Graphische Tasten werden in der Regel innerhalb eines speziellen Fensters angeboten, das als **Menü** bezeichnet wird. Bei Rechnern wie z.B. Apple Lisa und Apple Macintosh kann dieses Fenster nach Art eines "Rollos" geöffnet werden und wird daher als **Rollmenü** bezeichnet.

Eine Teilmenge der Operatoren dient zur Verwaltung der Fenster des virtuellen Terminals. Diese Operatoren gestatten das Öffnen, Schließen, Verschieben und Überlagern von Fenstern (vgl. Modul WindowHandler; Wirth 1983, 121ff).

b) Blickrichtung Rechner-Mensch:
Der Bildraum des virtuellen Terminals stellt einen vom Bildwiederholspeicher des realen Terminals getrennten Speicher dar, der z.B. im Hauptspeicher des zugrundeliegenden Rechners realisiert ist. Die im Bildraum des realen Terminals darzustellenden Fenster des virtuellen Bildraums werden in den (realen) Bildwiederholspeicher kopiert.

Die Operatoren des virtuellen Terminals werden wiederum in Form von Operatoren der Programmiersprachen oder Fachprogrammiersprachen bereitgestellt.

Literatur

Bastian, M.: Datenbanksysteme; Königstein 1982

Bauer, F.L., Goos, G.: Informatik, Teil 1; 3. Auflage, Berlin 1982

Bauer, F.L., Goos, G.: Informatik, Teil 2; 3. Auflage, Berlin 1984

Bowles, K.L.: Pascal für Mikrocomputer; Berlin 1982

Budde, R., Schnupp, P., Schwald, A.: Untersuchung über Maßnahmen zur Verbesserung der Software-Produktion; Teil 1: Theoretische Ansätze auf dem Gebiet der Software-Technologie; GMD Bericht Nr. 130; München 1980

Chamberlin, D.D.: SEQUEL 2: A Unified Approach to Data Definition, Manipulation, and Control; in: IBM Journal of Research and Development, November 1976

Chen, P.P.-S.: The Entity-Relationship Model - Toward a Unified View of Data; in: ACM Transactions on Database Systems, Vol. 1, No. 1, March 1976, 9 - 36

Denert, E., Franck, R.: Datenstrukturen; Mannheim 1977

Dittmann, E.-L.: Datenunabhängigkeit; Darmstadt 1977

Dittmann, E.-L.: Ansätze zur Abbildung der Miniwelt in Datenstrukturen; in: Angewandte Informatik, Nr. 2 (1978), 47 - 56

Ferstl, O.K.: Konstruktion und Analyse von Simulationsmodellen; Königstein 1979

Ferstl, O.K., Marke, W.I., Sinz, E.J.: Konzeption und Implementierung eines lokalen Mikrocomputer-Verbundsystems (MVS) unter Verwendung von Mixed Hard- und Software, sowie speziellen Kommunikationsrechnern und Datenbankmaschinen; in: Angewandte Informatik Nr. 8 (1983), 352 - 358

Ferstl, O.K., Marke, W.I., Sinz, E.J.: Systemsoftware-Schichten eines lokalen Mikrocomputer-Verbundsystems (MVS) mit Kommunikationsrechnern und Datenbankmaschinen; in: Angewandte Informatik Nr. 9 (1983), 390 - 396

Giloi, W.K.: Rechnerarchitektur; Berlin 1981

Grochla, E.: Betriebliche Planung und Informationssysteme; Reinbek 1975

Grochla, E., Fuchs, H., Lehmann, H. (Hrsg.): Systemtheorie und Betrieb; Opladen 1974

Härder, T.: Implementierung von Datenbank-Systemen; München 1978

Horowitz, E.: Fundamentals of Programming Languages; Berlin 1983

Jaggi, B.L., Görlitz, R. (Hrsg.): Handbuch der betrieblichen Informationssysteme; München 1975

Jensen, K., Wirth, N.: PASCAL, User Manual and Report; 2nd Edition, New York 1978

Kent, W.: A Simplified Guide to Five Normal Forms in Relational Database Theory; in: Communications of the ACM, Vol. 26, No. 2 (1983), 120 - 125

Kimm, R., Koch, W., Simonsmeier, W., Tontsch, F.: Einführung in Software Engineering; Berlin 1979

Kirsch, W., Klein, H.K.: Management-Informationssysteme I; Stuttgart 1977

Klaeren, H.A.: Algebraische Spezifikation; Berlin 1983

Knuth, E., Neuhold, E.J.: Specification and Design of Software Systems; Berlin 1983

Lockemann, P.C. u.a.: Systemanalyse; DV-Einsatzplanung; Berlin 1983

Meißner, J.-D.: Heuristische Programmierung; Wiesbaden 1978

Metzger, R.: Datenbanksysteme und Dateisysteme als Alternativen der Datenorganisation kommerzieller Anwendungen; Frankfurt 1984

Meyhak, H. Entscheidungstabellen-Technik; Darmstadt 1975

Molzberger, P., Schelle, H. (Hrsg.): Software; Moderne Methoden zur Planung, Realisierung und Kontrolle der Entwicklung; München 1981

Müller, G.: Entscheidungsunterstützende Endbenutzersysteme; Stuttgart 1983

Niemeyer, G.: Programmieren in PASCAL; 2. Auflage, Berlin 1983

Österle, H.: Entwurf betrieblicher Informationssysteme; München 1981

Ortner, E.: Aspekte einer Konstruktionssprache für den Datenbankentwurf; Darmstadt 1983

Petri, C.A. (Hrsg.): Ansätze zur Organisationstheorie rechnergestützter Informationssysteme; München 1979

Quiel, G.: Datenbanksysteme; Grundlage von Informationssystemen; Köln 1981

Richter, L.; Betriebssysteme; Stuttgart 1977

Schek, H.-J., Scholl, M.: Die NF^2-Relationenalgebra zur einheitlichen Manipulation externer, konzeptueller und interner Datenstrukturen; in: Schmidt, J.W. (Hrsg.): Sprachen für Datenbanken; Informatik-Fachberichte Nr. 72, Berlin 1983, 113 - 133

Scheuermann, P. (Ed.): Improving Database Usability and Responsiveness; New York 1982

Schlageter, G., Stucky, W.: Datenbanksysteme - Konzepte und Modelle; 2. Auflage, Stuttgart 1983

Schnupp, P., Floyd, C.: Software; Programmentwicklung und Projektorganisation; Berlin 1976

Schmidt, J.W., Brodie, M.L. (Ed.): Relational Database Systems; Berlin 1983

Schmitz, P., Hasenkamp, U.: Rechnerverbundsysteme; München 1981

Sinz, E.J.: Konstruktion betrieblicher Basisinformationssysteme; Bern 1983

Ullman, J.D.: Principles of Database Systems; Potomac, Maryland 1980

Vetter, M.: Aufbau betrieblicher Informationssysteme; Stuttgart 1982

Vinek, G., Rennert, P.F., Tjoa, A.M.: Datenmodellierung: Theorie und Praxis des Datenbankentwurfs; Würzburg 1982

Wakerly, J.F.: Microcomputer Architecture and Programming; New York 1980

Weigert, P.M.: Benutzerorientierte Datenallokation in verteilten Informationssystemen; München 1983

Wiederhold, G.: Datenbanken; Analyse - Design - Erfahrungen; Band 1, Dateisysteme; München 1980

Wiederhold, G.: Datenbanken; Analyse - Design - Erfahrungen; Band 2, Datenbanksysteme; München 1981

Wirth, N.: Algorithmen und Datenstrukturen; 2. Auflage, Stuttgart 1979

Wirth, N.: Programming in Modula-2; 2nd Edition, Berlin 1983

Sachregister